山洪灾害分析评价技术

李卫平　任娟慧　任波　著

中国水利水电出版社
www.waterpub.com.cn
·北京·

内 容 提 要

　　本书主要阐述了山洪灾害评价的基本原理，基本方法。主要内容包括山洪灾害概述、山洪灾害调查与准备、设计洪水计算、防洪现状评价、山洪灾害预警指标、工程实例分析等内容。

　　本书可供水文、水利、资源等相关专业的研究生、本科生及从事相关专业的科研、教学和工程技术人员参考。

图书在版编目（CIP）数据

山洪灾害分析评价技术 / 李卫平，任娟慧，任波著
. -- 北京：中国水利水电出版社，2018.8
　ISBN 978-7-5170-6772-6

　Ⅰ．①山… Ⅱ．①李… ②任… ③任… Ⅲ．①山洪－
山地灾害－评价 Ⅳ．①P426.616

中国版本图书馆CIP数据核字(2018)第201617号

书　　名	**山洪灾害分析评价技术** SHANHONG ZAIHAI FENXI PINGJIA JISHU	
作　　者	李卫平　任娟慧　任　波　著	
出版发行	中国水利水电出版社 （北京市海淀区玉渊潭南路1号D座　100038） 网址：www. waterpub. com. cn E - mail：sales@waterpub. com. cn 电话：(010) 68367658（营销中心）	
经　　售	北京科水图书销售中心（零售） 电话：(010) 88383994、63202643、68545874 全国各地新华书店和相关出版物销售网点	
排　　版	中国水利水电出版社微机排版中心	
印　　刷	天津嘉恒印务有限公司	
规　　格	184mm×260mm　16开本　14.25印张　329千字	
版　　次	2018年8月第1版　2018年8月第1次印刷	
印　　数	0001—1000册	
定　　价	**68.00元**	

前　言

山洪灾害是我国洪涝灾害中致人伤亡的主要灾种。每年我国由于山洪灾害造成的经济损失约占全国洪涝灾害经济损失的 70%，死亡人数占 2/3 左右，且山洪灾害造成的死亡人数占全国洪涝灾害死亡人数的比例呈逐年递增趋势。2006 年 10 月国务院正式批复了《全国山洪灾害防治规划》，2011 年 4 月国务院通过了《全国中小河流治理和病险水库除险加固、山洪地质灾害防御和综合治理总体规划》，规划坚持"人与自然和谐相处""以防为主，防治结合""以非工程措施为主，非工程措施与工程措施相结合"的原则。2013 年水利部、财政部联合启动了全国山洪灾害防治建设项目，提出了山洪灾害调查评价、非工程措施补充完善和重点山洪灾害防治区建设方案。山洪灾害调查评价是防治山洪灾害的基础，为山洪灾害防治和山洪沟治理提供支撑。

本书按照科学、实用的原则，以《山洪灾害分析评价技术要求》《山洪灾害分析评价方法指南》为基础，主要阐述了山洪灾害评价的基本原理、基本方法，为山洪灾害评价工作提供了理论依据及技术支撑。

全书共分为 6 章，第 1 章综述了山洪灾害的基本特点、成因、防治及评价概况；第 2 章讲述了山洪灾害评价的前期准备工作及外业调查的主要内容；第 3 章介绍了设计洪水计算的主要理论方法；第 4 章提出了防洪现状评价的主要评价内容、评价方法；第 5 章是对山洪预警指标分析、预警阈值确定方法的简要描述；第 6 章以山西省某县为例介绍了山洪灾害评价的整个历程。

本书是山西省大同市山洪灾害分析与评价工作的重要成果。其中于玲红、王晓云参与了第 1 章和第 2 章的撰写工作，黄立志、王晓云参与了第 3 章的撰写工作，王志超、杨文焕参与了第 4 章和第 5 章的撰写工作，孙岩柏参与了第 6 章的撰写工作。初稿完成后由李卫平、任波和任娟慧进行统稿和修订。感谢陈阿辉、莘明亮、王非、贾晓硕、李岩、崔亚楠、王铭浩、唐若凯、隋秀斌、王泽君、原浩、于治豪、齐璐、王智超、郝梦影、吕雁翔、李美玲等团队成员在专著撰写过程中的大力协助和辛勤劳动。

本书在编写过程中得到了多方面的大力支持，在此，向所有支持本书出版的同行专家和朋友一并表示深切的谢意。

　　鉴于作者水平有限，经验不足，难免存在疏漏，热诚希望读者朋友们提出宝贵意见。

作　者

2018 年 6 月

目　录

第1章　山洪灾害概述

山洪灾害是指由于降雨在山丘区引发的溪河洪水、泥石流、滑坡等给国民经济和人民生命财产造成损失的灾害。本书只涉及溪河洪水，对滑坡、泥石流等灾害不做研究。溪河洪水指暴雨引起山区内溪河水位迅速上涨，洪水常冲毁房屋、田地、道路和桥梁，甚至可能导致水库、池塘溃决。山丘区小流域由于流域面积和河道的调蓄能力小，坡降较陡，因此山洪具有突发性强、发生频繁、范围广、损失大的特点。我国地处东亚季风区，气候多样，暴雨频发，地形地质条件复杂，再加上受到人类活动的影响，导致山洪灾害频繁发生，山洪已经成为山丘区经济社会可持续发展的重要制约因素。近年来，随着防洪能力的提高，因山洪灾害造成的死亡人数逐渐减少，但是山洪灾害造成的死亡人数占全国洪涝灾害死亡人数的比例与20世纪90年代相比增幅较大，故防洪工作的开展迫在眉睫。

1.1　山洪灾害的特点

水，是生命之源，也是文明之源，没有水，大地就失去了灵气，人类也就无法生存。由大江大河构建的庞大水系是中国的命脉，河流为华夏文明做出了巨大贡献，而洪涝灾害也给历代中国人造成了巨大的灾难，成为威胁中华民族安全的心头之患。治水害，兴水利，历来是治国安邦的大事，从某种意义上说，中华民族的历史首先就是一部治水史。

中国第一个帝王夏禹，就是因为带领百姓疏导了黄河，从而获得了帝位；距今2200多年前，李冰在成都平原的岷江上主持兴建了举世闻名的都江堰灌溉工程，至今还在为无数民众输送汩汩清流，灌溉着成都平原的万亩良田，时至今日都江堰仍被奉为水利工程的标杆。据《明史》和《清史稿》资料统计，明清两代（1368—1911年）的543年中，范围涉及数州县到30州县的水灾共有424次，平均每4年发生3次，其中范围超过30州县的共有190年次，平均每3年1次。

中华人民共和国成立以来，党和国家领导人都高度重视大江大河治理工作，国家投巨资加快大江大河的治理，水利建设取得了辉煌成就。经过半个多世纪的建设，不断加高加固江河堤防，兴建和安排了一大批分蓄洪区，建设了许多具有较大防洪能力的综合利用水库和河道整治工程，使大江大河防御洪水的能力有了显著提高，跨世纪的长江三峡工程和黄河小浪底工程，经过长期的设计论证，终于在"八五"期间开工，并在1997年秋相继截流成功，这标志着中国对几千年来灾害频繁的两大江河的治理进入了一个新阶段，几代中国人的梦想终于变成现实。

大江大河的治理，极大地缓解了中国洪涝灾害对中华民族的生存与发展带来的威胁，但中小河流洪涝灾害以及局部山洪灾害治理仍然亟待加强。从数据来看，突发性、局地性极端强降雨引发的中小河流和山洪灾害造成的死亡人数占全国洪涝灾害死亡人数的比例呈递增趋势，每年我国中小河流洪涝灾害和山洪地质灾害损失约占全国洪涝灾害经济损失的70%，死亡人数占2/3左右。据1950—1999年统计，全国每年因山洪灾害死亡人数约为1900～3700人，占全国洪涝灾害死亡人数的62%～69%。1999—2004年，随着全国防洪保障体系的建立与健全，全国因山洪灾害死亡人数大幅下降，但占全国洪涝灾害死亡总人数的比例却不断上升至65%～76%。

受气候地理条件和社会经济因素的影响，我国的洪涝灾害具有突发性强、发生频繁、范围广、损失大的特点。

1. 突发性强

由于山洪灾害由暴雨引起，同时山区地形地貌复杂，山高坡陡，溪河坡降大，山洪汇流快，降水损失小，径流系数大，导致河流径流汇集，河水陡涨，水流湍急迅猛异常，造成河堤崩塌，山体滑坡，突发成灾，使人们措手不及，防不胜防。山洪灾害是由局部地区小范围、短历时、高强度暴雨所形成的。这种暴雨的发生有极强的随机性，有的以一个村或一个乡为暴雨中心，有的以一个小流域为暴雨中心，发生的空间和时间都没有确定性，难以及时准确预报。其次，降雨历时往往很短，降雨强度又特别大，有的甚至超过100年一遇标准。

2005年6月10日12—15时，黑龙江省宁安市沙兰镇降特大暴雨，3h降雨量达120mm，暴雨频率为200年一遇，沙兰镇断面洪峰流量850m³/s，洪量约900万m³，此次山洪灾害造成117人死亡，其中小学生105人。图1-1为暴雨后，山洪冲毁房屋的景象，房屋已经坍塌，灾情十分严重。

图1-1　沙兰镇房屋被洪水冲毁

2. 发生频繁

暴雨具有一个显著的特点，即大范围暴雨发生概率低，而小范围暴雨或局部暴雨发生概率相对较高或高得多。从全国近53年的资料看，年年都多次发生山洪灾害。山洪灾害在年内发生的时间，一般都出现在汛期6—9月之间，尤以7月上旬至8月下旬的50天中山洪出现的次数最多，约占全汛期出现次数的74％。山洪在汛期中一天内出现的时间，多发于午后、傍晚或子夜。

1962年7月15日傍晚山西省榆次市东山地区短时间内降雨154mm，山洪暴发，冲入榆次市区，1010个家庭被淹，塌房2300间，死伤400人，冲坏石太铁路，中断停车9h。2000多人的财产荡然无存。南同蒲铁路停车42h。1981年6月30日灵石两渡镇50min降雨70mm，形成局部山洪，图1-2为两渡镇全镇被洪水淹没的景象，灾情十分惨重，财产直接损失184万元。

图1-2　洪水淹没两渡镇

3. 范围广

除沙漠、极端干旱地区和高寒地区外，我国大约2/3的国土面积都存在着不同程度和不同类型的洪涝灾害。年降水量较多且60％～80％集中在汛期6—9月的东部地区，常常发生暴雨洪水；占国土面积70％的山地、丘陵和高原地区常因暴雨发生山洪、泥石流；沿海省、自治区、直辖市每年都有部分地区遭受风暴潮引起的洪水的袭击；我国北方的黄河、松花江等河流有时还会因冰凌引起洪水；新疆、青海、西藏等地时有融雪洪水发生；水库垮坝和人为扒堤决口造成的洪水也时有发生。

4. 损失大

山洪灾害易发区大多地势高差起伏大，岩性多以变质岩、灰岩、花岗岩组成的山地为主体。岩石层风化严重，坡面碎石、砂砾聚积量大。在山洪作用下，巨大的水沙流体对地表产生强烈的水力侵蚀，其结果是侵蚀产沙，削弱了岩土体的抗剪强度，尤其是结构面的抗滑性能降低，使岩土体发展为滑动面和崩塌界面。侵蚀泥沙的沿途堆积补给了土沙量，增加了岩土体的自重，也增大了地下水的动水压力和静水压力，进而降低了斜坡面的稳定性。

在水力与重力的复合作用下，陡坡上的松散土石块等开始向下滑动或崩塌，则形成了滑坡、崩塌。同时，一股股巨大的水沙流体与滑坡、崩塌的土石块混为一体，迅速汇集于沟谷，使其储存土石量增加，形成沟谷形山洪泥石流。因此，在一次持续性的强降雨过程中容易形成山洪、滑坡、崩塌、泥石流灾害链。显然灾害链是以山洪这一催化剂形成的。

此外，由山洪诱发的各种致灾因子在成链与群发过程中，通过各自的致灾能量一次又一次地破坏资源、环境与人类社会财富积聚体，致使山洪涉及区域内经济损失累积值增大，山洪灾情严重。

山区地形高差较大，河道及沟道坡度也比较陡，在短历时高强度暴雨出现后，产生的洪水来势凶猛、强烈，洪水流速很高，一般洪水的平均流速皆在 6m/s 左右，有时甚至可达 10m/s 以上，这样巨大的流速具有强大的冲击力，极易冲溃堤坝，淹没农田，冲垮房舍及沿河的一切建筑物。同时在暴雨沿坡面汇流时，可将坡面大量的固体物质、土料随水冲下，形成黄土塌陷、滑坡、泥石流等自然灾害，给当地群众和国家财产造成巨大的经济损失。

1977 年 7 月 29 日，山西省运城翟王山一带降特大暴雨（暴雨中心 2h 50min 降雨 464mm），所有河沟山洪直泻，冲毁小型水库 4 座，民房 5500 间坍塌，死伤 455 人，南同蒲铁路停车 42h。图 1-3 为洪水冲毁农田时的景象，冲毁农田 35000 亩，冲走粮食 75 万 kg，2000 多人的财产荡然无存，灾情十分严重。

图 1-3　运城翟王山一带洪水冲毁农田

1988 年 8 月 6 日，山西省汾阳县大暴雨形成边山河道洪水齐发，冲毁河堤，洪水决堤泛滥，淹村庄 96 个，受灾 3 万余人，死亡 50 余人。图 1-4 为洪水冲毁河堤的景象，洪水决堤，水利设施 40 处均毁于洪水，全县损失近 2 亿元。

图 1-4　汾阳县洪水冲毁河堤

1.2 山洪灾害的成因

我国位于欧亚大陆东南部，是世界著名的东亚季风气候区，夏季暴雨频发。每年夏季自南向北先后出现华南前汛期暴雨、江淮梅雨期暴雨、华北和东北夏季暴雨，以及华南盛夏热带暴雨。我国又是一个多山的国家，广义的山丘区包括山地、丘陵和比较崎岖的高原，约占全国陆地面积的 2/3，远高于世界平均水平。我国也是一个人口大国，山丘区人口广布，约占全国总人口的 1/3，山丘区的社会经济是我国社会经济的重要组成部分。通过对山洪灾害发生区的降雨、地质地貌、测报手段、防洪标准、水患意识、人为活动、水系等方面进行分析，国内大多数学者认为山洪灾害大致是由 4 个方面的因素所致。①气象水文因素；②地质地貌因素；③人们水患意识差，滥垦滥伐、交通建设等活动导致森林破坏、水土流失严重，形成恶性循环的生态环境；④部分地区没有水库及电站联合调度的优化方案，测报手段落后，减灾应变措施少。山洪灾害的形成发展以及危害程度是由包括降雨和地形地质在内的自然因素和人类活动的社会因素共同造成的。

1. 气象水文因素

山洪是一种地面径流水文现象，同水文学相邻的地质学、地貌学、气候学、土壤学及植物学等都有密切的关系。山洪形成中最主要和最活跃的因素，乃是水文因素。山洪的形成必须有快速、强烈的水源供给。暴雨山洪的水源是由暴雨直接供给的。中国是一个多暴雨的国家，在暖热季节，大部分地区都有暴雨出现。由于强烈的暴雨侵袭，往往造成不同程度的山洪灾害。降雨时间集中，降水强度大，往往造成持续或集中的高强度降雨。80%以上的水量都集中在夏季，特别是集中在 7 月中旬至 8 月，这一时期降水强度特别大，因此，各地时常出现大雨、连阴雨，特别是雷阵雨形式的暴雨或大暴雨。发生山洪灾害地区由于前期降雨持续偏多，使土壤水分饱和，地表松动，局部短时强降雨后，降雨迅速汇聚成地表径流而引发溪沟水位暴涨形成山洪。

2. 地形地貌因素

地形是指地势高低起伏变化，即地表的形态，分为高原、山地、平原、丘陵、台地、盆地六大基本地形形态。

地貌即地球表面各种形态的总称，与地形类似，地貌划分为山地、盆地、丘陵、平原、高原等五种。地表形态是多种多样的，成因也不尽相同，是内外力地质作用对地壳综合作用的结果。内营力地质作用造成了地表的起伏，控制了海陆分布的轮廓及山地、高原、盆地和平原的地域配置，决定了地貌的构造格架。而外营力（流水、风力、太阳辐射能、大气和生物的生长和活动）地质作用，通过多种方式，对地壳表层物质不断进行风化、剥蚀、搬运和堆积，从而形成了现代地球表面的各种形态。

一般认为，普通地貌类型应该按形态与成因相结合的原则划分，但由于地貌形态、地质营力及其发育过程的复杂性，目前尚没有一个完全统一的分类方案，一般采用形态分类和成因分类相结合的分类方法。中国地形复杂，山区广大。按各种地形的分布百分率计，山地占 33%，高原占 26%，丘陵占 10%。因此由山地、丘陵和高原构成的山区面积超过全国面积的 2/3。在广大山区，每年均有不同程度的山洪发生。陡峻的山坡坡度有足够的动力条件顺坡而下，向沟谷汇集，快速形成强大的洪峰流量。

地形的起伏对降雨的影响也极大。湿地空气在运动中遇到山岭障碍，气流沿山坡上升，气流中水汽升得越高，受冷越严重，逐渐凝结成雨滴而发生降雨。地形雨多降落于山坡的迎风面，而且往往发生在固定的地方。从理论上分析，暴雨主要出现在空气上升运动最强烈的地方。地形有抬升气流，加快气流上升速度的作用；因而山区的暴雨大于平原，也为山洪的形成提供了更加充分的水源。

地质条件对山洪的影响主要表现在两个方面，一是为山洪提供固体物质，二是影响流域的产流与汇流。

山洪多发生在地质构造复杂，地表岩层破碎、滑坡、崩塌、错落发育地区，这些不良地质现象为山洪提供了丰富的固体物质源。此外，岩石的物理、化学风化及生物作用也形成松散的碎屑物，在暴雨作用下参与山洪的运动。雨滴对表层土壤的冲蚀及地表水流对坡面及沟道的侵蚀，也极大地增加山洪中的固体物质量。

岩石的透水性影响流域的产流与汇流速度。一般来说，透水性好的岩石有利于雨水的渗透。在暴雨时，一部分雨水很快渗入地下，表层水流也易于转化成地下水，使地表径流减小，对山洪的洪峰流量有消减的作用；而透水性差的岩石不利于雨水的渗透，地表径流产流多，速度快，有利于山洪的形成。地质变化过程决定流域的地形。构成流域的岩石性质，滑坡、崩塌等现象，为山洪提供物质来源，对于山洪破坏力的大小起着极其重要的作用。但是决定山洪是否形成，或在什么时候形成，一般并不取决于地质变化过程。换言之，地质变化过程只决定山洪中夹带泥沙多少的可能性，并不能决定山洪何时发生及其规模。因而山洪是一种水文现象而不是一种地质现象，但是地质因素在山洪形成中起着十分重要的作用。

山洪灾害易发地区的地形往往是山高、坡陡、谷深、切割深度大，侵蚀沟谷发育，其地质大部分是渗透强度不大的土壤，如紫色砂页岩、泥质岩、红砂岩、板页岩发育而成的抗蚀性较弱的土壤，遇水易软化、易崩解，极有利于强降雨后地表径流迅速汇集，一遇到较强的地表径流冲击，便形成山洪灾害。由于地貌形态主要是山区和丘陵区，且山高坡陡、谷深河窄、地理形势立体化特点显著，又由于自然植被覆盖率较低、土质松散，这就出现了一个水土保持能力低下的弱点，暴雨一来无力抵御，必然会引起山洪暴发，所以每年汛期都有局部地区遭受山洪灾害。

3. 人类活动因素

山洪就其自然属性来讲，是山区水文气象条件和地质地貌因素共同作用的结果，是客观存在的一种自然现象。人类活动增强，对自然环境影响越来越大，增加了形成山洪的松散固体物质，减弱了流域的水文效益，从而有助于山洪的形成，增大了山洪的洪峰流量，使山洪的活动性增强、规模增大、危害加重。

同时，由于经济建设的需要，人类的经济活动越来越多地向山区拓展。若开发不当，则可能破坏山区生态平衡，促进山洪的暴发。例如，森林不合理的采伐导致山坡荒芜、山体裸露、加剧水土流失；烧山开荒、陡坡耕种同样使植被遭到破坏而导致环境恶化。缺乏森林植被的地区在暴雨作用下，山洪极易形成。山区修路、建厂、采矿等工程建设项目弃渣，将松散固体物质堆积于坡面和沟道中，在缺乏防护措施情况下，一遇到暴雨不仅促进山洪的形成而且会导致山洪规模的增大。陡坡垦殖扩大耕地面积，破坏山坡植被；改沟造田侵占沟道、压缩过流断面致使排泄不畅，增大山洪规模和扩大危害范围。山区土建设计施工中，忽视环境保护及山坡的稳定性，造成山坡失稳，引起滑坡与崩塌；施工弃土不当，堵塞排洪沟道，降低排洪能力。

长期以来由于人们对自然环境进行的不合理开发和掠夺性经营，造成高山植被被破坏，使本来就不平衡的生态环境又出现了更加严重的失调，为洪水泛滥成灾提供了条件。人类活动还可能造成河道不断被侵占，使山地失去水源涵养作用，也容易引起山洪的发生。

4. 防洪标准因素

我国大部分山地丘陵地区水利工程拦蓄洪水能力较低，山区河道行洪能力较差，防洪标准低，水利工程设施的格局不平衡造成拦蓄洪水能力低，河道阻塞行洪能力差，部分地区没有水库及电站联合调度的优化方案，测报手段落后，减灾应变措施少。防洪标准低难以抵挡大而来势迅猛的山洪。河道的泄洪能力降低，也是山洪灾害形成的重要因素之一。

1.3　山洪灾害的防治

1.3.1　山洪灾害防治的原则

山洪灾害防治需要遵循以下原则：

(1) 坚持"以防为主，防治结合""以非工程措施为主，非工程措施与工程措施相结合"的原则，着重开展责任制组织体系、监测预警、预案、宣传培训等非工程措施建设，对重点保护对象采取必要的工程保护措施。

(2) 坚持"全面规划、统筹兼顾、标本兼治、综合治理"的原则，根据山洪灾害防治区的特点，统筹考虑国民经济发展、保障人民生命财产安全等多方面的要求，做出全面的规划，并与改善生态环境相结合，做到标本兼治。

(3) 坚持"突出重点、兼顾一般"的原则，山洪灾害防治要统一规划，分级分部门实施，确保重点，兼顾一般。采取综合防治措施，按轻重缓急要求，逐步完善防灾减灾体系，逐步实现近期和远期规划防治目标。

(4) 坚持"因地制宜、经济实用"的原则，山洪灾害防治点多面广，防治措施应因地制宜，既要重视应用先进技术和手段，也要充分考虑中国山丘区的现实状况，尽量采用经济实用的设施、设备和方式方法，广泛深入开展群测群防工作。

1.3.2　山洪灾害防治对策

1. 非工程措施

非工程措施对策主要包括加强防灾知识宣传、开展山洪灾害普查、建设监测预警系统、落实责任制并编制预案、实施搬迁避让、加强政策法规建设和防灾管理等。

（1）加强防灾知识的宣传培训。《全国山洪灾害防治规划》要求在全社会加强山洪灾害风险宣传培训，增强群众防灾、避灾意识和自防自救能力，使山洪灾害防治成为山丘区各级政府、人民群众的自觉行为。

（2）开展山洪灾害普查。《全国山洪灾害防治规划》开展了大量的山洪灾害普查工作，分析了山洪灾害发生的特点和规律，研究了山洪灾害临界雨量的确定方法，为山洪灾害预警提供了较为可靠的依据。但是由于规划工作的局限性，大量的隐患点还没有被发现，同时由于气候因素、人类活动因素等，还可能造成一些新的隐患或灾害点出现。因此，需要不断地加大普查力度，扩大普查范围，为防御工作提供决策依据。

（3）建设监测预警系统。《全国山洪灾害防治规划》新建自动气象站3886个，多普勒雷达站44个；新建自动雨量站8735个，水文站466个，人工简易观测站12.5万个；布设泥石流专业监测站（点）1926个，滑坡专业监测站（点）2676个，山洪泥石流和滑坡群测防村组11880个。规划建设连接30955个监测站（点）通信、1836个县级信息共享平台专业部门间网络互连，配置12.5万套无线广播警报器以及锣、鼓、号等人工预警设备。

（4）落实责任制并编制山洪灾害防御预案。《全国山洪灾害防治规划》建立山洪灾害防御责任制体系，县、乡、村逐级编制切实可行的预案，建立由各级政府部门负责的群测群防组织体系，在有山洪发生征兆和初发时就能快速、准确地通知可能受灾群众，按照预案确定的路线和方法及时转移。

（5）实施搬迁避让。《全国山洪灾害防治规划》对处于山洪灾害危险区、生存条件恶劣、地势低洼而治理困难地方的居民拟采用永久搬迁的措施，结合易地扶贫，引导和帮助危险区居民在自愿的基础上做好搬迁避让。

（6）加强政策法规建设和管理。《全国山洪灾害防治规划》要求制定风险区控制政策法规，有效控制风险区人口增长、村镇和基础设施以及经济发展。制定风险区管理政策法规，规范风险区日常防灾管理，维护风险区防灾管理、山洪灾害地区城乡规划建设的管理，维护风险区防灾减灾设施功能，规范人类活动，有效减轻山洪灾害。

2. 工程措施

对受山洪及其诱发的泥石流、滑坡严重威胁的城镇、大型工矿企业或重要基础设施，《全国山洪灾害防治规划》要求适当采取必要的工程措施，保障重要防护对象的安全。工程措施对策主要包括山洪沟治理、病险水库除险加固、水土保持等。

（1）山洪沟治理。山洪沟治理措施主要有护岸及堤防工程、沟道疏浚工程、排洪渠等。规划采取工程措施治理的山洪沟约18000条，需加固、新建护岸及堤防工程长度94710km，加固改造和新建排洪渠工程89650km，疏浚沟道8920km。

（2）病险水库除险加固。规划除险加固的病险水库均为小型水库，共16521座，其中小（1）型水库2999座，小（2）型水库13522座。

（3）水土保持。山洪灾害防治区有水土流失面积145km²需要治理。治理措施将结合《全国水土保持生态环境建设规划（1998—2050年）》的实施进行。

1.3.3 山洪灾害防治存在的问题

1. 防灾预案村组落实不到位

目前，乡镇编制的防灾预案中，虽然明确了组织结构和职责任务，制定了预警和执行程序、人员撤离路线以及救灾措施，但各村组没有编制自己的预警和执行程序、人员转移路线，加上组织者、预警员、抢险突击队成员均为兼职，没有经费支撑，平时不注意熟悉预案，导致山洪来临时防灾预案无法落实，群众无所适从。

2. 监测、通信、预警设施建设严重滞后

山洪灾害具有突发性和不确定性，防御工作需要有较高水平的预警预报作为支撑。由于测报站点稀少，信息传递手段落后，预报精度和时效性差，尤其是降雨落点预报效果不够理想，很难组织起有效防御。现有的通信设施多数建于 20 世纪 80 年代，设备老化，可靠性差，预见期短，极难适应"测得准、报得快"的要求。

3. 防御工程标准低、规模小、质量差

山丘区都是一些经济欠发达地区，群众很难拿出更多的财力物力用于防灾设施建设。现有的一些设施都是灾后应急而建，整体性差、标准低、质量差，难以发挥防护作用，一旦山洪暴发，沿河城镇、村庄、农田、道路极易被毁。

4. 防治经费投入严重不足

山洪灾害防治是一项综合性的系统工程，由于灾害隐患点多、面广、量大且类型不一，需要投入大量的人力、物力和财力。目前，国家还没有建立起山洪灾害防治投资机制，加上发生山洪灾害的地区多数是贫困县区，山洪灾害防治至今没有专项经费，导致哪里受灾哪里防治，一直处于"亡羊补牢"的状态，直接影响着当地经济发展和建设小康社会进程。

5. 防洪意识不足

防洪工作是一项极其重要的社会应急事务和公共安全保障工作，事关人民群众的生命财产安全，事关经济发展和社会稳定。近年来，随着防洪能力有所提高，部分干部群众防洪意识有所淡化，对防洪工程措施重视，但对防洪非工程措施重视不够，防洪意识有所松懈。少数部门和乡镇防洪责任制停留在文件上、墙壁上。我们一定要克服麻痹侥幸的思想，扎扎实实做好防汛、抗洪、抢险各项准备工作。

1.4 山洪灾害的预警

山洪预警系统的核心内容是山洪预报。山洪预报对于洪水控制、水库调度、发电、灌溉等工作至关重要，对防洪减灾具有重大的意义。如果能科学地预测山洪过程的发生、发展及洪量，就能采取必要的措施防御和管理洪水，将其可能产生的灾害限制在一定范围内，以尽量减少经济损失和对社会的不利影响。防御和管理洪水是建立山洪预警系统的一个重要举措。

目前，国内采取的山洪灾害预警预报技术途径通常是首先对山洪灾害的危险性进行判别和预测，再根据灾害的威胁程度划分危险等级区并划分山洪易发区；通过与先进的监测和预报技术相结合，对暴雨山洪进行实时监视，并预测山洪灾害发生的危害程度和时间，最后做出准确的山洪预测预报。

1.4.1 山洪灾害的预警方法

山洪灾害预警方式多样，有的通过判断山洪灾害发生程度划分山洪灾害危险区进行山洪灾害预警，有的是先确定山洪灾害发生指标，再通过对指标的监测进行山洪灾害预报。山洪灾害的预报形式基本相同，都是通过监测，把即将发生的山洪灾害通过山洪灾害预警平台将信息发布出去，以达到对山洪进行预报的效果。根据 2012—2015 年山洪灾害事件统计，造成人员伤亡的山洪灾害事件中 50％以上为溪河洪水灾害。对于溪河洪水灾害，当前主要采用雨量预警和水位预警。

雨量预警指标和水位预警指标是山洪灾害预警的重要指标，2010 年以来，我国持续开展山洪灾害防治项目建设，共建设 4.5 万个自动雨量监测站和 1.7 万个自动水位监测站，雨量站与水位站数量比约为 2.8：1，同时还建设了大量简易雨量报警器、简易水位站，形成了覆盖山洪灾害防治区的监测网络。根据现阶段山洪灾害调查评价审核汇集成果（至 2016 年 6 月初），各地在开展山洪灾害调查评价时，以雨量预警指标为主，雨量预警指标和水位预警指标数量之比为 6.4：1。

1. 雨量预警

山洪灾害的形成机理非常复杂，植被情况、山体坡度、地质地貌、土壤和降雨等诸多因素都与山洪灾害的发生有着密切的联系，其中降雨是引发山洪灾害的最直接外动力因素。当一个小流域某时段内降雨量达到或超过某一量级和强度时，形成的洪水流量刚好为河道的安全泄洪能力，大于这一降雨量将可能引发山洪灾害，把此时的降雨量称为临界雨量。临界雨量是目前山洪灾害预测预报的重要指标，对山洪灾害防治有着重要的意义。

以上所述的山洪临界雨量法一般主要采用回归统计或者水文模型的方法来确定，通过分析山洪灾害形成条件和历史山洪发生的降雨情况，并在气象预报和实际雨情基础上，以临界雨量为依据或建立预报模型，用以预测山洪灾害发生的可能性。

2. 水位预警

水位预警是通过分析防灾对象上游一定距离内水位站的洪水位，将该洪水位作为水位预警的指标，根据预警对象控制断面成灾水位，是推算上游水位站相应水位的一种预警方式。

以溪河洪水为主的山洪采用水位预警的方式，具有物理概念直接、可靠性强、适用范围广的优势，尤其适用于支沟主沟汇流洪水顶托、流域内有调蓄工程、地下河或雪山融水等状况的山洪预警。水位监测站配合本地化的预警设备还可以对强行涉水过河、漂流、河边宿营等情况起到警示作用。在山洪灾害预警预报中，判断一个居民点是否会发生山洪灾害，最终都要归结为比较溪沟或者河道里的洪水位与预警点居民区高程的关系，即洪水位与成灾水位的关系。与雨量预警指标相比，水位预警指标概念更明确，省去了雨量预警指标中由降雨推求洪水的过程，使用更加方便。

1.4.2 山洪灾害的预警措施

1. 建立预警预报体系

针对山洪灾害现状，以预防为主的非工程措施必不可少，也是抵御山洪灾害的重要保障。主要通过将水文与气象信息结合，预测山洪灾害发生的时间地点和强度，然后针对灾害情况提出躲灾避灾方案，建立一套集监测、通信、预警、避灾方案和防御措施于一体的完整的预报预警体系。

2. 山洪灾害防御预案

山洪灾害的防御措施，主要有以下内容：

（1）成立山洪灾害防御指挥小组，确立各部门职责。当遇到突发状况时，能有序、高效地组织人员做好抗灾工作。

（2）山洪灾害的预警预报的等级状态，即红色预警、橙色预警和黄色预警状态。1级预警在一定时段降雨内发生山洪灾害的可能性小，故不需要预警；2级预警即黄色预警，该时段降雨内山洪灾害发生的可能性较大，需要加强对灾害的监测，并采取防御措施；3级预警即橙色预警，在该时段降雨内山洪灾害发生的可能性大，随时准备预警；4级预警即红色预警，在该时段降雨内山洪灾害发生的可能性很大，需要全天对灾害点进行监测，必须报警，采取防灾措施。当发现上述三个状态中有明显变异的情况时，则要加强监测、加密测次。同时上报山洪灾害防御指挥部，以便及时撤离险区。

（3）人员安置转移。针对具体流域特点，结合具体地域的特点，在组织人员撤离时速度要快且要注意公路沿线是否有孤石滚落现象。在撤离时为保障居民安全，应与下游地区分成两片，同时准备撤离。

1.5 山洪灾害评价概况

山洪风险研究的一个重要内容就是山洪灾害评价。所谓评价，就是按照给定的研究目标，根据系统要素在总体上的相似性和差异性对其进行分类或排序的过程。它既是系统分析的后期工作，又是系统决策分析的前期工作，再以全面和综合的观点判断系统进行的历史轨迹、当前状态和预测系统发展的趋势。山洪灾害风险评估工作是开展灾前预防、灾后恢复重建、救援物资发放的重要参考依据。

通过山洪灾害调查评价，进一步掌握相关信息，理清工作思路，明确工作方向。山洪灾害分析评价工作有助于深入理解小流域的暴雨山洪特性，可以提供不同行政级别地区各重要沿河村落山洪灾害危险区人口分布情况、现状防洪能力、危险区分布和预警指标等核心信息，对各级行政单位山洪灾害防治预案修正和改进、山洪灾害预警系统及山洪监测系统和网络的改进与完善、未来山洪灾害防御重点村落的识别等，都可以提供有效的信息支撑。

我国山洪灾害风险评估自 1981 年开始，徐在庸首次研究了山洪及其灾情。我国 1984 年绘制了中国第一张洪水风险图，1985 年中国科学院对三峡库区泥石流进行了差异性分区研究，为长江上游泥石流危险性综合区划研究提供了基础，并在 1991 年绘制了 1∶600 万全国泥石流危险性区划图。刘敏等依据自然灾害风险分析原理，结合湖北省雨涝灾害风险程度的地域差异和致灾因子、承灾体密度、经济发展水平综合评价了该地区雨涝灾害风险程度，并提出相应的对策措施。我国系统性地开展山洪灾害防治工作起源于 2006 年制定的《全国山洪灾害防治规划》，2010—2012 年开展了为期 3 年的非工程措施建设，明确提出了系统开展山洪灾害调查评价工作，进而在 2013—2015 年编制了《山洪灾害分析评价技术要求》（下称《技术要求》）和《山洪灾害分析评价方法指南》，并在工作中实施。

总的来说，虽然我国对洪水灾害风险区划研究相对国外起步较晚，但随着我国专家学者的不断努力与科学技术的日益进步，我国对洪水灾害风险区划研究还是取得了非常大的进步，所得出的研究结果与实际也是比较相符的，这些研究成果对我国这样一个洪水灾害频发的国家来说，具有重要的参考价值。

1.5.1 山洪灾害评价技术方案

我国现阶段全国性的山洪灾害分析评价，主要针对面积在 200km^2 以下的山丘区小流域，重点分析洪水淹没对人的威胁，暂时不将滑坡、泥石流等地质灾害纳入分析评价范围，目标是查清山洪灾害危险区及各级危险区人口与房屋分布信息，确定沿河村落（城、集镇）的现状防洪能力，并综合提出山洪灾害预警指标等关键信息，指导山洪灾害防御工作，从而减少因小流域山洪灾害造成的人员伤亡和财产损失。

根据《技术要求》，山洪灾害分析评价主要基于山洪灾害调查评价基础数据、工作底图以及山洪灾害现场调查成果 3 个主要方面的资料进行。其中，基础数据和工作底图由全国山洪灾害防治项目组统一提取和制作并下发到各县，而山洪灾害现场调查成果则由各县根据本县山洪灾害发生和防御现状，制定山洪灾害调查评价名录，并组织力量开展山洪灾害调查。山洪灾害分析评价的基本思路是：首先，依托各地的暴雨洪水查算手册或水文手册，计算小流域设计暴雨，深入分析山洪灾害防治区暴雨特性；其次，利用下发的基础数据和工作底图，采用恰当的小流域洪水计算方法，计算分析各防灾对象的设计洪水；再次，根据调查得到的河道地形数据及社会经济数据等，分析各种典型频率洪水的淹没范围，划定危险区分布，评价沿河村落的防洪现状；最后，根据防灾对象的人口分布及确定的成灾水位，反推防灾对象在不同土壤含水量条件下的临界雨量，并综合确定若干典型时段的预警指标。

在山洪灾害分析评价中，小流域暴雨洪水分析计算是分析评价的学科基础。山洪因强降雨形成，具有短历时、强降雨、大比降、小面积、陡涨陡落等特点，涉及降雨、产流、汇流以及洪水演进等关键环节。在分析评价工作中，需要重点注意小流域暴雨洪水分析计算在这些环节中所存在的问题及其主要解决思路，针对山丘区暴雨山洪的特点，对暴雨洪水计算中的蒸散发量、洼蓄、基流等因素，应进行简化甚至忽略，但对设计暴雨洪水计算中流域土壤含水量、前期降雨、土壤下渗动态变化等在工程设计中常被概化或均化的因素，又应进行细化或者较为详细的考虑。因此，山洪灾害分析评价对于暴雨洪水的主要考虑，总体上介于传统的工程设计洪水计算与水文洪水预报之间，故采用的方法主要有传统的推理公式法、经验公式法、单位线法等集总式流域水文模型法，以及针对降雨洪水事件或连续过程的分布式流域水文模型法。

1.5.2 山洪灾害风险评价指标体系

山洪灾害的发生涉及降水、产流和汇流等多方面因素，这就决定了山洪危险性评价必是一个多指标综合评价问题。如张行南等从气象、径流和地形，田国珍等采用降水、地形坡度和河湖缓冲区，李林涛等考虑气候、地貌和流域水系，分别对全国洪水灾害进行了评价与区划。本书从山洪灾害特点出发，仅考虑山洪发生的自然属性，构造出如图1-5所示的小流域山洪灾害风险评价指标层次体系图。通过图1-5我们可以直观地看到，从致灾因子和孕灾环境两方面构造了山洪灾害危险性评价指标体系，易损性分析主要针对承灾体。在小流域实地考察和特征分析的基础上，综合考虑致灾因子、孕灾环境、承

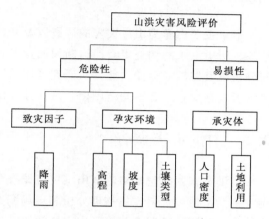

图1-5 山洪灾害风险评价指标体系图

灾体等因素，以客观性、代表性、结构性、可获性、可操作性为原则，借鉴国内外常用的指标，分别从山洪灾害危险性和社会经济易损性两个方面对山洪灾害风险评价指标进行选择。山洪危险性评价主要从致灾因子和孕灾环境出发，小流域山洪主要由暴雨引发，下垫面因素以地形因子和土壤类型对山洪危险性影响最大，故主要考虑降雨、高程、坡度、土壤类型四个指标来进行山洪灾害危险性评价。社会经济易损性由于资料的限制，本书仅采用人口密度和土地利用类型两个指标作为山洪灾害易损性评价指标。

随着全国山洪灾害分析评价的大面积开展，山洪灾害防治县级平台、市级平台、省级平台和国家中心都在陆续建设，山洪灾害分析评价成果有望在这些平台上得到应用和进一步完善。未来山洪灾害防治的发展趋势，是将这些平台与全国密布的自动雨量站、水文（位）站、自动预警广播、雷达测雨站点甚至与卫星等终端连接，组成庞大的山洪灾害防治物联网，实时采集数据，实时计算，实时发布预警信息，从而实现实时计算、精确定位、动态预警，使山洪灾害预警更加精细化、准确化、自动化和智能化。全国山洪灾害分析评价成果也将飞跃式增加，将在更大尺度上、更深技术与信息层面为山洪灾害防治工作提供强有力的支撑。进一步深入分析山洪灾害分析评价成果的区域性分布规律，以及广泛而深入地比较和吸收国内外山洪灾害分析评价与实际应用的成果与经验，对于切实提高山洪灾害防治能力和保障山丘区经济社会持续发展是非常重要而又迫切的工作。

第 2 章　山洪灾害调查与准备

本章主要内容为山洪灾害的调查以及基础资料的准备。山洪灾害调查包括调查目标与任务、历史洪水的调查以及河道断面测量等，基础资料准备主要是利用 ArcGIS 技术的空间分析以及编辑、存储功能，对研究区原始数据进行一系列的数字化处理，使之以用户需要的形式存储于一定空间范围内，从而建立山洪灾害危险性评价数据资料。

2.1　山洪灾害调查

山洪灾害调查包括防治区山洪灾害调查和重点防治区山洪灾害详查。防治区山洪灾害调查主要是通过资料收集整理分析和现场调查，核对山洪灾害防治区小流域基本信息，收集处理水文资料，调查防治区内山区河道基本信息，调查各自然村落、行政村、乡（镇）、城（集）镇和企事业单位的基本情况和位置分布，调查受山洪威胁的区域、灾害类型和历史灾害情况及防治区现状等，并将受山洪威胁的区域范围调查结果标绘在工作底图上。

2.1.1　调查目标与任务

1. 调查目标

通过开展山洪灾害调查，全面、准确地查清山洪灾害防治区内的人口分布情况，摸清我国山洪灾害的区域分布，掌握山洪灾害防治区内的水文气象、地形地貌、社会经济、历史山洪灾害、涉水工程、山洪沟基本情况以及我国山洪灾害防治现状等基础信息，并建立山洪灾害调查成果数据库，为山洪灾害分析评价和防治提供基础数据。

2. 调查任务与内容

（1）以县级行政区划为单位，通过内业整理和现场调查，获取县（市、区、旗）、乡（镇、街道办事处）、行政村（居民委员会）、自然村（村民小组）和山洪灾害防治区内的企事业单位（包括受山洪灾害威胁的工矿企业、学校、医院、景区等）的基本情况和位置分布，包括居民区范围、人口、户数、住房数等，初步确定山洪灾害危害程度。

（2）收集整理山洪灾害防治区水文气象资料和小流域暴雨洪水分析方法。

（3）对统一划分的小流域及其基础数据进行现场核查。根据地形地貌、社会经济和涉水工程变化情况，以及分析评价工作需要，使用现场采集终端，对小流域出口节点位置、土地利用情况和土壤植被进行核查，对有变化的区域提出修改建议。

（4）重点调查防治区内影响居民区防洪安全的塘（堰）坝、路涵、桥梁等涉水建筑物基本情况。

（5）调查统计各县历史山洪灾害情况，包括山洪灾害发生次数，发生时间、地点和范围，灾害损失情况。重点是新中国成立以来发生的山洪灾害，确保不遗漏发生人员伤亡的山洪灾害事件。

（6）在受山洪灾害威胁的沿河村落（城镇、集镇），通过现场查勘、问询、洪痕调查和专业分析等方法，调查历史最高洪水位或最高可能淹没水位，综合确定可能受山洪威胁的居民区范围（危险区），调查危险区内居民基本情况、企事业单位信息，在工作底图上标绘出危险区范围及转移路线和临时安置点。

（7）对具有区域代表性的典型历史山洪，参照水文调查规范开展调查，调查洪痕，对洪痕所在河道断面进行测量，并收集历史洪水对应的降雨资料，计算洪峰流量，估算洪水的重现期。

（8）对需要防洪治理的山洪沟基本情况进行调查，内容包括：山洪沟名称、所在行政区、现状防洪能力、已有防护工程情况；山洪沟附近受山洪威胁的乡（镇）、村庄数量；人口、耕地、重要公共基础设施情况；主要山洪灾害损失情况、需采取的治理措施等。

（9）以县级行政区划为单元，统计山洪灾害防治非工程措施建设成果，包括自动监测站、无线预警广播（报警）站、简易雨量站和简易水位站等的位置和基本情况。

（10）对影响重要城（集）镇、沿河村落安全的河道进行控制断面测量，以满足小流域暴雨洪水分析计算、现状防洪能力评价、危险区划分和预警指标分析的要求。控制断面测量成果要反映河道断面形态和特征，标注成灾水位、历史最高洪水位等。

（11）在防治区山洪灾害调查的基础上，对重点防治区（部分重要城镇、集镇和村落）内受威胁的居民区人口，以及住房位置、高程和数量等进行现场详查，以获取居民沿高程分布情况。

3. 调查的基本原则

（1）真实可靠性。调查对象的信息真实反映山洪灾害防治区内的自然条件、社会经济、水利工程、水文气象等情况，填报的信息需真实可靠。

（2）规范统一性。山洪灾害调查采取中央和地方分工协作、逐级审核、内业和外业互为补充的工作方式。中央通过收集加工国家基础地理信息数据和遥感卫星影像数据，制作现场调查工作底图，已获取了部分调查指标信息。地方各级要在中央统一的技术路线和方法指导下，采用统一标准、统一要求、统一方法开展调查工作。

（3）充分利用现有成果。山洪灾害调查要充分利用已有成果，如社会经济统计资料、大比例尺地形图、近期的高分辨率遥感影像、水利工程资料、水利普查成果和其他有关专题调查资料，水文、地质资料、土地利用、土壤和植被资料，各地方史志等。对已有成果，有的可直接引用，有的可作为复核和评估调查成果的重要参考资料。

（4）有效检核。在充分应用已有资料的同时，应对原有文档、图、表等进行有效检核，对现场调查，应加强过程控制和审核，及时发现问题、纠正错误；对发现的有关调查设计过程中的不合理之处，应及时向项目主管部门反映。

（5）内外业相结合。山洪灾害调查采用内业和外业相结合的原则。内业充分利用各种专业调查和统计部门的成果资料，尽可能多地提取所需要的信息；外业侧重于抽查核对。对于内业没有的信息和指标，现场根据目测、走访和辅助测量工具获取所需信息。对于专业性强的测量工作，则由具有相应资质的专业单位完成。

4. 调查技术路线及步骤

根据山洪灾害调查的总体目标要求，采取内业调查和外业调查、全面调查和重点调查相结合的调查方式，通过前期准备、内业调查、外业调查和测量、检查验收等工作阶段，全面查清山洪灾害防治区的基本情况，有效获取山洪灾害防治区的基础信息。

山洪灾害调查需基于两个条件来开展：①基础数据和工作底图；②现场数据采集终端软件。基础数据和工作底图包括遥感影像图层、经保密技术处理的小流域专题图层及基础属性数据、1:25万基础地理信息图层、土地利用和植被类型图层、土壤类型和土壤质地图层。除前期基础工作已获得的数据外，调查对象的数据需要在工作底图上获取、标绘或填报，并通过工作底图来建立调查对象之间的空间关联关系。现场数据采集终端软件可满足调查对象的数据录入、标绘、编辑、打印、上报等作业的基本要求。

山洪灾害调查的主要步骤可分为前期准备、内业调查、外业调查和检查验收四个阶段。山洪灾害调查技术路线如图2-1所示。

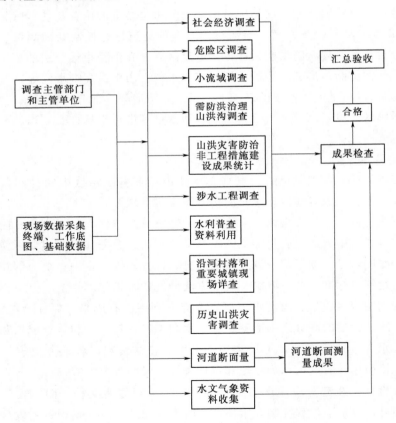

图2-1 山洪灾害调查技术路线图

（1）前期准备阶段。主要包含编制调查方案及相应技术要求、收集处理基础数据，准备调查工具，成立调查机构、落实调查人员，编制工作方案，开展调查业务培训，以及宣传动员等环节。在前期基础工作中，中央统一组织划分了小流域，分析提取了小流域基本属性，制作了工作底图，开发了现场数据采集终端软件。工作底图主要包括卫星影像图、县和乡（镇）界（线、面）、居民地点、小流域图及基础属性等。

（2）内业调查阶段。以县级调查机构为主组织实施，针对调查对象的特点，根据收集到的资料，调查人员登记调查对象名录，包括调查对象名称、位置、规模等基本信息。对于可在内业完成的调查任务，直接填写相应对象的调查信息。对调查的信息进行审核、检查，确保调查对象不重不漏。确定调查表的填报单位。

（3）外业调查阶段。根据内业调查阶段的成果和调查对象的实际情况，调查表填报单位或调查员分别通过基层填报、实地访问、现场测量、工程查勘、推算估算等方法获取调查数据。

（4）检查验收阶段。县级调查机构采取交叉作业的方式，抽取一定比例调查信息进行抽查，与已有成果进行对比，统计分析错误率，若不满足验收标准要求则重新调查，直至满足验收标准为止。通过调查评价数据审核汇集软件按预先设定的审核关系进行自动校审，发现错误及时处理。上级调查机构指导下级调查机构的审核工作，进行随机抽查、检查，发现问题及时解决，避免系统性偏差。

2.1.2 前期准备工作

1. 组织协调

地方各级调查主管部门根据任务分工和质量控制要求，认真组织实施山洪灾害调查工作，要做到组织有力、上下协调、措施到位、成果合格。

（1）地方各级主管部门负责本辖区山洪灾害调查的组织和领导工作。

（2）地方各级调查主管单位具体组织实施山洪灾害调查工作。

2. 编制工作方案

山洪灾害调查工作方案的主要内容包括目标任务、环境条件、各项工作的布置及其工作量、工作方法及技术要求、人员组织、技术及质量保障措施、环境与职业健康安全、经费预算、工作限期和预期成果等。各地可根据实际情况，补充制定现场调查对象，如塘（堰）坝、桥梁、路涵等涉水工程的具体调查标准和方法。工作方案应做到任务明确，依据充分，工作部署合理，技术方法简单可行，保障措施得力，文字简明扼要，重点突出，所附图、表齐全、清晰。工作方案应符合相关的技术要求。

3. 组织调查队伍

根据各阶段的工作内容和工作重点，成立熟悉业务的调查队伍，做好任务分工并注意各个环节之间的衔接与配合，做到单位人员分工明确、工作任务不重不漏。

4. 开展业务培训

组织调查人员进行相关业务培训，充分理解各项调查内容和要求，明确各自职责。熟悉工作方法和技术要求，熟悉调查表格及指标的内容和格式，熟练掌握调查工具和软件的操作使用。

2.1.3 历史洪水调查

根据新中国成立以来发生的历史山洪灾害记录，对具有区域代表性的典型场次洪水，按照历史洪水调查相关要求进行现场调查，考证洪水痕迹，对洪痕所在河道断面进行测量，并收集调查相应的降雨资料，估算洪峰流量和洪水重现期。

1. 历史山洪灾害洪水调查成果的内容

（1）洪痕、河道横断面及河道纵断面的调查和测量。具体要求按照《水文调查规范》（SL 196—2015）和《水文普通测量规范》（SL 58—2014）有关规定执行。现场调查历史洪水痕迹时，需做好洪水考证记录，包括洪水发生时间、洪水痕迹（包括洪水编号、所在位置、高程、可靠程度）、指认人情况（包括姓名、性别、年龄、住址、文化程度）、洪水访问情况、调查单位及时间。

（2）河道横、纵断面测量可参照相关技术要求进行。横断面上需标绘洪水位；纵断面上应绘出平均河床高程线、调查水面线、调查洪痕点及各调查年份历史洪水水面线。对各洪痕点结合水面线进行可靠性和代表性的分析和评定。

（3）对于一些有重要价值及对估算洪水大小有参考意义的调查访问资料应进行摄影，摄影的内容一般为明显的洪水痕迹、河道形势和地形、河床及滩地的河床质及覆盖情况等。

（4）收集历史洪水对应的降雨资料，并估算洪峰流量和洪水重现期。内容包括山洪灾害发生位置、山洪灾害类型、山洪灾害发生时间、调查时间、降雨开始时间、最大雨强出现时间、降雨历时、总雨量、最大雨强、最大雨强至灾害发生的时距、降雨发生至灾害发生时距、调查最大洪水流量、调查最高水位、重现期、可靠性评定。

（5）编写调查报告。应包括下列内容：调查工作的组织、范围和工作进行情况；调查地区的自然地理概况、河流及水文气象特征等方面的概述；调查各次洪水、暴雨情况的描述和分析及成果可靠程度的评价；洪水调查河段地形图或平面图（反映调查河段内河床地形及洪水泛滥情况，以工作底图为基础编制）；对调查成果作出的初步结论并指出存在的问题；报告的附件，包括附表、附图、照片。最后将调查成果汇总到调查成果分类汇总表。

2. 历史洪水调查的方法

根据历史山洪灾害记录，对具有区域代表性的典型场次洪水，按照历史洪水调查相关要求进行现场调查，考证洪痕，对洪痕所在河道断面进行测量，并收集调查相应的降雨资料，估算洪峰流量和洪水重现期，掌握了解该地区历史洪水情况，为山洪灾害分析评价提供基础数据。洪水调查整编情况说明表见表2-1。

2.1.4 河道断面测量

1. 河道断面测量要求

断面测量工作的范围为沿河村落、重要集镇和重要城镇所在沟道的断面测量。主要内容包括以下几个方面。

（1）每个沿河村落、重要集镇和重要城镇测量1个纵断面和2～3个横断面（其中标注居民区成灾水位的横断面为控制断面），如有多条支流汇入，每条支流应加测1个纵断面和2～3个横断面（图2-2～图2-4）。

表 2-1   洪水调查整编情况说明表

水系：_____；河名：_____；地点：_____；集水面积：_____ km²

洪水调查和 整编情况	调查单位	调查时间	调查人	调查到的洪水年份	资料存放单位
流域概况					
河段形势					
断面情况					
引测水准点					
测量项目方法 和精度					
洪水访问概况					
整编成果 （按大小排列）	年份				
	流量	m³/s			
		可靠程度	供参考		
存在主要问题					
附注					

整编单位：_____   整编时间：_____ 日

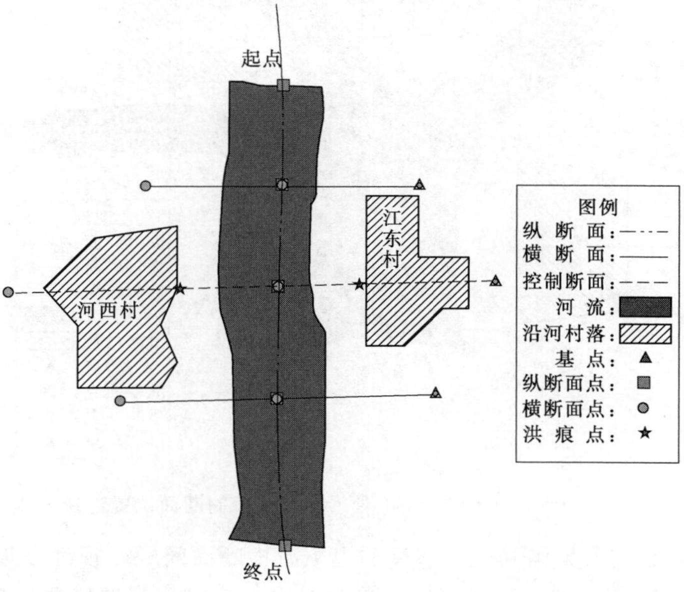

图 2-2 单沟道控制断面位置选择

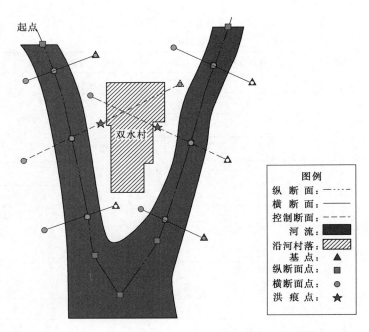

图 2-3　两条沟道交汇处村落控制断面位置选择

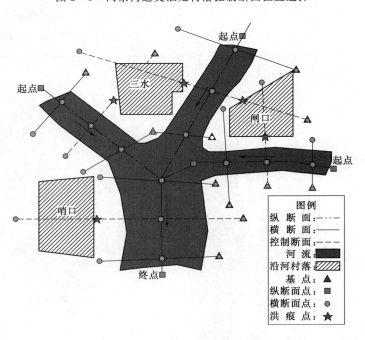

图 2-4　多条沟道交汇处沿河村落控制断面位置选择

（2）沿河村落、重要集镇和重要城镇的上下游横断面间距，视河段坡降大小、断面变化程度而定，一般为 300～500m，具体可参照《水工建筑物与堰槽测流规程》（SL 537—2011）。选取的横断面应能反应河道形状，尽量选择河势平稳、河道顺直段，横断面间不应有桥梁、堰、陡坎和卡口等；如无法避免桥梁、堰、陡坎和卡口等控制性建筑物，应增加测量控制性建筑物断面。横断面水上部分应测至历史最高洪水位 0.5～1.0m 以上；对于漫滩大的河流可只测至洪水边；有堤防的河流应测至堤防背河侧的地面；无堤防而洪水漫溢至与河流平行的铁路公路围圩时则测至其外侧。

（3）纵断面测量一般沿沟（河）道深泓线（山谷线）布置，并向上下游断面外各延伸 100～200m。对于有水面的河道在测量河底高程的同时测量水面高程。对于有历史洪痕的河段需测洪痕点坐标和高程。

（4）断面属性描述：河道/沟道的断面形态（三角形、抛物线形、矩形、复式）和河床底质（泥质、砂质、卵石、岩石）情况。

（5）测量成灾水位和历史最高洪水位。在河道断面测量阶段，对沿河村落和重要城（集）镇现场详查阶段标志的成灾水位位置和历史最高洪水位位置，测量出经纬度坐标和高程，并转化为控制断面上的成灾水位和历史最高洪水位。

2. 断面特征点选取原则

（1）横断面的基点：以左岸断面桩的起点作为横断面的基点（即起点距的零点），若自右岸断面桩作为基点则应注明。

（2）断面特征点选取：

1）断面形态呈三角形时，深泓线上的基点为特征点，根据坡度的变化，其他变坡点之间的水平间距取 20～40m，坡度变化超过 10°处应选择一个特征点。

2）断面形态呈抛物线形时，深泓线附近坡度变化剧烈，应在 5～20m 的间距选择一个特征点，随着坡度变化减缓，特征点之间的水平间距取 20～40 m。

3）断面形态呈矩形时，两边悬崖顶部、中部和底部各测量一个特征点，沟道底部特征点之间按照实际情况适当测量 2～10 个点。

4）断面形态呈复式时，选取断面特征点符合规定。

（3）当沟道断面穿过建筑物、构筑物时，断面上应增加如下特征点：

1）断面穿过堤防时，断面上增加两个特征点——堤顶点和堤底点。

2）断面穿过阻水树林时，断面上增加两个特征点——树林边界点。

3）断面穿过阻隔河道的建筑物时，断面上增加两个特征点——建筑物边界点。

（4）断面特征点及野外测量编码应符合相关的规定。

（5）每个河道横断面应有不少于 6 个能反映河道特征的特征点。测量特征点主要有基点、堤（坡）顶、堤（坡）脚、水边点、历史最高洪水位点、深泓线点（或河底点）。

3. 断面测量成果表

（1）纵断面测量提交成果。纵断面测量成果由沟道基点构成的深泓线断面数据和属性、水面线或历史洪痕构成，沟道纵断面成果填入表 2-2，历史洪痕填入表 2-3。

（2）横断面测量提交成果。横断面测量成果由横断面经过的河道地形点和属性、水面、历史洪痕、成灾水位等信息组成，横断面成果应填入表 2-4。信息包括以下几个方面。

1）横断面元素。横断面的断面元素由断面点的 WGS84 坐标和国家 85 高程构成，或由 WGS84 坐标系和假定高程构成。

表 2－2 　　　　　　　　　　　　　　　**某村所在沟道纵断面成果表**

测量日期：_____日

所在位置							
所在沟道				行政区划代码			
是否跨县				控制点经度/(°)			
控制点纬度/(°)				控制点高程/m			
高程系				测量方法			
序号	测量点	断面信息					
		距离/m	量距方向/(°)	河底高程/m	水面高程/m	经度/(°)	纬度/(°)
1	起点						
2	测点						
3	测点						
4	测点						
5	测点						
6	终点						

注： 1. 所在位置：填写城镇的纵断面填写××省××县；集镇的纵断面填写××省××县××镇；沿河村落的纵断面填写××省××县××镇××村。

　　2. 所在沟道：填写沟道名称。

　　3. 行政区划代码：填写断面所在行政村的区划代码。

　　4. 控制点经度：本村落平面控制点经度，保留7位小数。

　　5. 控制点纬度：本村落平面控制点纬度，保留7位小数。

　　6. 控制点高程：本村落的控制点高程。

　　7. 高程系：①85高程系；②假定高程系。

　　8. 测量方法为：①水准仪/卷尺测量法；②GNSS RTK测量法；③全站仪法；④三维激光扫描方法的其中一种。

　　9. 距离：距上一测点的距离。填写距离和量距方向时，必须填写起点和终点的经纬度。

　　10. 量距方向：为两点之间的方位角。如填写测量点的经纬度则不需要填写量距方向。

　　11. 河底高程：纵断面河底点的高程，保留3位小数。

　　12. 水面高程：沿河道的水面高程，保留3位小数。

　　13. 经度：纵断面测点经度，保留7位小数。

表 2－3 　　　　　　　　　　　　　　　**某村所在沟道历史洪痕成果表**

测量日期：_____日

所在位置				
所在沟道			行政区划代码	
测量方法			是否跨县	
序号	洪痕信息			
	经度/(°)	纬度/(°)	高程/m	洪水场次
1				
2				
3				
4				

注： 1. 所在位置：填写城镇的纵断面填写××省××县；集镇的纵断面填写××省××县××镇；沿河村落的纵断面填写××省××县××镇××村。

　　2. 所在沟道：填写沟道名称。

　　3. 行政区划代码：填写断面所在行政村的区划代码。

　　4. 测量方法为：①水准仪/卷尺测量法；②GNSS RTK测量法；③全站仪法；④三维激光扫描方法的其中一种。

　　5. 测点经度：所测洪痕点的经度，保留7位小数。

　　6. 测点纬度：所测洪痕点的纬度，保留7位小数。

　　7. 测点高程：历史洪痕点的高程，保留3位小数。

　　8. 洪水场次：产生洪痕的洪水时间，按年月日填写。

2）横断面点排列顺序。野外测量的断面点经常是无序的，内业工作需要给横断面点排列顺序，排列顺序法则是：以左岸第一点为基点，并从基点开始，面向下游方向，断面点由左到右排序，断面点元素与属性一同排序，并将测量的断面点坐标归算到横断面线上。

3）断面成果表。断面成果表由点号、特征点（可统一填写名称或属性代码）、WGS-84北坐标（纬度）、东坐标（经度）和高程组成，格式见表2-4。

表2-4 某村所在沟道横断面测量成果表

测量日期：_____日

所在位置		行政区划代码	
所在沟道		断面标识	
断面形态		是否跨县	
河床底质		测量方法	
基点经度/(°)		基点纬度/(°)	
基点高程/m		断面方位角/(°)	
历史最高水位/m		成灾水位/m	

序号	断面特征点描述	起点距/m	高程/m	经度/(°)	纬度/(°)	糙率
1		0				
2						
⋮						
n						

注：1. 所在位置：填写城镇的横断面填写××省××县；集镇的横断面填写××省××县××镇；沿河村落的横断面填写××省××县××镇××村。

2. 行政区划代码：填写断面所在行政村的区划代码。

3. 所在沟道：填写横断面所在沟道名称。

4. 断面标识：0代表上游；1代表下游；2代表控制断面。

5. 断面形状类型：A：矩形；B：抛物线形；C：三角形；D：复合型。

6. 河床底质：0：岩石；1：砂砾石；2：砂土；3：壤土；4：黏土。

7. 测量方法为：①水准仪卷尺测量法；②GNSS RTK测量法；③全站仪法；④三维激光扫描方法的其中一种。

8. 基点经度：横断面所在坐标系内起点的经度，保留7位小数。

9. 基点纬度：横断面所在坐标系内起点的纬度，保留7位小数。

10. 基点高程：横断面所在坐标系内起点的高程。

11. 断面方位角：横断面的方位角，保留4位小数。

12. 历史最高水位：根据洪痕确定的历史最高水位。

13. 成灾水位：防治区内可能发生山洪灾害的最低水位。

14. 起点距：左岸基点的起点距为0。如定右岸为基点，基点的起点距填写断面最长距离。基点的起点距为必填项（填写经纬度数据可不填写起点距）。

15. 高程：测点的高程，保留3位小数。

16. 经度：测量点的经度，保留7位小数。

17. 纬度：测量点的纬度，保留7位小数。

18. 糙率：根据现场下垫面情况，参照水文手册中下垫面糙率值分段填写。

（3）成果文件组织和命名。为保持断面成果的统一性与规范性，对提交成果文件夹的数据存储方式进行统一规定。断面成果包括断面测量成果报告和断面测量成果表。断面测量成果报告文件格式为 *.doc，断面测量成果表文件格式为 *.xls。断面成果存储时分三级文件目录组织，其中：第一级以县为单位进行组织，第二级文件夹以行政村为单位进行组织，第三级文件夹以断面组号为单位组织（断面组号从 001 开始顺序编起），包含纵断面成果和横断面成果文件。

4. 涉水工程调查

（1）重点调查防治区内对沿河村落防洪安全可能产生较大影响的塘（堰）坝、桥梁、路涵等工程。选择塘（堰）坝、桥梁、路涵等调查对象的原则是：在洪水期间，可能严重阻水；或可能因杂物阻塞等原因会造成水位抬高，淹没上游居民区；或可能因工程溃决威胁下游居民区安全的工程必需调查。各地根据具体情况，确定调查对象。

（2）现场将工程位置标绘在工作底图上，位置标绘相对误差要求不超过 10m。

（3）对工程主体拍摄满足分辨率要求（像素不小于 800ppi×600ppi）的照片存档，照片应能反映工程主体与周边地形的关系，反映工程的主体结构尺寸。拍照片的时候，在涉水建筑物旁竖一个不小于 2m 长的标尺，以便能根据照片中的标尺估计建筑物的大概尺寸。每个调查点照片不超过 3 幅。

（4）塘（堰）坝工程的调查范围是：塘坝的容积限制为 1 万 m³ 以上、10 万 m³ 以下；（堰）坝的坝高限制在 2m 以上。调查内容包括所在政区名称、塘（堰）坝代码、塘（堰）坝名称、总库容、坝高、坝长、挡水主坝类型。

（5）路涵的调查内容包括所在行政区名称、涵洞名称、涵洞编码、类型、涵洞高、涵洞长、涵洞宽。

（6）桥梁的调查内容包括所在政区、桥梁名称、桥梁编码、类型、桥长、桥宽、桥高。

（7）重点调查在居民区附近、对河道行洪有较大影响的桥梁和路涵；对居民区安全影响较小的规模较大或规模很小的路涵和桥梁可以不调查。

2.1.5 居民住房位置和高程测量

（1）对重要城（集）镇、沿河村落居民户住房位置及基础高程进行测量，测量范围为历史最高洪水位（或可能淹没水位）以下的居民住房。

（2）重要城（集）镇、沿河村落居民户住房位置及高程测量与河段内各组纵横断面河底高程测量同步进行，采用同一坐标系统和高程系。

（3）每座住房测量一个代表坐标点（平面坐标和基础高程）；企事业单位等人口密集区的每个建筑物测量一个坐标点（平面坐标和高程点）。

2.2 基础资料准备

一般来说，基础资料的准备是要解决相关问题所需要的所有数据集合。基础资料的准备是山洪灾害危险性评价的一个重要过程，数据库建设是根据已分析出的数据和山洪灾害危险性指标共同确立的，即依据山洪灾害孕灾环境分区结果数据和暴雨强度、洪水频次数据建立山洪灾害危险性评价数据库。

基于 ArcGIS 技术的空间分析以及编辑、存储功能，对研究区原始数据进行一系列的数字化处理，使之以用户需要的形式存储于一定空间范围内，从而建立山洪灾害危险性评价数据资料。数据资料包括的主要内容是各评价指标经过一系列处理之后得到的图件、对应图件的属性数据以及单独的属性数据，因此该数据库包括空间数据和属性数据两部分。其中空间数据是以几何多边形的方式在 ArcGIS 平台中予以表达，主要包括研究区地理位置行政区划图、暴雨强度等值线图、洪水频次分布图、洪水频次等值线图等；而属性数据多是与空间数据对应的属性信息值组成的数据集合，也可以是单独的属性信息表，主要包括研究区的行政区名称、面积，暴雨等值线强度值，具体洪水频次等值次数，以及各气象站点的降雨信息等。

2.2.1 工作底图

山洪灾害调查工作底图设计制作要以突出主体要素为原则，全面考虑工作底图区域内的地形特点、使用需求、用户习惯和底图图面负载均衡等因素，对地物进行适当的制图综合和关系一致性处理，以达到各图幅承载的信息量丰富、合理、效能最大化的目标。工作底图数据分层组织需充分考虑底图使用要求和要素之间关系，兼具实用性与科学性。制图符号库设计需按照数据类别，参照相关国家和行业标准规定而制作。

1. DEM 数据处理

DEM 是以规则格网点的高程值表达地面起伏的数据集，是山洪灾害调查基础评价之一。依据 DEM 数据检查结果对有问题的 DEM 数据进行处理，直至数据质量满足要求，以保证满足小流域划分、遥感影像正射和山洪灾害评价要求。对于相关检查中出现的通过本项目内业处理不能解决的问题，要与数据提供方进行沟通协商、更换数据，以保证数据满足项目需要。

（1）DEM 异常值处理。在山区，一般由于阴影、水体、云雾等情况造成 DEM 存在高程异常斑点（负值、突变值、无效值），见图 2-5，需要在数据生产中作必要处理。平原区为山洪灾害调查评价非重点关注区域，对影响范围较小的异常值可不做处理。

高程异常处理方法有多种，根据实际情况，大致可以归纳为四类：基于数据融合的填补方法、基于空间插值的方法、基于数据融合和空间插值的综合方法，以及基于（或优于）1：5 万 DLG 数据进行重新生产的方法。具体使用方法需根据数据情况确定。

1）基于数据融合的填补方法。较大范围的高程异常区域，宜使用数据融合的填补方法，即：用其他辅助高程数据直接填补 DEM 的空洞，辅助高程数据建议使用 ASTER GDEM。

2）基于空间插值的方法。小范围的高程异常区域，宜使用空间插值方法，即：利用异常值周围的数据，采用一定的插值方法（加权平均法、克里金插值等）插补空洞区域。

（2）DEM 拼接。以检查和处理后符合要求的标准分幅 DEM 数据项目需求为单位进

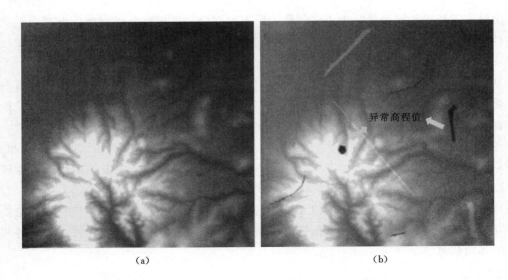

(a)   (b)

图 2-5　山区 DEM 高程数据正常值及异常值示意图

(a) DEM 正常值示意图；(b) DEM 异常值示意图

行拼接，生成拼接 DEM 数据。拼接跨带需要进行跨带投影转换，拼接接边后无裂隙现象，重叠部分高程值一致。

（3）DEM 裁切。按省级行政辖区对拼接后 DEM 进行裁切，裁切线为省级行政界线外扩 2km，裁切线至最小外接矩形之间的区域填充黑色（RGB 值为：0，0，0；全色灰度值为 0），裁切线边缘及填充区无其他任何异常值。

（4）元数据制作。利用提供的 1∶5 万 DEM 数据的元数据，参照《水利基础数字地图产品模式》（SL/Z 351—2006）对其进行整理。

2. DLG 数据处理

DLG 是以矢量数据形式表达地形要素的地理信息数据库。依据 DLG 数据检查结果对有问题的 DLG 数据进行处理，直至数据质量满足要求。对于相关检查中出现的通过本项目内业处理不能解决的问题，要与数据提供方进行沟通协商、更换数据，以保证数据满足项目需要。

针对 1∶5 万 DLG 数据，根据其在山洪灾害调查评价中具有多种作用，其处理方式依据应用目的不同存在差异，具体如下：

（1）作为山洪灾害评价相关模型输入因子的数据源。对符合质量要求（或经过调换符合质量要求）的 1∶5 万 DLG 数据直接抽取评价模型所需数据，后处理依据评价需要而定。成果为 1∶5 万标准分幅 DLG 数据。

（2）作为遥感影像土地利用类型提取的辅助数据。直接使用符合质量要求（或经过调换符合质量要求）的 1∶5 万 DLG 数据，基本不需要进行其他处理。

（3）作为分类精度检验和评价数据。直接使用符合质量要求（或经过调换符合质量要求）的 1∶5 万 DLG 数据，基本不需要进行其他处理。

（4）作为土地利用类型抽取的数据源。直接使用符合质量要求（或经过调换符合质量要求）的1：5万DLG数据，根据需要的下垫面土地利用类型对DLG数据相应图层和要素进行抽取和协调处理。成果为土地利用类型数据过程成果。

3. 遥感影像数据处理

DOM是利用数字高程模型对航天影像，经正射纠正、接边、色彩调整、镶嵌，按一定范围剪裁生成的数字正射影像数据集。它是山洪灾害调查评价基础数据之一，主要用途有现场调查工作底图、土地利用类型提取的主要数据源、小流域划分的参考数据之一以及危险区图制作的底图。

（1）矢量落图文件。为了便于影像查询和管理，收集相应比例尺的标准分幅接合图表生成标准分幅矢量落图文件，即：在接合图表的基础上，抽取DOM元文件相关字段，形成标准分幅影像矢量落图文件，其属性结构见表2-5。常用遥感影像数据源类型代码见表2-6。

表2-5 　　　　　　　　　　**标准分幅影像矢量落图文件属性结构表**

字段名称	类型	长度	精度	描述	备注
TM	char	20		标准分幅图名	
TH	char	10		标准分幅图号	
SJY	char	10		数据源	
SX	char	8		数据源时相	
FBL	char	5		分辨率	
SCDATE	char	8		生产日期	
SCDW	char	30		生产单位	
BZ	char	100		备注	

表2-6 　　　　　　　　　　**常用遥感影像数据源类型代码**

序号	数据类型	代码	序号	数据类型	代码
1	QuickBird	QB	6	资源二号	ZY-2
2	WorldView	WV	7	资源三号	ZY-3
3	SPOT5	SPOT5	8	CBERS-02C	02C
4	ALOS	ALOS	9	天绘一号	TH-1
5	RapidEye	RE			

（2）色彩处理。色彩处理一般都会破坏遥感影像的光谱信息甚至纹理信息。利用遥感影像进行小流域下垫面土地利用类型提取，不宜进行过多色彩调整和处理。以下几种情况可进行适当的色彩调整。

1）下垫面土地利用类型主要依赖于人机交互目视解译，应调整影像颜色至自然真彩色，以利于人眼判读需要。

2）有出图需要时，为保证自然真彩色视觉效果，必要时可牺牲部分光谱信息和纹理信息，去除杂色保证整体反差，达到出图效果。

一般采用线性或非线性拉伸、亮度对比度、色彩平衡、色度、饱和度等方法进行色调调整。处理后的影像要达到灰阶分布具有较大动态范围，纹理清晰、色调均匀、反差适中，色彩接近自然真彩色，可以清晰判别下垫面土地利用类型。色调调整时应尽可能保留多光谱影像的光谱信息和全色影像的纹理细节，以便进行下垫面土地利用类型提取。为出图而进行的影像色彩调整不宜再进行定量下垫面信息提取。

（3）影像镶嵌。

1）镶嵌只针对采样间隔相同影像，制作县级辖区该采样间隔 IMG 文件。采样间隔不同的影像，相互之间不进行镶嵌，制作县级辖区各自独立的 IMG 文件。为了实现最终无缝接边，要对接边处做镶嵌处理，从相邻采样间隔较小 IMG 文件上裁切一定范围的重叠区影像，将裁切的重叠区影像按较大采样间隔 IMG 文件重采样后，与之进行镶嵌，如图 2-6 所示。

图 2-6 不同采样间隔接边处镶嵌处理

2）镶嵌前进行重叠检查。景与景间重叠限差应符合规定要求。重叠误差超限时应立即查明原因，并进行必要的返工，使其符合规定的接边要求。

3）镶嵌时应尽可能保留分辨率高、时相新、云雾量少、质量好的影像。

4）选取镶嵌线对 DOM 进行镶嵌，镶嵌处无地物错位、模糊、重影和晕边现象。

5）时相相同或相近的镶嵌影像纹理、色彩自然过渡；时相差距较大、地物特征差异明显的镶嵌影像，允许存在光谱差异，但同一地块内光谱特征尽量一致。

6）镶嵌线选取。镶嵌线应尽量选取线状地物或地块边界等明显分界线，以便使镶嵌影像中的拼缝尽可能地消除，使不同时相影像镶嵌时保证同一地块完整，有利于判读，且镶嵌后影像应避开云、雾、雪及其他质量相对较差的区域，使镶嵌处无裂缝、模糊、重影现象。

7）镶嵌。对重叠精度满足要求的相同采样间隔纠正后影像进行镶嵌。当相邻两景影像时相或质量相差不大时，保持影像纹理、色彩自然过渡，见图 2-7；时相差距较大、地物特征差异明显时，保持各自的纹理和色彩，但同一地块内光谱特征保持一致。

（4）影像裁切。

1）标准分幅影像裁切。按照《第二次全国土地调查底图生产技术规定》中 9.2.1 之规定执行。

2）县级辖区影像裁切及命名。按县级行政辖区对镶嵌后 DOM 进行裁切，形成县级辖区内不同采样间隔分别镶嵌后若干独立的 IMG 文件。裁切线为县级行政界线外扩 2km，裁切线至最小外接矩形之间的区域填充黑色（RGB 值为：0，0，0；全色灰度值为 0），裁切线边缘及填充区无其他任何异常值。

3）影像格式转换。为利于外业调查底图制作，减少数据量，镶嵌后县级辖区影像块

图 2-7　影像镶嵌线勾绘示意图

成果提交需要进行格式转换，从 IMG 或者其他中间格式转换成 JPEG2000 压缩格式，并且生成 JPW 格式的头文件随县级影像文件成果一并提交。

4）元数据制作。参照《基础地理信息数字产品元数据》（CH/T 1007—2001）和 SL/Z 351—2006 对 1∶5 万标准分幅 DOM 元数据进行规。

4. 土地利用类型数据处理

根据土地利用类型分类标准，利用 2.5m 或优于 2.5m 的遥感正射影像（DOM）对土地利用类型进行识别，进行图斑提取、勾绘和编码，成果为 1∶5 万标准分幅土地利用类型图和县级辖区土地利用类型图。

土地利用类型图是山洪灾害调查评价的基础数据之一，主要用途有山洪灾害评价模型的输入数据和外业调查参考数据。

坐标系采用 WGS84 大地坐标系。图斑是指单一地类地块，以及被流域界线分割的单一地类地块。山区居民地全部上图，水域全部上图，其他下垫面类型按照相关要求上图。

土地利用类型注重类别差异，应保证山区城镇居民地和水域精度（类型、边界、拓扑），山区城镇居民地全部上图，水域全部上图，其他土地利用类型要类别正确（不能为空），拓扑关系正确，边界准确性可适当放宽。小流域下垫面土地利用类型分项面积之和必须与该区域总面积相等。

所有图斑均按面状图斑勾绘，包括公路、铁路等线状地物。最小上图图斑大小为 2mm×2mm。

以影像为基础，建立土地利用图斑矢量数据层，基于 ArcGIS 软件建立图斑的拓扑关系，生成图斑属性表，属性表结构见表 2-7。

表 2-7　　　　　　　　　　　　　　　　土地利用类型属性表结构

序号	字段名称	字段代码	字段类型	字段长度	小数位数	备注
1	格式标识	FID	Char			计算机自动赋值
2	下垫面类型代码	XDMDM	Char	10		
3	下垫面类型名称	XDMMC	Char	30		
4	中心点 X 坐标	XZB	Float	15	1	
5	中心点 Y 坐标	YZB	Float	15	1	
6	面积	XDMMJ	Float	15	2	单位：平方米
7	数据源	SJY	Char	10		
8	数据源时相	SX	Char	8		见本表注 1
9	备注	BZ	Char	100		见本表注 2

注：1. 依据下垫面提取数据源（DOM 或者 DLG）所记录的时相，填写至日，如 20100508。
　　2. 备注填写其他需要说明的特殊情况。

参照 SL/Z 351—2006 中 5.2.4，对土地利用类型数据的元数据进行规定，元数据格式为 XLS。

5. 土壤数据处理

对土壤类型图进行数字化、属性赋值或相应处理，按《中国土壤分类与代码》（GB/T 17296—2009）进行分类和代码赋值，并进行规范化处理，生成土壤类型矢量数据集，支撑土壤质地划分。

坐标系采用 WGS84 大地坐标系，土壤类型数据成图比例尺为 1：500000，数据获取困难地区可适当放宽比例尺。土壤类型划分标准按 GB/T 17296—2009 执行，1：50 万土壤类型数据土壤分类到土属，1：100 万土壤类型数据土壤分类到亚类。土壤质地划分标准按国际制土壤质地分类标准（ISSS）和《土的工程分类标准》GB/T 50145—2007 执行。

土壤类型图最小上图图斑面积为 2mm×2mm。土壤类型数据必须经过接边处理，图形和属性相协调，全国形成一张图。参照 SL/Z 351—2006 中 5.2.4，对土壤数据的元数据进行规定，元数据格式为 XLS。

6. 水文地质数据处理

水文地质数据处理的坐标系采用 WGS84 大地坐标系。成图比例尺为 1：200000。水文地质类型划分标准按《综合水文地质图图例及色标》（GB/T 14538—1993）执行。色标参照 GB/T 14538—1993 执行。水文地质图最小上图图斑面积为 2mm×2mm。水文地质类型数据必须经过接边处理。相邻图幅之间进行要素的图形与属性接边，做到位置正确、形态合理、属性一致。元数据参照 SL/Z 351—2006 中 5.2.4，对水文地质类型的元数据进行规定，元数据格式为 XLS。

2.2.2　小流域划分

1. 流域的概念

流域是水文学中的一个最基本的概念。流域主要是指地表水及地下水的分水线所包围的集水区或汇水区，因地下水分水线不易确定，习惯上流域指的就是地面径流分水线所包围的集水区。汇集地面水和地下水的区域称为流域，也就是分水线包围的区域。分水线有地面分水线和地下分水线之分。当地面分水线和地下分水线重合，称为闭合流域，否则称为不闭合流域。在实际工作中，除有石灰岩溶洞等特殊的地质情况外，对于一般流域，多按照闭合流域考虑，也就是说常以地面分水线来划分流域。因此，除石灰岩溶洞等特殊的地质情况外，一般流域都包含两个基本的要素，即流域出口和汇流面积，也就是说，某一具体流域，一定有一个确定的出口断面以及汇集于此断面的汇流面积。

显然，在同一流域中，上游山区的流域面积要小于中下游河川的流域面积。至于多小为小流域，多大为大流域，在不同的国家，因不同的工作和研究需要，其依据也是不一样的。流域的划分，首先要确定单元网格内的水流流向和流域内的水流网络（流域内水流轨迹形成的网络），在流域内采用 3m×3m 窗口搜索每一个单元网格，确定流域内每一个单元网格的水流流向，搜索完毕后即可形成整个流域的水流网络；然后从流域的出口沿河道向上游逐级搜索每一条河道的集水区域范围，搜索到的所有单元网格所占区域的边界即为流域的分水岭（线），分水岭（线）所包围的区域即为流域。

流域面积是指流域周围分水岭（线）与流域出口断面之间所包围的面积，也就是所有水流流出流域出口断面的单元网格所占的全部面积。首先初始化上游集水面积矩阵为零，然后依次搜索水流流向矩阵，从每个单元网格出发，沿着与水流流向相反的方向进行逐个追踪，直至到达流域的分水线为止。当整个水流流向矩阵搜索完毕后，上游集水面积矩阵中的数值乘以每个单元网格的面积，即为流域集水面积矩阵。在河网水系提取的同时，通过 DEM 即可自动计算和生成流域内所有河段的河长及比降的特征参数。

流域和径流是相互作用的结果。一方面，流域的地形地貌，也制约着径流的大小和方向，降落于某一流域上的降水形成的径流，经过坡面和沟道汇流，将最终汇集于该出口处并流出流域。另一方面，径流的侵蚀、搬移作用，是地形地貌形成和演变的重要作用力之一。降水径流，主要在重力和地表阻力的作用下，自高向低汇集，由山区坡地、沟道向平原河川汇集，流域面积逐渐增大。同时由于径流的侵蚀、搬移作用，径流自高向低汇集的过程中，从上游山区携带大量泥沙至下游平原，从而形成了上游山高谷深、中游山浅丘陵过渡、到下游则为广阔的平原区的流域特征。

2. 小流域的概念

小流域是在流域概念的基础上，结合水务管理的相关实际情况提出来的一个概念。小流域就是在一个流域内，再次将集水区进行细化，这些细化后的相对独立和封闭的自然汇水区域就称为小流域。通常情况下，流域的面积都比较大，尤其是在平原区地带，有时甚至出现流域跨行政区域的情况，这给行政管理带来了诸多不便，甚至有时会出现冲突和矛盾。为了更好地对平原区内的水务进行管理和治理，提出了小流域的概念。小流域是在一个流域内部，以自然汇水为基础，划分出的相对独立和封闭的自然汇水区域。

小流域概念的提出对水务相关的管理具有一定的现实意义，结合小流域的实际应用，综合考虑各种因素，在进行小流域划分作业之前，需要确定小流域划分的具体操作技术和划分原则。

平原区与山区的水文存在很大的不同，流域的划分也需采用不同的方法，在此之前需要确定山区、平原区的分界线。通常情况下，根据海拔划分山区和平原区，一般地，平原区的平原海拔应低于200m，山区的范围则需要超过1000m。

为了确保小流域划分成果的完整性、可靠性、实用性，结合小流域可能的用途，给出了如下的小流域划分原则：①小流域不跨流域；②小流域不压盖房屋；③小流域不跨村庄；④相对独立和封闭性。

其中，小流域不跨流域，保证了一个小流域只能属于一个流域，小流域不会存在跨流域现象，即小流域的水只能汇入一个流域内；小流域不跨村庄，保证了同一村庄的水汇入一个流域，避免了将一个村庄分列管理现象的出现；小流域不压盖房屋是为了保证小流域的可靠性。

此外，在小流域划分的实际作业流程中，及时地与相关工作人员进行交流，保证了小流域划分结果的实用性。

3. 小流域划分及其技术

小流域划分是为了在流域产流计算过程中充分考虑降雨和下垫面条件等影响因素在空间上的分布不均匀性，更重要的是为了中、小流域出口等重要断面处山洪防御工作的需要。小流域划分的基本原则为，山丘区河流流域面积在 $10\sim50km^2$ 之间，深山无人居住区可适当增大。水文站控制断面、山区性河流的出山口、靠近主要村镇的河道断面、水库入库断面及坝址处必须作为节点。在此基础上，对提取的河网所对应的流域进行必要的合并或增加节点，形成山洪灾害防治区小流域。山洪灾害防治区小流域划分后，通过合并可得到某个区域的小流域划分图。山丘区小流域因流域面积和河道的调蓄能力小，坡降较陡，洪水持续时间短，但涨幅大，洪峰高，洪水过程线呈尖瘦型。多项工作都需要根据小流域划分展开。

地形因素是影响流域地貌、水文等过程的重要因子。DEM是精确描述流域地形的数字高程模型，相对于一般地形图具有自动化程度高、地形信息丰富、精度准确可控等特点，因此，在水文模拟中得到了广泛应用。

在地理信息系统中，可采用DEM提取流域特征。DEM一般划分为以下3种基本类型。

（1）等高线模型。等高线模型是由一系列等高线集合和高程值构成的地面高程模型，可以理解为一个带有高程数值属性的简单多边形或多边形弧段，等高线的数值一般被存放在一个有序的坐标点对序列矩阵中。由于等高线模型只表达了区域的部分高程值，通常需要采用数学插值法计算等高线以外其他点的高程数值。

（2）规则网格模型。规则网格一般指正方形，也可以是矩形或三角形等其他规则网格。规则网格将区域空间划分为规则的单元网格，每个单元网格对应1个数值。目前基于DEM的流域水文模拟基本上都是利用规则网格模型进行的。

（3）不规则三角网模型。不规则三角网通过从分布不规则的数据点生成的连续三角面来逼近区域地形表面，能以不同层次的分辨率精确地描述地形表面，是模拟区域地形表面最常用的基本形式之一。

DEM 的生成有多种途径与方式，主要依据工作目的及信息源和数据采集的硬件、软件设备等决定采用的方式，一般有以下 3 种方法。

（1）摄影测量。摄影测量是 DEM 数据采集最常用的方法之一，是以数字影像为基础，通过计算机进行影像匹配，自动相关运算识别同名像点得其像点坐标，并根据少量的野外像控点进行空中三角形测量加密，建立各像对的立体模型。

（2）地面测量。利用全站仪、RTK 和 GPS 等仪器，通过在野外进行实地测量，并自动记录实地测量数据，将这些数据直接输入计算机中进行分析和处理。当记录点数达到一定数量和密度后，即可形成相应精度的 DEM。

（3）地形图矢量化。利用手扶跟踪数字化仪或扫描仪等仪器设备，对现有地形图上的高程点、等高线等信息进行采集，再通过数学内插方法生成相应的 DEM。目前，在水文领域应用最广的是地形图矢量化生成方法。

根据实测的控制断面成果，采用比降面积法计算控制断面的不同水位对应的流量，确定断面的水位流量关系，绘制水位—流量关系曲线。把控制断面设计洪水洪峰流量转换为对应的水位。各流域防灾对象控制断面水位流量关系计算采用曼宁公式，计算公式为

$$Q = A \frac{1}{n} R^{\frac{2}{3}} J^{\frac{1}{2}} \qquad (2-1)$$

式中　　Q——流量，m^3/s；

　　　　A——断面过水面积，m^2；

　　　　n——糙率；

　　　　R——水力半径，m；

　　　　J——比降。

根据曼宁公式，确定各计算参数，从而推求出各防灾对象控制断面的水位—流量关系曲线，并基于调查成果资料，根据水位—流量关系和河道比降，将居民住房位置及高程测量成果转换为控制断面的水位—人口关系曲线。在曼宁公式中，比降和糙率是两个非常重要的参数，二者确定合理与否，直接决定水位—流量关系的准确度。

在作业过程中，通过与水务相关工作人员交流，针对小流域划分过程中遇到的一些情况，分别进行总结，最终确定了以下小流域划分作业方法：

（1）采用遥感影像、数字高程、实际调查相结合的方式，以自然汇流为准则，保证自然流域的完整。

（2）按干支流分类逐级递推，由低级向高级逐级流域划分，小流域面积原则上不小于 $10km$。

（3）不考虑流域调水、跨流域灌溉渠道等人工引水渠道对流域的切割：当遇到类似的人工引水渠道时可忽略不计，可跨渠道进行小流域划分。

（4）平原农田灌区，根据各级灌渠汇水关系确定流域分界线。

（5）城市区域，根据城市排水系统的汇流关系确定流域分界线。由于城区内的水运输主要通过排水管线来完成，参考城市排水系统的数据可更加真实地反映城区内水的汇流

关系。

（6）农村居民区一般归属到一个流域，保证居民区的基本完整。

（7）城乡结合区域。

（8）对于缺乏灌溉、城市排水资料且汇水关系复杂、水网发达的区域，可参照道路、行政界限或相邻两条河流的中心线确定流域分界线，或通过业务核实、实地考察汇水方向、水流方向等因素确定的流域分界线。

小流域划分完成后，根据小流域与河流的空间位置关系，在与相关专业人员交流的基础上，确定了3种小流域类型：坡面型、区间型和完整型。

（1）坡面型：坡面型小流域指的是位于某河流的一侧、汇水区域为河流单侧的小流域。

（2）区间型：区间型小流域指的是横跨某河流的一段、汇水区域包括河流两侧的小流域。

（3）完整型：完整型小流域是一个完整的流域，流域范围完全包含河流，小流域与河流存在一对一的关系。

坡面型小流域出现在河流两岸的地势差别稍大或两岸区域过大、不宜合并的区域；区间型小流域，地势较为平坦的区域会大量出现，且河流的两岸均为平坦区域，比如河流干流的两岸；完整型小流域，一般为河长较短的干流，且周围相对平坦、区域面积不大。

结合沿河村落分布情况和分析评价需要，分析沿河村落的洪水组成，划分设计暴雨的小流域，绘制计算小流域划分图。

山区小流域，是山洪孕育和爆发的场所，是实施山洪风险管理的基本单元。国务院批复的《全国山洪灾害防治规划》中指出，小流域面积原则上控制在200km²以下。然而，仅从这个200km²面积阈值上来定义小流域，对于实际工作是远远不够的。很显然，处于同一条沟道内上游居民点与下游居民点，其可能遭遇的山洪的大小、量级、时间等特性是完全不同的。因此，弄清楚山区小流域的基本概念，对于实际工作具有十分重要的意义。

2.2.3 水文气象资料

1. 暴雨参数资料

（1）开展各地暴雨图集收集上报工作，同时收集暴雨图集制作所用雨量站最大10min、1h、6h、24h（和其他时段）年最大点雨量对应的统计参数（均值、变差系数 C_v、C_s/C_v）见表2-8。

表2-8　　　　　　　　　　　　　测站暴雨统计参数表

政区代码	雨量站名称	雨量站代码	最大10min暴雨			最大1h暴雨			最大6h暴雨			最大24h暴雨			最大3天暴雨			其他时段		
			$\bar{x}$	C_v	$\frac{C_s}{C_v}$	$\bar{x}$	C_v	$\frac{C_s}{C_v}$	$\bar{x}$	C_v	$\frac{C_s}{C_v}$	$\bar{x}$	C_v	$\frac{C_s}{C_v}$	$\bar{x}$	C_v	$\frac{C_s}{C_v}$	$\bar{x}$	C_v	$\frac{C_s}{C_v}$

注：其他时段年最大点雨量对应的统计参数可根据各地实际选择填写。

（2）收集各地 24h 设计暴雨时程分配资料。

以长短历时雨量同频率相包的形式分配时程雨量，以水文分区或者全省为单元收集 24h 设计暴雨时程分配相关资料。

（3）收集各地水文分区对应的短历时暴雨时面深关系图（曲线、表等）。

2. 历年水文站流量及其统计参数资料

收集各省山洪灾害防治区水文站历年平均流量、最大流量、最小流量，组成流量系列，按《基础水文数据库表结构及标识符标准》（SL 324—2005）年流量表（HY_YRQ_F）的格式，填于表 2-9。

表 2-9   某 水 文 站 年 流 量 表

站码	年份	平均流量 /(m³·s⁻¹)	平均流量注解码	最大流量 /(m³·s⁻¹)	最大流量注解码	最大流量日期	最小流量 /(m³·s⁻¹)	最小流量注解码	最小流量日期	径流量 /dm³	径流量注解码	径流模数 /[dm³·(km²·s)⁻¹]	径流深 /mm

收集各省山洪灾害防治区水文站年平均流量、最大流量、最小流量统计参数（均值、离差系数 C_v、C_s/C_v）。利用其可以计算设计洪水。

3. 暴雨洪水资料

（1）收集山洪灾害防治区水文站洪水要素摘录资料及其上游雨量站相应降雨摘录资料，用于小流域水文分析模型率定检验。收集资料时间为新中国成立后至 2012 年，每年选择最大的一场洪水及其他场次五年一遇以上的较大洪水，资料系列不少于 30 年。按 SL 324—2005 洪水水文要素摘录表（HY_FDHEEX_B）、降水量摘录表（HY_PREX_B）的格式，填于表 2-10、表 2-11。

表 2-10   洪水水文要素摘录表

站码	时间	水位/m	水位注解码	流量/(m³·s⁻¹)	含沙量/(kg·m⁻³)

表 2-11   降 水 量 摘 录 表

站码	起始时间	停止时间	降水量/mm	降水量注解码

（2）收集山洪灾害防治区内蒸发站逐日蒸发资料，收集资料时间为建站以来至 2012 年年底。按 SL 324—2005 日水面蒸发量表（HY_DWE_C）的格式，填于表 2-12。

表 2-12 日 水 面 蒸 发 量 表

站码	日期	蒸发器形式	水面蒸发量/mm	水面蒸发量注解码

4. 测站基本信息

按 SL 324—2005 中测站一览表（HY_ST SC_A）的格式，见表 2-13，填写测站的索引和最新的基本情况。

表 2-13 测 站 一 览 表

序号	站码	站名	流域名称	水系名称	河流名称	施测项目码	行政区划代码	水资源分区码	设站年份	设站月份	撤站年份	撤站月份

集水面积	流入何处	至河口距离	基准基面名称	领导机关	管理机关	站址	东经	北纬	测站等级	报汛站等级	备注

5. 小流域设计暴雨计算参数

收集各地暴雨图集、中小流域水文图集、水文水资源手册（涵盖小流域设计暴雨洪水的计算方法、图表及参数等）等资料，包括各水文测站产汇流模型及其计算参数，汇流单位线及其计算参数，水文分区汇流计算的参数综合值，或相关经验公式、综合公式。收集各地水文分区资料及对应的产汇流参数。

2.2.4 水文下垫面

水文下垫面是径流、泥沙、洪水等水文现象及水文过程发生和演变的载体。在同样降水条件下，包气带的吸水性能、导水性能、漏水性能及持水性能主导着对降水再分配和径流形成全过程；地表的抗侵蚀能力强弱和洪流挟沙能力大小、河道的抗冲刷特性决定着流域产沙量的多少；地貌与植被则制约着流域汇流过程。一切水文要素都是降水通过水文下垫面产生的终极结果，科学地划分水文下垫面地类，是研究水文规律及解决生产实践问题的重要基础。

1. 水文下垫面划分标准

水文下垫面要素包括：地貌特征（如山丘、丘陵、盆地、平原、谷地等），地形特征（如坡度、坡向），地质条件（如构造、岩性、水理性质），植被特征（如类型、分布），土壤性质等，它们是制约水文现象区域分异规律的五大主导因素，也是划分水文下垫面地类区域界限的主要依据。

（1）地质岩性。按照地质岩性的水理性能分为变质岩类、灰岩类、砂页岩类、松散岩类。

1) 变质岩类。变质岩类包括太古界和元古界的各种片麻岩、片岩、石英岩、板岩等区域变质岩以及与变质岩水理性能相近的其他结晶岩类（玄武岩、白云岩除外）。

2) 灰岩类。灰岩类主要指寒武系、奥陶系的灰岩、白云岩及泥灰岩等（玄武岩也划入此类）。

3) 砂页岩类。砂页岩类主要指石炭系、二叠系地层及三叠系红色砂岩和泥岩。

4) 松散岩类。松散岩类泛指未胶结或半胶结的沙粒及各种第三纪及第四纪土状堆积物，其中尤以沙土和黄土具有代表意义，其次为洪积、冲积、湖积松散岩层。

（2）土石混合类。土石混合类包括变质岩土石、灰岩土石、砂页岩土石混合类。

（3）地貌。地貌因素不仅影响河流的流向和发源地带，还直接影响水流特性。在地势陡峻的崇山峻岭区，坡度大，河道汇流较快，洪水过程陡涨陡落，水流湍急，下切作用强烈，多形成深切河谷；在平原地区，水流缓慢，沉积作用较强，河道中多沙洲汊道，同时对水系形态也有较大影响，如三面高一面低的地形，往往形成扇形水系。

目前对地貌类型的划分，大都采用形态和成因相结合的原则，但在具体应用时，由于地表形态复杂多样，使用目的不同，划分方法也不同。本次划分主要分为平地、丘陵和山地。

1) 平地。平地是指地面坡度小于 $2°$ 的地貌形态。

2) 丘陵。丘陵是指地面坡度为 $2°\sim9°$ 的地貌形态，或者地面坡度虽大于 $9°$，但是从地形图上查看相对高差小于 $200m$，从形态上看没有明显的山脊线，主要包括梁峁状黄土丘陵、缓坡黄土丘陵、黄土塬、分布在盆地边缘山麓地带的山前黄土阶地、台丘、面积相对很小的山间盆地和台面较小的黄土台地。

3) 山地。山地是指地面坡度超过 $9°$，且有明显的脉络，相对起伏较大的形态。

（4）植被。植被对陆地生态系统水循环有着重要的调节作用，植被的变化对水文过程的影响实际上是改变了水循环的各个环节，影响降水的再分配。植被的类型及结构不同，叶面积指数、树冠结构等也相应不同，致使流域水文的蒸散发、截留量、入渗等都有很大的差异。

1) 森林主要是指由松属和栎属的部分树种组成的温性、温暖性针叶林、落叶阔叶林和混交林。

2) 灌丛是指分布于山地森林线以下、覆盖率为 $50\%\sim80\%$ 的灌木丛。

3) 草坡是指分布在山地的、植物株体矮小的、覆盖率不足 50% 的稀疏灌丛。

4) 农作物。

2. 水文下垫面类型及划分

由于影响产流、汇流、产沙的主导因子互有差异，按主导因素原则将水文下垫面划分为产流地类、产沙地类和汇流地类三种类型。因本书研究对象山西省产沙地类较少，故下面对产流地类和汇流地类进行介绍。

（1）产流地类。制约产流的主导因子是地质岩性的水理性能，其次为植被和地貌。灌丛与草坡对产流过程的影响非常相近，因此把灌丛与草坡合并称为灌丛。在划分产流地类时，按岩性—植被—地貌组合得出 12 种产流地类，见表 2-14。

表 2 - 14　　　　　　　　　　　　产流地类划分成果表

岩性植被	地　貌		
	山地	丘陵	平地
变质岩灌丛	变质岩灌丛山地		
变质岩森林	变质岩森林山地		
灰岩灌丛	灰岩灌丛山地		
灰岩森林	灰岩森林山地		
砂页岩灌丛	砂页岩灌丛山地		
砂页岩森林	砂页岩森林山地		
松散岩农作物	黄土丘陵沟壑	黄土丘陵阶地	耕种平地
变质岩土石类灌丛	变质岩土石山		
灰岩土石类灌丛	灰岩土石山		
砂页岩土石类灌丛	砂页岩土石山		

产流计算包括设计净雨深和设计净雨过程计算两个部分，前者采用双曲正切模型计算，后者采用变损失率推理扣损法计算。

（2）汇流地类。从力学角度考察水流的汇集过程，一方面，重力沿坡向的分力驱动水体流动，地面坡度越陡，重力沿坡向的分力就越大，汇流速度就越快，汇流时间也就越短，洪水过程线形态显得陡峭，因而决定水流驱动力大小的自然因子为流域坡度；另一方面，水体在流动中同时会受到来自流域坡面及河道床体的阻力，称之为"流域阻抗"，植被越茂密、河床越粗糙，流域阻抗越大，汇流速度越小，汇流时间越长，洪水过程线就会显得矮胖。流域的动力条件和阻抗是影响流域汇流的两个主要因素，流域阻抗主要由植被产生，动力条件则由地貌坡度决定。对于一个特定的流域而言，流域汇流的快慢乃是两种彼此反向力量互相作用的结果。当降水特性（量、强度、分布）一定时，流域汇流特征主要取决于流域的地貌和植被两个要素。因此，按植被—地貌组合得出 4 种汇流地类，见表2-15。

汇流计算采用综合瞬时单位线计算，依据《水文手册》中综合瞬时单位线计算方法采用水文计算手册实用程序软件对各个计算单元进行汇流计算。

表 2 - 15　　　　　　　　　　　　汇流地类划分成果表

植被	地　貌		
	山地	丘陵	平地
森林	森林山地		
灌丛	灌丛山地		
草坡	草坡山地		
农作物	黄土丘陵		

2.2.5 水文计算参数的提取

本节中介绍的设计洪水计算参数有流域面积、流域河长、河道坡度、暴雨均值与变差系数这五种主要参数，主要采用 ArcGIS 及其扩展模块 ArcHydroTools 在 STRM 90m 分辨率 DEM 基础上进行参数的提取。ArcGIS 技术具有强大的地理空间分析和数据管理能力，数字高程模型（DEM）则具有丰富的地理属性信息，通过 ArcGIS 技术对 DEM 数据的挖掘，提取出有利于流域管理的地理信息。ArcGIS 技术现已广泛应用于水文建模、防洪减灾、水资源管理、水利信息化建设等诸多领域。GIS 提取流域面示意图如图 2-8 所示。

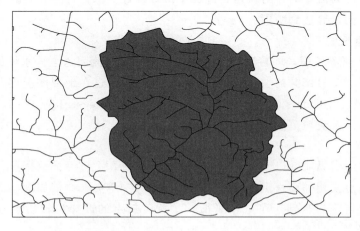

图 2-8 GIS 提取流域面示意图

1. 流域面积

（1）流域面积的提取。流域面积指流域分水线所包围的面积，即设计断面以上的流域面积，以平方公里计。流域地理信息提取的最关键一步是确定流域的范围，即控制断面以上的流域面积。在自然流域的情况下，通过 ArcGIS 扩展模块 ArcHydroTools 可以容易地实现流域面积的提取。提取集雨面积的步骤可以分为：①原始 DEM 数据预处理，主要是对流域内洼地进行填洼；②基于 D8 法流向生成；③累积流生成；④流域出口点生成；⑤最后通过 BatchSubWatershedDefinea-tion 生成流溪河水库流域集雨面积。在生成的 SubWa-tershed 矢量文件的属性表中可查得流溪河水库流域面积与实测集雨面积接近；再经过 ArcGIS 空间分析模块 SpatialAnalystTools 实现流域范围内的 DEM 截取，量算时，以万分之一或大于万分之一的地形图为底图，在其上勾绘分水线，用求积仪量算面积，一般量两次，两次读数之差以不超过 1/100 为控制，取其平均值作为流域面积值。若流域面积过大，可分成若干小块，每块量算方法同前，然后取各块之和作为流域面积值。

（2）流域面积对计算洪峰流量的影响。从最初的推理公式到现在，计算最大流量时，都把流域面积作为主要依据。当其他因素相同时，流域面积越大，则流量越大，徐在庸先生曾给出过如下公式：

$$Q_m = RF^m \tag{2-2}$$

式中 Q_m——最大洪峰流量，m^3/s；

$\quad\quad F$——流域面积，km^2；

$\quad\quad R$——雨强径流系数等的函数；

$\quad\quad m$——作为 F 的幂次，表示 Q 与 F 的关系系数。

显然在式（2-2）中 Q_m 与 F 的 m 次方成正比。前苏联学者曾从理论上分析过 m 值，认为流域面积越大，m 值越小；面积越小，m 值越大。m 值的变化范围为 $0.58\sim1.0$。一般 F 小于 $1km^2$ 时，Q_m 与 F 趋于正比，目前小流域计算最大洪峰流量的经验公式和推理公式大都采用此种关系，如罗氏法、推理公式法、林平一法等。当 Q_m 与 F 取正比关系时，面积的相对误差即为流量的相对误差，故在小流域设计洪水计算中，量算图比例尺应尽可能大些，使面积的量算达到精度。

2. 汇流路径长度

河长 L 也称河流长度，即自工程所在河流断面起沿干流河道至分水岭的最长距离，包括干流以上沟形不明显部分的坡面流程长度，以往主要通过在地形图上用曲线仪或小分规量出。采用 ArcHydroTools 内置提取最长河流的工具 LongestFlow Path，通过输入流溪河水库流域范围以及流域范围内的流向，即可生成流溪河水库流域河长。

3. 河道比降

河道坡度即河道纵比降以‰计，通过生成的流域 DEM 与河长数据进行叠加分析，提取沿河流的高程点及相邻高程点之间的距离。由 ArcGIS 获取的相邻高程点间距，河道坡度的量算以河长量算为基础，在量算河长时注意转折点的选择（转折点一般选在等高线处），具体计算公式为

$$J=\frac{(Z_0+Z_1)L_1+(Z_1+Z_2)L_2+\cdots+(Z_{n-1}+Z_n)L_n-2Z_0L}{L^2} \quad (2-3)$$

式中 $\quad\quad L$——自流域出口断面起沿主河道至分水岭的最长距离，包括主河道以上沟形不明显部分坡面流程的长度，当河道上有瀑布、跌坎、陡坡时，应当把突然变动比降段两端的特征点都作为计算加权平均比降时的分段点，以使计算的比降反映沿程实际的水力条件，km；

Z_0、Z_1、$\cdots$、Z_n——自流域出口断面起沿流程比降突变特征点的地面高程，m；

L_1、L_2、$\cdots$、L_n——两个特征点之间的距离，km。

河道纵比降计算示意图如图 2-9 所示。

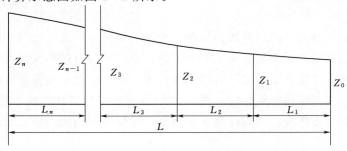

图 2-9　河道纵比降计算示意图

4. 暴雨均值等值线

《暴雨图集》是以图表语言客观描述中国暴雨统计特征时空分布的基本事实、特点与规律的大型专业图集,是工程设计暴雨和设计洪水的基础资料,是工程规划、设计、审查的重要水文依据,直接关系到工程的建设和投资规模,具有广泛的应用价值和显著的社会与经济效益。收集暴雨图集制作所用雨量站最大 10min、1h、6h、24h(和其他时段)年最大点雨量对应的统计参数(均值 X、变差系数 C_v、C_s/C_v)。

(1)均值。均值表示系列的平均情况,它表明系列总平均,可供系列之间的比较用。均值可以反映变量系列在数值上的大小,而且是系列的分布中心,即概率分布中心处的变量。

暴雨均值的读取,通过 ArcGIS 暴雨图集。以 60min 对应的均值雨量图集为例。雨量均值反映了降雨量系列的降雨情况,形象直观便于观看和了解某地区整体的降雨量情况。首先确定要读取均值的地理位置,再根据暴雨均值等值线来读取暴雨均值。以图 2-10 为例,可以读取到大同县和浑源县的雨量均值为 22mm,纵观大同市整体来看,雨量分布情况为西少东多,北少南多。

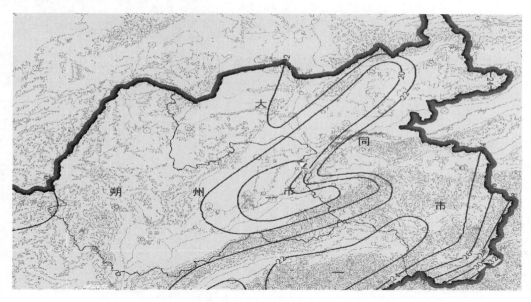

图 2-10 60min 降雨均值图

(2)C_v 值。变差系数 C_v 是一个表示标准差相对于平均数大小的相对量。根据我国的暴雨特性及实践经验,我国暴雨的 C_s/C_v 值,一般地区都在 3.5 左右。各历时暴雨 C_v 等值线图采用多历时目估适线法估计的值。

暴雨 C_v 值的读取,通过 ArcGIS 暴雨图集。以 60min 对应的 C_v 值雨量图集为例。确定地理位置,再根据暴雨 C_v 值等值线来读取暴雨 C_v 值。以图 2-11 为例,读取应县的暴雨 C_v 值,从图中可以看出应县位于 0.5 和 0.45 两条暴雨均值等着直线之间,所以应县的暴雨 C_v 值在 0.45~0.5 范围内。再通过更精确地查看确定应县暴雨 C_v 值为 0.47。从大同市整体来看,东部地区 C_v 值差异较大,而西部地区差异较小。

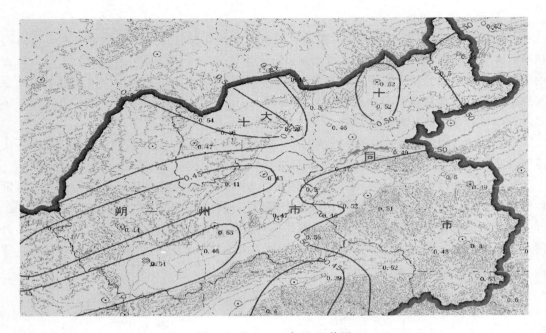

图 2-11　60min 降雨 C_v 值图

第3章 设计洪水计算

  设计洪水是水利水电工程及流域规划工作防洪安全设计所依据的各种标准洪水的总称。设计洪水是确定水利工程建设规模及制定运行管理策略的重要依据。推求设计洪水的途径和方法是随着信息资料的积累、计算理论技术的提高、工程建设和运行经验的增加以及人们对洪水规律认识的不断深化而逐步发展和完善的。合理确定设计洪水是江河流域规划和水利水电工程设计中的首要任务，它直接关系到江河开发治理的战略布局，关系着工程的规模、安全与经济社会效益，关系着人民生命财产的安全和社会的安定，因此，该问题历来都受到世界各国的重视。无论在哪个国家，设计洪水的准确估算至关重要。推求设计洪水的方法很多，结合我国各地区产流、汇流特点，暴雨洪水资料条件，人类活动状况实践条件，本章主要介绍根据流量资料计算设计洪水、根据设计暴雨计算设计洪水和水文比拟法推求设计洪水三种方法。

  根据涉水工程的规模、重要性、流域资料条件等，应选用不同的方法。

  （1）涉水工程地址或上/下游邻近地点具有30年以上实测或插补外延的流量资料，应采用频率分析方法计算工程地址的设计洪水；或先采用频率分析方法计算工程地址上/下游邻近地点的设计洪水，然后采用水文比拟等方法改正到工程所在地，作为涉水工程的设计洪水。

  （2）涉水工程所在地区具有30年以上实测或插补外延的暴雨资料，并有暴雨洪水对应关系时，宜采用频率分析方法计算设计暴雨，再推求设计洪水。

  （3）对于众多既没有实测流量资料，又缺乏暴雨记录的涉水工程，应采用暴雨统计参数等值线图，首先计算设计暴雨，再用一种或多种方法推求设计洪水。对于只需要设计洪水流量过程线的工程，宜采用综合瞬时单位线法，也可采用推理公式法。

  上述涉水工程，也可利用邻近地区实测或调查洪水和暴雨资料，先计算出参证流域的设计洪水，经过地区综合分析，再采用水文比拟法计算涉水工程设计洪水。

  （4）如果涉水工程控制流域内已建有蓄水工程或在建、拟建蓄水工程时，其设计洪水由区间设计洪水与上游蓄水工程下泄洪水经河道流量演算后，叠加而成。

  （5）如果涉水工程所在流域内存在设计标准较低的蓄水工程时，应该考虑遭遇稀遇暴雨袭击时可能产生的溃坝洪水对本工程安全的影响。宜将溃坝流量演算到设计断面与区间洪水叠加，评估其对工程安全是否构成威胁。

  采用上述途径计算设计洪水时，应充分重视、运用调查洪水资料。设计洪水标准较低的工程，宜对历史上或近期发生的重现期接近于设计标准的暴雨洪水进行调查，直接采用调查洪水或进行适当的调整（如加成），作为该工程的设计洪水。

  例：某水库设计标准以重现期千年，频率 0.1% 表示，就是指该频率下的设计洪水经过调洪推求水库设计洪水位，在未来水库长期运行中，每年最高库水位超过该设计水位的概率是 0.1%。

3.1 根据流量资料计算设计洪水

3.1.1 样本的组成

1. 洪水选样

根据流量资料计算设计洪水，洪峰流量采用年最大值法选择；洪量采用固定时段独立选取年最大值。时段的选定应根据洪量变化过程、水库调洪能力和调洪方式以及下游河段有无防洪、错峰要求等确定。当有连续多峰洪水、下游有防洪要求、防洪库容较大时，设计时段可以长些，反之则短些。一般选用 12h、24h、72h。

洪水样本系列抽样方法主要有两种：年最大法（AM）和超定量法（POT）。AM 抽样法即从所掌握的 n 年资料中，每年只选取一个最大的瞬时洪峰流量组成样本系列，这种方法被我国设计洪水计算规范采用，广泛应用于工程设计实践。POT 抽样则可以扩大洪水信息使用量，但是 POT 法的研究核心和难点是如何合理地选择门限值。另外，当前 POT 研究仅限于对超定量洪峰流量的频率分析，而超定量洪量分析的研究甚少，但对大中型工程而言，时段洪量设计值是必不可少的，甚至更重要。因此，POT 抽样尚未纳入各国的计算规范。

例：年最大法（AM）选样，如图 3-1 所示。

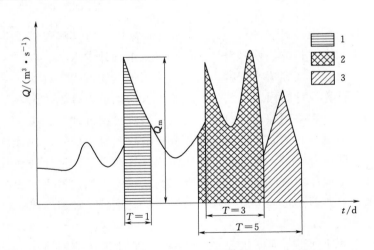

图 3-1 年最大值法选样示意图

2. 连续样本与不连续样本

（1）特大洪水在洪峰流量频率分析中的意义。运用频率计算方法获得的设计洪峰流量的合理性与所用资料系列的代表性密切相关。我国河流的流量资料系列一般不长，运用相关分析法等插补延展过的样本容量也极为有限。实际工程要求的设计洪水往往是百年一遇、千年一遇等稀遇洪水。如果仅依据这种短期资料系列推算，难免存在较大的抽样误差。若随着观测年限的增加，会使计算成果出现很大的变化。例如华北某河测站，1955年进行工程规划时，依据当时 20 年实测洪峰流量资料，求得千年一遇洪峰流量 $Q_{1‰}=7500\text{m}^3/\text{s}$，其后的 1956 年发生一次洪水，实测洪峰流量达到 $13100\text{m}^3/\text{s}$，当将此洪水放入样本即 $n=21$ 年，经计算得 $Q_{1‰}=25900\text{m}^3/\text{s}$，约为原计算成果的 3 倍；若再将 1794 年、1853 年、1917 年和 1939 年的历史洪水放入样本，经计算的 $Q_{1‰}=22600\text{m}^3/\text{s}$；在此基础上，把后续 1963 年实测洪水放入该样本，经计算 $Q_{1‰}=23300\text{m}^3/\text{s}$，该值与 $22600\text{m}^3/\text{s}$ 比较仅相差 4%。结果说明将历史洪水考虑进去，把样本资料系列年数增加至调查的长度，也就相当于展延了系列，所得到的结果就比较稳定，提高了设计洪水的计算质量，这是特大洪水在频率分析中的意义所在。因此求设计洪峰流量或水位时，历史洪水的调查与考证、古洪水的研究成果都是不可缺少的资料收集。

（2）连序样本与不连序样本。由于历史上发生的一般洪水往往没有文献记载和可供考察的洪痕，只有特大洪水（比一般洪水大得多）才有据可查，包括留有的洪痕、文献记载资料和现场走访，所以经过洪水调查所获得的历史洪水一般就是特大洪水。在推求设计洪峰流量或水位时，所谓的连序样本（或连序系列）是指资料系列是由 n 年实测和插补延长资料构成，若没有特大洪水需要提出来另行处理，将其数值按递减顺序排列，序号是连贯的。若通过历史洪水调查和文献考证后，将实测和调查所得的特大洪水在更长的时期 N 内进行排位，其中存在漏缺项目，序号不连贯，这样的样本被称为不连续样本。如图 3-2 所示，把有连续水文实测记录的年份 n 称为实测期，其中 Q_4 是实测期内的特大洪水；经历史调查获得了 4 次特大洪水 Q_1、Q_2、Q_3 和 Q_5，其在调查考证年限可以追溯至 N 年，那么在 N 年中，共有 $(n+4)$ 个洪峰流量值，其余为缺测，即 N 年样本为不连序样本。

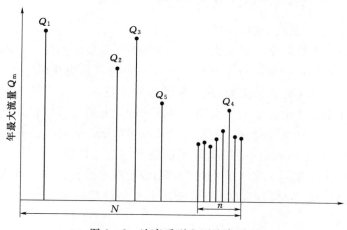

图 3-2　连序系列和不连序系列

3.1.2　经验频率

对于含有历史洪水的非连序样本的经验频率公式，一般有分别处理和统一处理两种方法。统一处理法可以避免使用分别处理法时可能会出现历史洪水与实测洪水"重叠"的不合理现象，加之该法的理论基础较强，所以在工程实践中使用更加广泛。将经过一致性修正后的洪峰流量系列和时段洪量系列分别按大小顺序重新排位。在 n 项连序洪水系列中，按大小顺序排位的第 m 项洪水的经验频率采用数学期望公式计算：

$$P_m = \frac{m}{n+1} \times 100\%, m = 1,2,3,\cdots,n \qquad (3-1)$$

式中　n——洪水序列项数；

　　　　m——洪水连序系列中的序列；

　　　　P_m——第 m 项洪水的经验频率。

如果在调查考证期 N 年中有特大洪水 a 个，其中 1 个发生在 n 年内，不连序洪水系列中，洪水的经验频率采用下列数学期望公式计算。

（1）a 个特大洪水的经验频率为

$$P_M = \frac{M}{N+1} \times 100\%, M = 1,2,3,\cdots,a \qquad (3-2)$$

式中　N——历史洪水调查考证期；

　　　　M——特大洪水序位；

　　　　P_M——第 M 项特大洪水的经验频率；

　　　　a——特大洪水个数。

通常来讲，式（3-2）计算简单，尽管此方法将特大洪水与实测一般洪水视为相互独立而在理论上有些不妥，但在特大洪水排序可能有错漏时，相互不影响，这种情况下使用此公式是比较合适的。

（2）$n-l$ 个连序洪水的经验频率为

$$P_m = \left[\frac{a}{N+1} + \left(1 - \frac{a}{N+1}\right) \frac{m-l}{n-l+1} \right], M = l+1, l+2, \cdots, n \qquad (3-3)$$

式中　l——从 n 项连序系列中抽出的特大洪水个数。

当调查历史洪水个数较多，且量级与实测洪水相互重叠时，特大洪水个数 a 可以根据较大洪水在历史调查期内的前后分布状况，寻找一个能够表明在调查期 $N-n$ 内使 $l/n \approx (a-l)/(N-n)$ 关系得到满足的流量 Q_C，在调查考证期 N 内大于等于 Q_C 的洪水个数 a；当调查历史洪水个数较少时，不便于采用上述方法确定 a 值，可以根据模比系数 K（特大洪峰流量与均值之比）的大小确定，一般认为模比系数 $K \geqslant 4$ 的调查历史洪水个数即为 a。

综上所述，两种方法计算出的经验频率都是有假设条件的，且计算出来的 P_m 值都存在误差，因而在实际工作中，当 n 年实测系列的经验频率为首的几个洪水点据与历史洪水点据相互发生重叠或脱节时，可以改动前面几个点的经验频率，使之与历史洪水相互协调，否则无需改动。

3.1.3　统计参数的估计

关于统计参数的估计，有关研究表明在适线法中分析比较七种不同的适线准则，建议采用绝对值准则的适线法来估算 P—Ⅲ型分布参数。采用理想样本还原准则，对矩法、概率权重矩法、数值积分单（双）权函数法、混合权函数法和线性矩法 6 种参数估计方法进行比较研究，结果表明：就无偏性而言，对于连序系列，数值积分单、双权函数法较好，对于不连序系列，线性矩法较好；在稳健性方面，对于连序和不连序系列，线性矩法都是最好的。本书中洪峰流量和时段洪量的统计参数的估计，首先要用矩法估算统计参数均值和变差系数，而偏态系数常常依据它与变差系数的经验关系式来估算，以 P—Ⅲ 型曲线作为概率分布模型。

1. 用矩阵法初步估算统计参数

$$\sum_{i=1}^{n\overline{X}} = X_i \tag{3-4}$$

$$S = \sqrt{\frac{1}{n-1}\sum_{i=1}^{n}(X_i - \overline{X})^2} \tag{3-5}$$

$$C_v = S/\overline{X} \tag{3-6}$$

$$C_s = \frac{n}{(n-1)(n-2)}\frac{\sum_{i=1}^{n}(X_i - \overline{X})^3}{S_3} \tag{3-7}$$

式中　$\overline{X}$——系列均值；

S——系列均方差；

C_v——变差系数；

C_s——偏态系数；

X_i——系列变量 $(i=1, 2, \cdots, n)$；

n——系列项数。

对于不连序系列，则

$$\overline{X} = \frac{1}{n}\left(\sum_{j=1}^{n}X_j\right) \tag{3-8}$$

$$\overline{X} = \frac{1}{N}\left(\sum_{j=1}^{n}X_j + \frac{N-a}{n-1}\sum_{i=j+1}^{n}X_j + \frac{N-a}{n-1}\sum_{i=1+l}^{n}X_i\right) \tag{3-9}$$

$$C_s = \frac{N}{(N-1)(N-2)}\frac{\sum_{j=1}^{n}(X_j - \overline{X})^3 + \frac{N-a}{n-1}\sum_{i=1+l}^{n}(X_i - \overline{X})^3}{\overline{X}C_v^3} \tag{3-10}$$

式中　X_j——特大洪水变量；

X_i——实测洪水变量；

N——历史洪水调查考证期；

a——特大洪水个数；

l——从 n 项连序系列中抽出的特大洪水个数。

2. 用经验适线法优化参数

首先，计算一致性处理后洪水系列（包括洪峰流量、各时段洪量）的经验频率；然后，令 $C_s = nC_v$，用式计算不同频率的洪峰流量 X_P 和时段洪量 X_P，并将它们与经验频率绘制在同一张概率格纸上，凭借技术人员的实际工作经验，不断调整参数，选定一条与经验点据拟合良好的频率曲线，其参数值即为优化后的参数值。

经验适线法注意事项如下：

（1）尽可能照顾经验频率点群的趋势，使频率曲线通过点群的中心；当频率曲线与经验频率点群配合欠佳时，可适当多考虑上部和中部点据。

（2）应分析经验频率点据的精度（包括它们的纵、横坐标可能存在的误差），使频率曲线尽量多地接近或通过比较可靠的经验频率点据。

（3）历史洪水，特别是为首的几个特大历史洪水，一般精度较差，适线时应充分结合技术人员的实际工作经验，不宜机械地通过这些点据，而使频率曲线脱离经验频率点群；但也不能为照顾点群趋势使曲线离开特大值太远，应充分考虑特大历史洪水的可能误差范围，以便调整频率曲线。

例：某河水文测站按年最大法选样，得 1961 年特大洪峰流量，其流量总和 $\sum_1^{40} Q_i =$ 9700m³/s，其中 1962 年特大洪峰流量 $Q_{1962} = 1160$m³/s。又经过文献考证与调查获得历史特大洪峰流量有：1867 年为 $Q_{1867} = 1400$m³/s，1903 年为 $Q_{1903} = 2100$m³/s，1927 年为 $Q_{1927} = 1100$m³/s。求解：①各特大值的经验频率；②分别计算连序实测资料中次大洪峰流量的经验频率；③此系列的平均值。

解：

（1）计算不连序系列首项的重现期为

$$N = T_2 - T_1 + 1 = 2000 - 1867 + 1 = 134$$

计算各特大值得经验频率为

首项 $\qquad P_{M1903} = \dfrac{M}{N+1} \times 100\% = \dfrac{1}{134+1} \times 100\% = 0.74\%$

第二项 $\qquad P_{M1903} = \dfrac{M}{N+1} \times 100\% = \dfrac{2}{134+1} \times 100\% = 1.48\%$

第三项 $\qquad P_{M1903} = \dfrac{M}{N+1} \times 100\% = \dfrac{3}{134+1} \times 100\% = 2.22\%$

第四项 $\qquad P_{M1903} = \dfrac{M}{N+1} \times 100\% = \dfrac{4}{134+1} \times 100\% = 2.96\%$

（2）独立样本法：计算连续实测资料中次大洪峰流量的经验频率为

$$P_m = \frac{m}{n+1} \times 100\% = \frac{2}{40+1} \times 100\% = 4.88\%$$

（3）统一样本法：计算连续实测资料中次大洪峰流量的经验频率为

$$P_m = \frac{a}{N+1} + \left(1 - \frac{a}{N+1}\right)\frac{m-l}{n-l+1} = \frac{4}{134+1} + \left(1 - \frac{4}{134+1}\right)\frac{2-1}{40-l+1} = 3.03\%$$

（4）平均值为

$$\overline{Q_N} = \frac{1}{N}\left(\sum_{j=1}^{a} Q_{N_j} + \frac{N-a}{n-l}\sum_{i=i+1}^{n} Q_i\right) = \frac{1}{134}\left(\sum_{j=1}^{4} Q_{N_j} + \frac{134-4}{40-1}\sum_{i=2}^{40} Q_i\right)$$

$$= \frac{1}{134}\left[2100 + 1400 + 1600 + 1100 + \frac{130}{39} \times (9700 - 1160)\right]\text{m}^3/\text{s}$$

$$= 255.42\text{m}^3/\text{s}$$

3.1.4 设计洪水过程线

设计洪水过程线一般采用经验概化方法处理，即从洪水资料中选出某次实际洪水过程线作为推求设计洪水流量时程分配的模型，称为典型洪水过程线，然后以设计洪峰流量、一个或若干个对工程调洪影响大的设计时段洪量为控制，放大典型洪水过程，作为某个频率的设计洪水时段线。

我国的设计洪水过程线通常采用同倍比或同频率方法放大典型洪水过程线得到。同倍比法计算简单且保持典型洪水过程线形状，缺点是峰、量不能同时满足设计频率。其中，按峰放大适用于洪峰流量起决定影响的工程，如桥梁、涵洞、堤防及调节性能低的水库等；按量放大适用于洪量起决定影响的工程，如分蓄洪区、排涝工程、调节性能很好的大型水库工程等。同频率法优点是峰、量同时满足设计频率，缺点是计算工作量大，修匀带有主观任意性，不保持典型洪水过程线的形状，适用于峰、量均起重要作用的水利工程。针对同倍比和同频率方法的不足，许多学者进行了研究与改进，以期达到既能同时控制洪峰流量与时段洪量达到设计频率，又不必徒手修匀的目的。

洪水过程实际上是由多个特征量有机组成的一个整体，而传统的设计洪水过程线推求方法都是基于单变量洪水频率分析，没有充分考虑各特征量之间的相关关系。近年来，基于洪峰和洪量联合分析的方法为推求设计洪水过程线提供了新思路。肖义等从洪水对水库工程的防洪安全不利影响程度的角度，将描述洪水过程的多维变量转化为一维变量，探讨了基于综合多特征量的设计洪水过程线方法。肖义等和李天元等分别构造了洪峰与时段洪量之间的两变量和三变量联合分布，结合联合重现期和同频率假定，提出了基于联合分布的设计洪水过程线推求方法。然而，给定一个联合重现期水平，洪水峰量组合结果有无数种，如何在等值线（或等值面）上选择科学合理的设计值非常关键。

1. 典型洪水过程线的选取

从实际资料中选取典型洪水过程线，要分析洪水成因和洪水过程特征，如洪水发生的时间、峰型（单峰或复峰）、主峰位置、上涨历时、洪量集中程度以及洪水地区组成等。应选取资料可靠、洪水较大、对工程防洪较为不利的洪水过程作为典型洪水过程线。由于目标不同，当设计标准相差悬殊时，也可分量级选择洪水过程线。

2. 典型洪水过程线的放大

放大典型洪水过程线，常用的方法有分时段同频率控制放大法和峰量同倍比放大法。

（1）分时段同频率控制放大法。分时段同频率控制放大法，就是用同一频率的设计洪峰流量和一个或几个时段的设计洪量为控制，放大典型洪水过程线。

各时段放大系数计算公式为

$$K_q = \frac{Q_{m,P}}{Q_{m,典}}, K_2 = \frac{W_{24h,P}}{W_{24h,典}}, K_3 = \frac{W_{3d,P} - W_{24h,P}}{W_{3d,典} - W_{24h,典}} \tag{3-11}$$

式中　$Q_{m,P}$、$W_{24h,P}$、$W_{3d,P}$——频率为 P 的洪峰流量及各时段洪量；

$\quad\quad Q_{m,典}$、$W_{24h,典}$、$W_{3d,典}$——典型洪水过程线上的洪峰流量及各时段量；

$\quad\quad K_q$、K_2、K_3——洪峰流量及各时段洪量的放大系数。

由于各时段放大倍比不同，相邻时段的衔接处会出现突变、不连续现象，应根据各时段水量平衡原则人工予以修匀；当放大后洪水过程线形状变形较大时，改用其他典型洪水过程线。

（2）峰量同倍比放大法。同倍比放大法，即用同一个系数 K 值放大典型洪水过程线的流量，使放大后的洪峰流量或控制时段的洪量等于设计洪峰流量 $Q_{m,P}$ 或设计洪量 $W_{T,P}$。

1）当水库调洪库容较小，洪峰流量对防洪安全起控制作用时，宜采用"以峰控制"放大法，放大系数的计算公式为

$$K_q = \frac{Q_{m,P}}{Q_{m,典}} \qquad (3-12)$$

2）当水库的调洪库容较大，洪量对防洪安全起重要作用时，宜采用"以量控制"放大法，放大系数为控制时段设计洪量与典型洪水过程线相应时段洪量之比，即

$$K = \frac{W_{T,P}}{W_{T,典}} \qquad (3-13)$$

式中　　T——控制时段；

　　$W_{T,P}$——T 时段内的设计洪量；

　　$W_{T,典}$——典型设计洪水过程线上 T 时段的实测洪量。

如放大后非控制时段洪量或洪峰流量与相应设计值差别较大且对调洪结果影响显著时，应另选典型。同频率放大的结果因能保证洪峰流量和各时段洪量都符合设计要求，较少典型过程选择不同的影响，所以常用于洪水过程线形状复杂、河流峰量关系不好以及峰、量均对工程防洪安全起作用的工程；同倍比放大法常用于河流峰量关系较好，以及防洪安全主要由洪峰流量或某个时段洪量控制。

由不同典型洪水过程线放大所得的设计洪水过程线，应根据调洪演算结果，从中选用对工程防洪安全不利者采用。对于半干旱地区汇水面积较小的河流，流域对降水变化过程的响应比较敏感，剧烈变化的雨强往往导致洪水过程线形状多变，峰量关系一般不好，峰、量均匀对防洪起安全作用，应尽量采用同频率放大法推求设计洪水过程线。

3.2　根据设计暴雨计算设计洪水

3.2.1　设计暴雨计算

1. 概述

我国大部分地区的洪水主要由暴雨形成。在实际工作中，中小流域常因流量资料不足无法直接用流量资料推求设计洪水，而暴雨资料一般较多，因此可用暴雨资料推求设计洪水。利用暴雨资料推求设计洪水适合下列情况：

（1）当设计流域缺乏或无实测洪水资料。

（2）当设计流域的径流形成条件（下垫面条件）发生显著变化使得洪水资料的一致性受到破坏时。

（3）即使洪水资料充足，亦可用暴雨资料来推求设计洪水，以多种方法论证设计成果的合理性。

按照暴雨洪水的形成过程，推求设计洪水可分三步进行。

（1）推求设计暴雨：用频率分析法求不同历时指定频率的设计雨量及暴雨过程。

（2）推求设计净雨：设计暴雨扣除损失就是设计净雨。

（3）推求设计洪水：应用单位线法等对设计净雨进行汇流计算，即得流域出口断面的设计洪水过程。

基本假定洪水与暴雨同频率，这是设计暴雨计算设计洪水的重要前提。关于设计暴雨，一些研究成果表明，对于比较大的洪水，大体上可以认为某一频率的暴雨将形成同一频率的洪水，即假定暴雨与洪水同频率。因此，推求设计暴雨就是推求与设计洪水同频率的暴雨。由暴雨资料推求设计洪水的技术路线如图3-3所示。

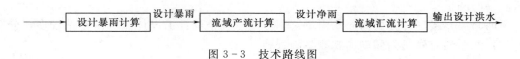

图3-3　技术路线图

2. 暴雨资料的收集、审查与展延

（1）暴雨资料的搜集。暴雨资料主要向水文、气象部门的整编的雨量观测资料，如刊印的《水文年鉴》、气象月报收集；也可在主管部门的网站查阅；也可收集特大暴雨图集和特大暴雨的调查资料。

（2）暴雨资料的审查。我国暴雨资料按其观测方法及观测次数的不同，分为日雨量资料、自记雨量资料和分段雨量资料三种。日雨量资料一般是指当天8：00到次日8：00所记录的雨量资料。自记雨量资料是以分钟为单位记录的雨量过程资料。分段雨量资料一般以1h、3h、6h、12h等不同的时间间隔记录的雨量资料。暴雨资料应进行可靠性审查，重点审查特大或特小雨量观测记录是否真实，有无错记或漏测情况，必要时可结合实际调查，予以纠正，检查自记雨量资料有无仪器故障的影响，并与相应定时段雨量观测记录比较，尽可能审定其准确性。

暴雨资料的代表性分析，可通过与邻近地区长系列雨量或其他水文资料，以及本流域或邻近流域实际大洪水资料进行对比分析，注意所选用暴雨资料系列是否有偏丰或偏枯等情况。

暴雨资料一致性审查，对于按年最大值选样的情况，理应加以考虑，但实际上有困难。对于求分期设计暴雨时，要注意暴雨资料的一致性，不同类型暴雨特性是不一样的，如我国南方地区的梅雨与台风雨，宜分别考虑。

（3）暴雨资料的插补延长。

1）邻站与本站距离较近，地形相差不大时，可直接移用邻站资料。

2）当邻近地区测站较多时，大水年份可绘制同次暴雨或某一历时年最大值暴雨等值线图，利用此图进行插补。一般年份可用邻近各站的平均值插补。

3）如果本流域暴雨与洪水相关关系较好，可用大洪水资料插补展延面雨量资料。

4）可利用多站平均雨量与同期少站平均雨量建立相关关系。为了解决同期观测资料较短、相关点数据较少的问题，在建立相关关系时，可利用一年多次法选样，以增添一些相关点据，更好地确定相关线。

3. 直接法计算设计暴雨量

推求设计洪水所需的设计暴雨是指设计条件下的流域面平均暴雨量，即设计面暴雨量。一般有两种计算方法：当设计流域雨量站较多、分布较均匀、各站又有长期的同期资料、能求出比较可靠的流域平均雨量（面雨量）时，就可直接选取每年指定统计时段的最大面暴雨量，进行频率计算求得设计面暴雨量。这种方法常称为设计面暴雨量计算的直接法。另一种方法是当设计流域内雨量站稀少，或观测系列甚短，或同期观测资料很少甚至没有，无法直接求得设计面暴雨量时，只好用间接方法计算，也就是先求流域中心附近代表站的设计点暴雨量，然后通过暴雨点面关系，求相应设计面暴雨量，本法称为设计面暴雨量计算的间接法。

下面介绍直接法计算设计面暴雨量：该方法适合条件：①设计流域雨量站较多，分布较均匀；②各站有较长的同期的观测暴雨资料。

（1）选择流域平均面雨量的计算方法。可根据算术平均法、面积加权平均法或等值线法由点雨量推求面雨量。

1）算术平均法。当流域内雨量站分布较均匀、地形起伏变化不大时，可根据各站同时段观测的降雨量用算术平均法推求。其计算公式为

$$\bar{p} = \frac{p_1 + p_2 + \cdots + p_n}{n} = \frac{1}{n}\sum_{i=1}^{n} p_i \qquad (3-14)$$

式中　p——流域某时段平均降雨量，mm；

　　　p_i——流域内第 i 个雨量站同时段降雨量；

　　　n——流域内雨量站数。

2）垂直平分法（泰森多边形法）。①用直线连接相邻雨量站构成若干个锐角三角形；②作每个三角形各边的垂直平分线，这些垂直平分线将流域分成 n 个以流域边界为界的多边形；③假设每个多边形内雨量站的雨量代表该多边形面积上的降雨量，按面积加权法推求流域平均降雨量。其计算公式为

$$\bar{p} = \frac{p_1 f_1 + p_2 f_2 + \cdots + p_n f_n}{F} = \sum_{i=1}^{n} p_i \frac{f_i}{F} \qquad (3-15)$$

式中　f_i——第 i 个雨量站所在多边形的面积；

　　　F——流域面积，km^2。

3）等雨量线法。当流域内雨量站分布较密时，可根据各雨量站同时段观测的雨量绘制等雨量线图，然后用等雨量线图推算流域平均降雨量。其计算公式为

$$\bar{p} = \frac{p_1 f_1 + p_2 f_2 + \cdots + p_n f_n}{F} = \sum_{i=1}^{n} p_i \frac{f_i}{F} \qquad (3-16)$$

式中　f_i——相邻两条等雨量线间的面积，km^2；

　　　p_i——相应于 f_i 上的平均雨深，一般采用相邻两条等雨量线的平均值，mm。

（2）统计选样。暴雨量选择方法与洪量相同，采用固定时段年最大值独立选择法，时段的长短视流域大小、暴雨特性及工程的重要性等确定，水文计算中习惯以 1d 作为长短历时的分界：

长历时暴雨：1 天、3 天、7 天、……（适合于大中型工程）；短历时暴雨：1h、3h、12h、……、24h（适合于小型工程）。

注意：①对于某一确定的降雨时段，实际降雨若不是连续的，则实际降雨历时应小于或等于统计时段；②同一年各暴雨的特征值的选取可以属于同一场暴雨，也可以不属于同一场暴雨，选样符合最大原则。

例：某流域日平均降雨过程为：20mm、87mm、5mm、0mm、0mm、0mm、0mm、0mm、0mm、0mm、0mm、0mm、38mm、74mm、25mm、30mm、4mm、……，求最大 1日雨量和最大 3 日雨量。

最大 1 日雨量：$x_{1d} = 87mm$

最大 3 日雨量：$x_{3d} = 38 + 74 + 25 = 137 (mm)$

（3）特大暴雨的处理。暴雨的特大值系指实测特大暴雨或历史调查特大暴雨（暴雨量级在地区上比较突出），一旦系列中出现罕见的特大暴雨，会使频率计算结果大大的改观。判断大暴雨是否属于特大值，一般可以从经验频率点数据偏离频率曲线的程度、模比系数 K_p 的大小、暴雨在地区上是否很突出以及论证暴雨的重现期等方面进行分析确定。例如福建四都站有 1972 年以前最大 1 日雨量的 20 年系列，经频率计算求得：$\bar{x} = 102mm$，$C_v = 0.35$，$C_s = 3.5C_v$，该站 1973 年出现一特大暴雨（1 日最大雨量为 332mm，恰好与万年一遇的数值相同），将其加入原系列进行频率计算得：$C_v = 1.10$，但与邻近流域（$C_v = 0.4 \sim 0.6$）相比，相差悬殊，明显不合理，故应当对特大暴雨进行特大值处理。特大值处理的关键是确定特大暴雨的重现期，由于历史暴雨不能直接考证，一般只能通过洪水调查并结合历史文献中有关灾情资料来分析判断。一般认为，当流域面积不大时，流域平均降雨量的重现期与相应的洪水重现期相近。如上述的 1973 年特大暴雨的重现期，就是通过洪水调查了解到 1915 年洪水是 120 年以来最大的，1973 年洪水是 120 年以来第二大，据此判断 1973 年的暴雨重现期约为 60 ~ 70 年。按此次的暴雨为 60 年一遇计，重新适线计算得 $C_v = 0.58$，与邻近各站（$C_v = 0.4 \sim 0.6$）较为协调。福建四都站最大 1 日雨量频率曲线如图 3 - 4 所示。

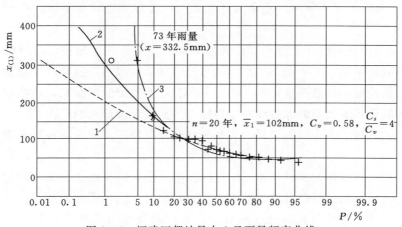

图 3 - 4　福建四都站最大 1 日雨量频率曲线
1—由 1973 年以前资料得出的频率曲线；2—把 1973 年暴雨做特大值处理后
得出的频率曲线；3—1973 年暴雨不做特大值处理得出的频率曲线

1979 年中国水科院在分析全国特大暴雨资料的基础上绘制了"历次大暴雨分布图"，给出各次大暴雨的中心位置及其 24h 雨量，可作为判断大暴雨的参考。

(4) 面暴雨频率计算。根据面雨量系列可计算出经验频率。面雨量统计参数的计算，一般采用适线法。线型采用 P—Ⅲ型。根据我国暴雨特性及实践经验，我国暴雨的 C_s 与 C_v 的比值 K：一般地区 K 为 3.5 左右；在 $C_v > 0.6$ 的地区，K 约为 3.0；在 $C_v < 0.45$ 的地区，K 约为 4.0。以上比值可供适线时参考。

(5) 设计面暴雨量计算成果的合理性分析。可以从以下几个方面进行合理性分析：

1) 对各种历时的面暴雨量统计参数（如均值、变差系数）进行分析比较，这些参数应随流域面积增大而变小。

2) 与邻近地区已有的特大暴雨的历时、面积、雨深进行比较。

3) 直接法计算的面雨量与间接计算结果进行比较。

归纳直接法计算设计面暴雨量的步骤如下：

1) 由流域点降雨量推求面平均降雨量。

2) 按固定时段年最大值独立选择法确定不同时段的面降雨量，各自组成样本系列。

3) 进行系列的频率计算，求不同时段设计面降雨量。

4) 设计面暴雨量计算成果的合理性分析。

5) 进行设计暴雨时程分配。

4. 间接法推求设计暴雨量

间接法推求设计暴雨量基本思路如下：①选择点雨量的代表站；②对点雨量系列进行频率分析计算，求出点设计暴雨量；③由设计点暴雨量转换成设计面暴雨量；④进行设计暴雨时程分配。

(1) 设计点暴雨量的计算。

1) 具较多点雨量观测资料时的设计点暴雨量推求：①点雨量站最好位于流域形心附近，观测资料较长（$n > 20$），可选为代表站；②分别选取不同时段的年最大值（定时段年最大选样法），分别组成不同时段点雨量样本系列；③分别进行频率计算得到不同时段的设计点暴雨量。

2) 由于暴雨的局地性，使得相邻站暴雨资料的相关性往往较差，故一般不宜用相关法插补延长点暴雨资料，可采用：①当邻站与设计站靠得很近，且地形等条件一致时，可直接借用邻近站的某年份暴雨量资料；②当周围有足够数量的雨量站，可绘制缺测年份各次大暴雨或各时段年最大值的等值线图，用地理内插法求设计站的暴雨量；③当设计站暴雨与本站的洪峰流量或洪水径流量相关关系较好时，可利用实测或调查到的洪水资料插补延长。

(2) 缺乏点雨量资料时的设计点暴雨量的推求。在暴雨资料十分缺乏的地区，可利用暴雨等值线图或参数的分区综合成果推求设计点暴雨量。所依据的原理是：气候是影响暴雨的主要因素，气候条件呈地带性变化规律，故暴雨特性及其统计参数亦呈地理变化趋势。全国及各省（区）均编制了雨量等值线图和 C_v 等值线图（见图 3-5）以及 C_s/C_v 分区数值表可供使用。

图 3-5 雨量等值线图

利用等值线图推求设计暴雨的具体做法：

1）需先在某指定时段的暴雨均值和 C_v 等值线图上分别画出设计流域的范围（分水线）并点出设计流域的中心位置。

2）然后应用插值法确定流域中心点的暴雨均值和 C_v 值，C_s 可依据 C_s/C_v 分区数值表上确定或通常选定暴雨的 $C_s = 3.5 C_v$。

3）根据三个统计参数求到相应的 P—Ⅲ型曲线，进而可求出指定设计频率的该时段设计点暴雨量。同理，可求出其他各时段的设计点暴雨量。

（3）由暴雨点面关系推求设计面雨量。

1）当流域面积较小时（在几十平方公里以内），可直接用点设计暴雨代替面设计暴雨。

2）当流域面积较大时，面平均雨量随流域面积的增大而减小，采用点面折算系数 α 将点雨量转换为面雨量。

暴雨点面关系通常有以下两种：

a. 定点定面关系。点面关系由于其点雨量位置和流域边界历年中都是固定不变的，故称为定点定面关系。点面折算系数 α 利用同期观测资料按下式计算：

$$\alpha = P_A / P_0 \qquad\qquad (3-17)$$

式中　　α——固定点面折算系数；

　　　　P_A——某时段固定流域面雨量；

　　　　P_0——某时段固定点（流域中心点附近）雨量。

具体做法：当流域具有较多点和面雨量资料时，可采用一年多次选样法，但同次点和面暴雨量相关关系不好，若以代表站点雨量和流域面雨量分别由大到小的序号排列，按同序号（即同频率）建立相关关系，则有较好的相关关系，由相关线定出面雨量和点雨量的平均比值 $\alpha = P_A/P_0$。

b. 动点动面关系（暴雨中心点面关系）。是按照各次暴雨中心和暴雨分布等值线图求到，因各次的均不一样，故称为动点动面关系，计算步骤：

a）绘出流域各次大暴雨在某一时段内雨量等值线图。

b）自暴雨中心向外顺序计算各闭合等雨量线所包围的面积 F_i 以及该面积上的面平均雨量 P_i。

c）计算各个面平均雨量 P_i 与暴雨中心点雨量 P_0 的比值：

$$\alpha = \frac{P_i}{P_0}（点面转换系数）$$

d）根据各相应的比值 α 和 F 值，绘 α—F 的关系曲线。

根据不同面上相应的 α 值和 F 值，绘 α—F 的关系曲线；α—F 关系曲线反映各次暴雨面平均雨量随面积增大而减小的特征，称作暴雨中心点面关系曲线。将地区各次暴雨关系曲线加以概化，取平均线或上包线。

以上作点面关系曲线，由于各场平均暴雨的中心点和等雨量线的位置即暴雨分布都是在变动的，所以常称为"动点动面关系"。

为工程设计安全计，取各场暴雨的 α—F 关系平均线的上包线，作为设计点暴雨量推求设计面暴雨量的依据，设计面暴雨量计算公式为

$$P_{A设} = \alpha \times P_{0设} \tag{3-18}$$

式中　$P_{0设}$——单站设计暴雨量；

　　　$P_{A设}$——流域设计面暴雨量。

显然，这个方法包含了 3 个假定：① 设计暴雨中心与流域中心重合；② 设计暴雨的点面关系符合平均的点面关系；③ 假定流域的边界与某条等雨量线重合。这些假定，在理论上是缺乏足够根据的，使用时，应分析几个与设计流域面积相近的流域或对地区的定点定面关系作验证，如差异较大，应作一定修正。

计算设计面雨量时，由于大中流域点面雨量关系一般都很微弱，所以通过点面关系间接推求设计暴雨的偶然误差必然较大，在有条件的地区应尽可能采用直接法。

5. 设计暴雨的时程分配

求到各历时的设计面雨量后，还需确定设计暴雨在时程上的分配，即推求设计暴雨的降雨强度过程线，也称作"设计雨型"。具体思路如下：

（1）选择一场典型暴雨过程。

（2）以各时段设计暴雨量为控制，按分时段同频率缩放，即得到设计暴雨过程线。

该法基本上与设计洪水过程线的确定方法相同，具体步骤如下：

（1）典型暴雨的选择。

1）有资料条件下典型暴雨时程分配的推求。

a. 具代表性，能反映设计地区大暴雨一般特性如该降雨类型出现次数较多，分配形式

接近多年平均或常遇情况。

b. 暴雨总量大、强度大且接近于设计条件。

c. 对工程安全较为不利的暴雨过程。

如暴雨的核心部分（称主雨峰）在暴雨过程的后期出现。

2）无资料条件下典型暴雨时程分配的推求。

a. 借用邻近暴雨特性相似流域的典型暴雨过程。

b. 引用各省（区）水文手册中按地区概化的典型暴雨雨型来推求设计暴雨的时程分配（一般以百分数表示）。

（2）推求设计暴雨过程线。采用分时段同频率控制缩放法（控制时段一般采用 1 日、3 日和 7 日）。

例：已知：某流域典型暴雨的 7 日分配过程见表 3-1，该流域 $P=1\%$ 的 1 日设计暴雨量 $X_{1P}=145mm$，3 日设计暴雨量 $X_{3P}=235mm$，7 日设计暴雨量 $X_{7P}=293.1mm$。求设计暴雨的时程分配。

表 3-1　　　　　　　　　　　　某流域典型暴雨的 7 日分配过程

日/次	1	2	3	4	5	6	7
典型暴雨过程/mm	37.2	7.9	3.2	4.5	20.9	65	12.2

解：

（1）确定典型暴雨各时段的最大暴雨量：

最大 1 日暴雨量：$X_1=65.0mm$

最大 3 日暴雨量：$X_3=20.9+65.0+12.2=98.1$（mm）

最大 7 日暴雨量：$X_7=150.9mm$

（2）根据已求到的各时段设计暴雨和选出的典型暴雨量计算放大倍数：

$$K_1=\frac{X_{1P}}{X_1}=\frac{145.0}{65}=2.23$$

$$K_3=\frac{X_{3P}-X_{1P}}{X_3-X_1}=\frac{235.0-145.0}{98.1-65.0}=\frac{90}{33.1}=2.72$$

$$K_4=\frac{X_{7P}-X_{3P}}{X_7-X_3}=\frac{293.1-235.0}{150.9-98.1}=\frac{58.1}{52.8}=1.1$$

设计暴雨的时程分配计算表见表 3-2。

表 3-2　　　　　　　　　　　　设计暴雨的时程分配计算表

日/次	1	2	3	4	5	6	7
典型暴雨过程/mm	37.2	7.9	3.2	4.5	20.9	65	12.2
放大倍数	1.1	1.1	1.1	1.1	2.72	2.23	2.72
设计暴雨时程分配/mm	40.9	8.7	3.6	4.9	56.8	145	33.2

3.2.2　设计净雨计算

求到设计暴雨后，还要扣除损失，才能计算出设计净雨。扣除损失的方法，常用径流系数法、暴雨径流相关图法和入渗扣损法 3 种。

1．径流系数法

它把各种损失综合反映在径流系数中。对于某次暴雨洪水，求得流域平均雨量 P（mm），以及洪水过程线割除地下径流，求得相应的地面径流深 R（mm）以后，则一次暴雨的径流系数为 $\alpha = R/P$。根据若干次暴雨洪水的 α 值，加以平均，或为安全起见，选取多次 α 值中的较大或最大者，作为设计应用值。

各地水文手册均载有暴雨径流系数值，可供参考使用。

径流系数往往随着暴雨强度增大而增大，因此根据大暴雨资料求得的径流系数，可根据变化趋势修正，用于设计条件。

影响降雨损失的因素很多，一定流域的 α 值变化也是很大的。径流系数法没有考虑这些因素的影响，所以是一种粗估的方法，精度较低。

2．暴雨径流相关图法

（1）蓄满产流方式。在湿润地区（或干旱地区的多雨季节），由于雨量充沛，地下水位一般较高，包气带薄，且下部含水量常年保持着田间持水量，上部由于蒸发的亏耗往往低于田间持水量。汛期，包气带上部的缺水量很容易为一次降雨所补充，可以认为每次大雨后，流域蓄水量都能达到最大蓄水量 I_m 值。一次降雨损失量 I 可由流域最大蓄水量 I_m 减去降雨开始时的土壤含水量 P_a 值求得。从降雨中扣除损失量，即得净雨深 h，也就是形成洪水的总径流深 R。以上这种产生径流的方式称为"蓄满产流"。

（2）暴雨径流相关图的应用。需要注意：由于设计暴雨大于实测暴雨，故降雨径流相关图需要外延。一般按直线趋势外延。

当设计出了各时段的面暴雨量后，再计算出暴雨开始的流域含水量 P_a（降雨开始时的土壤含水量，也称为前期影响雨量），便可从图上查算出各时段的面净雨量。例如，一次暴雨按 Δt 分成了许多时段，时段雨量分别为 P_1、P_2、P_3、…，待求的时段净雨量分别为 R_1、R_2、R_3、…，由已知的含水量 P_a，在相关图上由 P_1 查得 R_1，由 P_1+P_2 查得 R_1+R_2，由 $P_1+P_2+P_3$ 查得 $R_1+R_2+R_3$ 依次类推。

当逐时段累加的净雨量查出以后，就可以计算出各时段的净雨深，分别为 $R_1 = R_1$，$R_2 = (R_1+R_2) - R_1$，$R_3 = (R_1+R_2+R_3) - (R_1+R_2)$，这样，就可以将设计暴雨的各时段净雨推算出来。降雨径流关系图如图 3 - 6 所示。

两时段降雨 $P_1 = 49mm$，$P_2 = 81mm$；降雨开始时 $P_a = 60mm$；由 $P_1 = 49mm$ 查得，$R_1 = 20mm$；$P_1 + P_2 = 130mm$ 查得，$R_1 + R_2 = 80mm$；则第二时段净雨为 $R_2 = 80 - 20 = 60$（mm）。

3．入渗扣损法

（1）针对于超渗产流。在一些地区，如干旱地区，土层未达到田间持水量之前，因降雨强度超过入渗强度而产流，这种产流方式称为"超渗产流"。在一次暴雨过程中，雨量的损失过程随时间变化，总的趋势是在降雨初期的损失强度大，以后逐渐减小而趋于稳定。因此可将一次暴雨的损失过程分为初期损失 I_0 和后期损失（产生地面径流以后的损失，简称后损）。实际上，后损也是经过由大到小以至稳定的过程，但在实际处理中，常

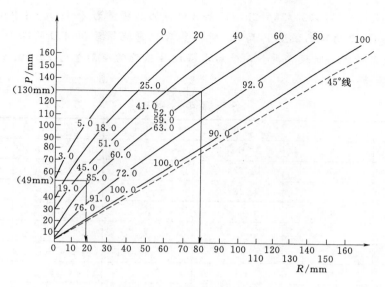

图 3-6　降雨径流关系图

把它概化为一个平均损失值，并以平均下渗率表示，流域内一次暴雨所产生的径流量为

$$R=P-I_0-ft_c-P'$$

（3-19）

式中　R——净雨量；

　　　P——暴雨量；

　　　I_0——初损量；

　　　P'——降雨后期不产流的雨量；

　　　f——平均后损率，mm/h；

　　　t_c——后损阶段的产流历时。

　　初损量的确定：各次降雨初损值 I_0 的大小与降雨开始时的土壤含水量有关，P_a 大，I_0 小；反之 I_0 则大。因此，可根据各次实测雨洪资料分析得的 P_a、I_0 值，点绘两者的相关图。如关系不密切，可加入降雨强度作为参数进行三变量相关，雨强大，易超渗产流，I_0 就小；反之 I_0 则大。初损值 I_0 的确定亦需外延，在外延时，参变量雨强应为设计雨强。初损量确定以后，平均后损率可用下式进行计算：

$$f=(P-I_0-R-P')/(t-t_0-t')$$

（3-20）

式中　t——降雨总历时，h；

　　　t_0——初损历时，h；

　　　t'——降雨后期不产流的降雨历时，h。

　　通过对多次雨洪资料进行分析，取其平均值作为流域采用的后损率 f 值。确定了以上两参数后，就可由已知的设计暴雨过程推求设计净雨过程。

　　例：设计暴雨过程列入表 3-3 的第 2 栏，降雨开始时的 $P_a=15.4$mm，经查 P_a-I_0 相关图，得 $I_0=31.0$mm，$f=1.5$mm/h，试求净雨过程。

　　初损量从前向后扣除，直到扣完 31.0mm 为止。第 3 时段（9—12h）的后损历时采用比例法计算，即 $3-(12\times3)/36=2h$，故第 3 时段的后损量为 $2\times1.5=3.0mm$。因为最后时段（21—24h）平均降雨强度小于 f，所以其后损量就等于该时段的降雨量。各时段净雨量等于时段雨量减去时段损失量，最后求得设计暴雨的净雨量为 29.4mm，其净雨过程 $h(t)$ 见表中最后一栏。

表 3-3 设计暴雨过程表

时段/h	P/mm	I_0/mm	T_c/mm	F_t/mm	$H(t)$/mm
3—6	1.2	1.2	0		
6—9	17.8	17.8	0		
9—12	36	12	2	3	21
12—15	8.8		3	4.5	4.3
15—18	5.4		3	4.5	0.9
18—21	7.7		3	4.5	3.2
21—24	1.9		3	1.9	0
合计	78.8	31	14	18.4	29.4

（2）设计条件下前期影响雨量 P_a 的确定。设计暴雨发生时流域的土壤湿润情况是未知的，可能很干（$P_a=0$），也可能很湿（$P_a=I_m$），所以设计暴雨可与任何值（$0\leqslant P_a\leqslant I_m$）相遭遇，这是属于随机变量的遭遇组合问题。

1）湿润地区。当设计标准较高，设计暴雨量较大，P_a 的作用相对较小。由于雨水充沛土壤经常保持湿润状态，为了安全和简化，可取 $P_a=I_m$。

2）干旱地区。常见的处理方法有以下几种。

①设计典型年法求 P_a。加长统计暴雨的时段至 20～30 天，使其包括前期降雨在内。其中核心暴雨部分（3～7 天）用于计算设计暴雨，而核心暴雨前的 23 天的各天用于计算 7 天核心暴雨的前期影响雨量 P_a 为

$$P_a=KP_1+K^2P_2+\cdots+K^nP_n \tag{3-21}$$

式中　P_1、P_2、$\cdots$、P_n——本次降雨前 1 天、2 天、$\cdots$、n 天的降雨量；

　　　　K——折减系数，一般取 0.8～0.9。

②同频率法求 P_a。假如设计暴雨时段为 t，分别对 t 时段暴雨量 P_t 系列和每次暴雨开始时的 P_a 与暴雨量之和即（P_t+P_a）系列进行频率计算，从而求到 P_{tP} 和（P_t+P_a）$_P$，则设计暴雨相应的 $P_{a,P}$ 为二者相减求得，即

$$P_{a,P}=(P_t+P_a)_P-P_{tP} \tag{3-22}$$

但若该值大于 I_m 时，应取 $P_{a,P}=I_m$。该方法要求较多的实测资料。

3.2.3　由设计暴雨推求设计洪水

1. 小流域设计洪水概述

小流域通常指集水面积不超过 200km² 的小河小溪，但并无明确限制。小流域设计洪水计算，与大中流域相比，有许多特点，并且广泛应用于铁路、公路的小桥涵、中小型水

利工程、农田、城市及厂矿排水等工程的规划设计中，因此水文学上常常作为一个专门的问题进行研究。小流域设计洪水计算的主要特点包括以下几个方面。

（1）绝大多数小流域都没有水文站，即缺乏实测径流资料，甚至降雨资料也没有。

（2）小流域面积小，自然地理条件趋于单一，拟订计算方法时，允许作适当的简化，即允许作出一些概化的假定。例如假定短历时的设计暴雨时空分布均匀。

（3）小流域分布广、数量多。因此，所拟订的计算方法，在保持一定精度的前提下，将力求简便，一般借助水文手册即可完成。

（4）小型工程一般对洪水的调节能力较小，工程规模主要受洪峰流量控制，因此对设计洪峰流量的要求，高于对洪水过程线的要求。

小流域设计洪水的计算方法概括起来有 4 种：推理公式法、地区经验公式法、历史洪水调查分析法和综合单位线法。其中应用最广泛的是推理公式法和综合瞬时单位线法。它们的思路都是以暴雨形成洪水过程的理论为基础，并按设计暴雨→设计净雨→设计洪水的顺序进行计算。

2. 小流域设计暴雨的计算

针对小流域水文资料缺乏的特点，设计暴雨推求常采用以下步骤：①根据包括有关的水文图集，如《暴雨径流查算图表》中绘制的暴雨参数等值线图，查算出统计历时的流域设计雨量，如 24h 设计暴雨量等；②将统计历时的设计雨量通过暴雨公式转化为任一历时的设计雨量；③按分区概化雨型或移用的暴雨典型同频率控制放大，得设计暴雨过程。

（1）统计历时的设计暴雨计算。由各省区的《暴雨径流查算图表》和《水文手册》查取。例如湖北省 1985 年印发的《暴雨径流查算图表》中，就提供了 7 天、3 天、24h、6h、1h 及 10min 的暴雨参数等值线图，C_s/C_v 值全省统一用 3.5。据此，便可由设计流域中心点位置查出那里的某统计历时暴雨的均值、C_v 及 C_s/C_v，进而求得该统计历时设计频率的雨量。

（2）用暴雨公式计算任一历时的设计雨量。大量资料的统计成果表明，暴雨强度和历时的关系可用指数方程来表达，它反映一定频率情况下所取历时的平均降雨强度 $\overline{i_i}$ 与 T 的关系，称为短历时暴雨公式。暴雨公式最常见的形式为

$$i_P = \frac{S_P}{t^n} \qquad\qquad (3-23)$$

式中　t——暴雨历时，h；

　　i_P——历时为 t、频率为 P 的最大平均降雨强度，mm/h；

　　S_P——$T=1.0h$ 的最大平均降雨强度，与设计频率 P 有关；称雨力，mm/h；

　　n——暴雨衰减指数。

暴雨衰减指数 n 与历时长短有关，随地区而变化。根据自记雨量资料分析，大多数地区 n 在 $T=1h$ 的前后发生变化，$T<1h$ 时为 n_1，$T=1\sim24h$ 为 n_2。n_1、n_2 各地不同，各省（自治区、直辖市）已根据每个站所分析的 n_1、n_2 绘成了等值线图或分区查算图。雨力 S_P 与设计频率 P 关，可由该站的设计 24h 雨量推求。因为任一历时 T 的设计雨量 x_P 为

$$x_P = \overline{i_P}T = S_P T^{n-1} \qquad\qquad (3-24)$$

当 $T=24h$ 时，$x_P=x_{24P}$，$n=n_2$，代入上式得

$$S_P = x_{24P} \times 24^{n-1} \qquad (3-25)$$

有了 S_P 和 n（n_1 或 n_2），显然会很容易地求得设计所需的任一历时的最大平均降雨强度 i_P 和雨量 x_P。

（3）设计面雨量计算。按上述方法所求得的设计流域中心点的各种历时的点暴雨量，需要转换成流域平均暴雨量，即面暴雨量。各省（自治区、直辖市）的水文手册中，刊有不同历时暴雨的点面关系图或点面关系表，可供查用。

（4）设计暴雨的时程分配。在用综合单位线推求小流域设计洪水时，需要计算设计暴雨过程。这时常采用分区概化时程分配雨型来推求。

例： 鱼龙溪流域位于某省第二水文分区，拟在此建一桥涵，需利用综合瞬时单位线法推求 $P=1\%$ 的设计洪水。为此，应先推求 $P=1\%$ 的设计暴雨过程。

1）计算 1h、6h、24h 流域设计雨量。根据该流域中心点位置，查该省水文手册得各种历时暴雨的统计参数 $\overline{x}_T$、C_v、C_s/C_v，列于表 3-4 中。由 C_v、C_s/C_v 及 P 查皮尔逊Ⅲ型曲线 Φ_p 值表，得各种历时暴雨的 Φ_p，代入式 $x_{TP}=(1+\Phi_p C_v)\overline{x}_T$，算得 1h、6h、24h 的设计点雨量分别为 95.6mm、176.8mm、291.0mm。

表 3-4　　　　　　　　　鱼龙溪流域中心点各种历时暴雨的统计参数

历时 T/h	雨量均值/mm	C_v	C_s/C_v
1	40	0.42	3.5
6	68	0.47	3.5
24	100	0.54	3.5

该流域的面积为 451.4km²，查水文手册得各种历时的点面折减系数为 $a_1=0.684$，$a_6=0.754$，$a_{24}=0.814$。折算后各种历时的设计暴雨量（面雨量）为

1h 设计雨量 $x_{1P}=0.684\times95.6=65.4$（mm）

6h 设计雨量 $x_{6P}=0.754\times176.8=133.3$（mm）

24h 设计雨量 $x_{24P}=0.814\times291=236.9$（mm）

2）计算 3h 设计面雨量。由 1h 和 6h 设计雨量内插，求得设计 3h 雨量 $x_{3P}=101.2$mm。

3）计算设计暴雨过程。将上面所得各种历时的设计暴雨量 x_{1P}、x_{3P}、x_{6P}、x_{24P} 按该水文分区的概化雨型进行分配，可得表 3-5 所示的设计暴雨过程。

表 3-5　　　　　　　　　鱼龙溪 $P=1\%$ 的设计面暴雨过程

时段 （$\Delta t=1$h）	典型暴雨分配百分比/%				设计暴雨/mm （$P=1\%$）
	占 x_1	占 (x_3-x_1)	占 (x_6-x_3)	占 $(x_{24}-x_6)$	
1				0	0
2				0	0
3				0	0
4				4	4.1

时段 （$\Delta t=1\text{h}$）	典型暴雨分配百分比/%				设计暴雨/mm （$P=1\%$）
	占 x_1	占 (x_3-x_1)	占 (x_6-x_3)	占 $(x_{24}-x_6)$	
5				5	5.2
6				5	5.2
7				7	7.3
8		38			13.6
9	100				65.4
10		62			22.2
11			52		16.7
12			33		10.6
13			15		4.8
14				12	12.4
15				17	17.6
16				9	9.3
17				12	12.4
18				5	5.2
19				5	5.2
20				9	9.3
21				5	5.2
22				5	5.2
23				0	0
24				0	0
合计	100	100	100	100	236.9

3. 推理公式法计算设计洪峰流量

推理公式法是基于暴雨形成洪水的基本原理推求设计洪水的一种方法。通过推理公式法计算设计洪峰流量是联解如下一组方程：

$$Q_{\mathrm{m}}=0.278\left(\frac{S_P}{\tau^n}-\mu\right)F, t_{\mathrm{c}}\geqslant\tau \qquad (3-26)$$

$$Q_{\mathrm{m}}=0.278\left(\frac{S_P t_{\mathrm{c}}^{1-n}-\mu t_{\mathrm{c}}}{\tau}\right)F, t_{\mathrm{c}}<\tau \qquad (3-27)$$

$$\tau=\frac{0.278L}{mJ^{1/3}Q_{\mathrm{m}}^{1/4}} \qquad (3-28)$$

便可求得设计洪峰流量 Q_P，即 Q_{m}，及相应的流域汇流时间 τ。计算中涉及三类共 7 个参数，即流域特征参数 F、L、J；暴雨特征参数 S、n；产汇流参数 μ、m。为了推求设计洪峰值，首先需要根据资料情况分别确定有关参数。对于没有任何观测资料的流域，需查有关图集。从公式可知，洪峰流量 Q_{m} 和汇流时间 τ 互为隐函数，而径流系数 Ψ 对于全面汇流和部分汇流公式又不同，因而需有试算法或图解法求解。

（1）试算法。该法是以试算的方式联解式（3-26）～式（3-28），步骤如下：①通过对设计流域调查了解，结合水文手册及流域地形图，确定流域的几何特征值 F、L、J，设计暴雨的统计参数（均值、C_v、C_s/C_v）及暴雨公式中的参数 n（或 n_1、n_2），损失参数 μ 及汇流参数 m；②计算设计暴雨的 S_P、x_{TP}，进而由损失参数 μ 计算设计净雨的 T_B、R_B；将 F、L、J、R_B、T_B、m 代入式（3-26）、式（3-27）和式（3-28），其中仅剩下 Q_m、τ、$R_{s,\tau}$ 未知，但 $R_{s,\tau}$ 与 τ 有关，故可求解。④用试算法求解。先设一个 Q_m，代入式（3-28）得到一个相应的 τ，将它与 t_c 比较，判断属于何种汇流情况，再将该 τ 值代入式（3-26）或式（3-27），又求得一个 Q_m，若与假设的一致（误差不超过 1%），则该 Q_m 及 τ 即为所求；否则，另设 Q_m 仿以上步骤试算，直到两式都能共同满足为止。

（2）图解交点法。该法是对式（3-26）、式（3-27）和式（3-28）分别作曲线 Q_m—τ 及 τ—Q_m，点绘在一张图上，如图 3-8 所示。两线交点的读数显然同时满足式（3-26）、式（3-27）和式（3-28），因此交点读数 Q_m、τ 即为该方程组的解。

例： 江西省××流域上需要建小水库一座，要求用推理公式法推求百年一遇设计洪峰流量。

解： 计算步骤如下：

（1）确定流域特征参数 F、L、J：$F=104\text{km}^2$，$L=26\text{km}$，$J=8.75‰$。

（2）确定设计暴雨特征参数 n 和 S_P。暴雨衰减指数 n 由各省（区）实测暴雨资料发现定量，查当地水文手册可获得，一般 n 得数值以定点雨量资料代替面雨量资料，不作修正。

从江西省水文手册中查得设计流域最大 1 日雨量得统计参数为

$$\overline{x}_{1d}=115\text{mm},C_v=0.42,C_s/C_v=3.5 \tag{3-29}$$

暴雨衰减指数 $n_2=0.60$，$x_{24h,P}=1.1x_{1d,P}$

$$S_P=x_{24h,P}24^{n_2-1}=1.1\times115\times(0.42\times3.312+1)\times24^{0.6-1}=84.8\text{mm/h} \tag{3-30}$$

（3）确定产汇流参数 μ、m 的。可查有关水文手册，本例查得的结果是 $\mu=3.0\text{mm/h}$，$m=0.70$。

（4）图解法求设计洪峰流量。

1）采用全面汇流公式计算，即假定 $t_c\geqslant\tau$。将有关参数代入式（3-26）得 Q_{mP} 及 τ 的计算式为

$$Q_{mP}=0.278\left(\frac{84.8}{\tau^{0.6}}-3\right)\times104=\frac{2451.7}{\tau^{0.6}}-86.7 \tag{3-31}$$

$$\tau=\frac{0.278\times26}{0.7\times0.00875^{1/3}Q_{mP}^{1/4}}=\frac{50.1}{Q_{mP}^{1/4}} \tag{3-32}$$

2）假定一组 τ 值，代入式（3-31），算出一组相应的 Q_{mP} 值，再假定一组 Q_{mP} 值代入式（3-32），算出一组应的 τ 值，成果见表 3-6。

表 3-6　　　　　　　　　　Q_m—τ 线及 τ—Q_m 线计算表

设 τ/h	Q_{mP}/(m³·s⁻¹)	设 Q_{mP}/(m³·s⁻¹)	τ/h
—1	—2	—3	—4
8	617.4	400	11.2

设 τ/h	$Q_{mP}/(\mathrm{m^3 \cdot s^{-1}})$	设 $Q_{mP}/(\mathrm{m^3 \cdot s^{-1}})$	τ/h
10	529.1	450	10.9
12	465.3	500	10.6
14	416.6	600	10.1

3）绘图。将两组数据绘再同一张方格纸上，见图 3-8，两线交点处对应的 Q_{mP} 即为所求的设计洪峰流量。由图 3-7 可读出 $Q_{mP}=510\mathrm{m^3/s}$，$\tau=10.55\mathrm{h}$。

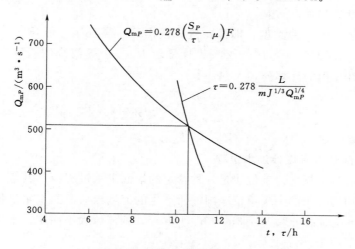

图 3-7　图解交点法求 Q_m、τ

4）检验是否满足 $t_c \geqslant \tau$

$$t_c = \left[\frac{(1-n_2)S_P}{\mu}\right]^{\frac{1}{n_2}} = \left(\frac{0.4 \times 84.8}{3.0}\right)^{\frac{1}{0.6}} = 57(\mathrm{h}) \tag{3-33}$$

本例题 $\tau=10.55\mathrm{h} < t_c=57\mathrm{h}$，所以采用全面汇流公式计算是正确的。

4. 经验公式法计算设计洪峰流量

根据一个地区内有水文站的小流域实测和调查的暴雨洪水资料，直接建立主要影响因素与洪峰流量间的经验相关方程，此即洪峰流量地区经验公式。

（1）以流域面积为参数的地区经验公式为

$$Q_P = C_P F^N \tag{3-34}$$

式中　Q_P——频率为 P 的设计洪峰流量，$\mathrm{m^3/s}$；

　　　F——流域面积，$\mathrm{km^2}$；

　N、C_P——经验指数和系数。

N、C_P 随地区和频率而变化，可在各省区的水文手册中查到。例如江西省把全省分为 8 个区，各区按不同的频率给出相应的 N 值和 C_P 值，表 3-7 为该省第Ⅷ区的情况。

（2）包含降雨因素的多参数地区经验公式。例如安徽省山丘区中小河流洪峰流量经验公式为

$$Q_P = CR_{24h,P}^{1.21} F^{0.73} \tag{3-35}$$

表 3 - 7 　　　　　　　　**江西省第Ⅷ区经验公式 $Q_P = C_P F^N$ 参数表**

频率 $P/\%$	0.1	0.2	0.5	1	2	5	10	20	选用水文站流域 面积范围 $/\text{km}^2$
Ⅷ（修水区）C_P	27.5	23.3	19.4	15.7	11.6	8.6	5.2		6.72～5303
N	0.75	0.75	0.76	0.76	0.78	0.79	0.83		

式中　$R_{24\text{h},P}$——设计频率为 P 的 24h 净雨量，mm；

　　　　C——地区经验系数；

其他符号的意义和单位同前。

该省把山丘区分为 4 种类型，即深山区、浅山区、高丘区、低丘区，其 C 值分别为 0.0541、0.0285、0.0239、0.0194。24h 设计暴雨 $P_{24\text{h},P}$ 按等值线图查算，并通过点面关系折算而得。设计净雨的计算公式为

深山区：

$$R_{24\text{h},P} = P_{24,P} - 30 \tag{3-36}$$

浅山区、丘陵区：　　　　　$$R_{24\text{h},P} = P_{24,P} - 40 \tag{3-37}$$

5. 综合单位线法推求设计洪水过程

（1）单位线的基本概念。单位线是一种特定的地面洪水过程线，其意义是在一个单位时段内、流域上均匀分布的一个单位净雨深所产生的流域出口断面洪水过程线。单位净雨深常取 10mm。单位时段可取 1h、3h、6h、12h 等，依流域大小而定。采用单位线法进行汇流计算基于以下假定：

1）倍比假定。如果单位时段内的净雨不是一个单位而是 k 个单位，则形成的流量过程是单位线纵坐标的 k 倍。

2）叠加假定。如果净雨不是一个时段而是 m 个时段，则形成的流量过程是各时段净雨形成的部分流量过程错开时段的叠加。根据以上假定，出口断面流量公式的表达式为

$$Q_i = \sum_{j=1}^{m} \frac{R_j}{10} q_{i-j+1} \quad (i = 1, 2, \cdots, k; j = 1, 2, \cdots, m; i-j+1 = 1, 2, \cdots, n) \tag{3-38}$$

式中　Q_i——流域出口断面各时刻的流量值，m^3/s；

　　　　R_j——各时段的直接净雨量，mm；

　　q_{i-j+1}——单位线各时刻纵坐标，m^3/s；

　　　　m——净雨时段数；

　　　　n——单位线时段数；

　　　　k——流域出口断面流量过程线时段数。

（2）直接法推求单位线。单位线利用实测的降雨径流资料来推求的方法称为直接法，一般选择时空分布较均匀，历时较短的降雨形成的单峰洪水来分析。根据地面净雨过程及对应的地面径流流量过程线，直接法推算单位线包括公式法、试错优选法、缩放法、分析法等。下面主要介绍前两种方法。

1）公式法。①从实测资料中选降雨、洪水过程，要求降雨时空分布较均匀，雨型和洪水呈单峰，洪水起涨流量小，过程线光滑；②推算净雨过程和分割直接径流，要求直

接净雨等于直接径流深；③ 解线性代数方程组求不同时刻单位线的纵坐标，即

$$q_i = \frac{Q_i - \sum\limits_{j=2}^{m} \frac{R_j}{10} q_{i-j+k}}{\frac{R_j}{10}} \quad (i=1,2,\cdots,n;j=2,\cdots,m) \tag{3-39}$$

式中　Q_i——流域出口断面各时刻的流量值，m^3/s；

　　　R_j——各时段的直接净雨量，mm；

　q_{i-j+k}——单位线各时刻纵坐标，m^3/s；

　　　m——净雨时段数；

　　　n——单位线时段数；

　　　k——流域出口断面流量过程线时段数。

　　2）试错优选法。用分析法推求单位线常因计算过程中误差累积太快，使解算工作难以进行到底，这种情况下比较有效的办法是采用试错优选法。

　　试错优选法是先假定一条单位线，按倍比假定计算各时段净雨的地面径流过程，然后将各时段净雨的地面径流过程按时程叠加，得到计算的总地面径流过程；若能与实测的地面径流过程较好地吻合，则所设单位线即为所求，否则对原设单位线予以调整，重新试算，直至吻合较好为止。

　　（3）单位线的时段转换。单位线是有一定时段长的。净雨时段长必须和单位线时段长一致，当两者不一致时，可通过 S 曲线对原单位线进行时段转换。

　　S 曲线就是单位线各时段累积流量和时间的关系曲线。由一系列单位线加在一起而构成，每一条单位线比前一条单位线滞后 Δth。因时段净雨量连续不断，则地面径流量不断累积，至某一时刻，全流域净雨量参加汇流以后，径流量就成了不变的常数，其形状如 S。如图 3-8 所示。

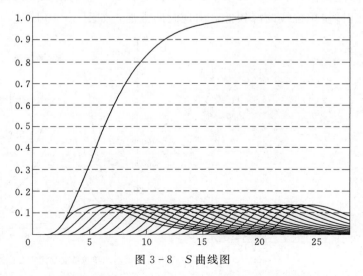

图 3-8　S 曲线图

　　将已知时段为 Δt_0 的单位线 $q(\Delta t_0, t)$ 转换成时段为 Δt 的单位线 $q(\Delta t, t)$ 的步骤如下：

1）根据时段为 Δt_0 的单位线 $q(\Delta t_0,\ t)$ 得到时段为 Δt_0 的 S 曲线 $S(t)$，即

$$S(t)=\sum_{i=0}^{m}q_i(\Delta t,t) \tag{3-40}$$

2）将两条时段为 Δt_0 的 S 曲线绘在同一张图上，并错开欲求单位线的时段长 Δt，如图 3-9 所示。两条 S 曲线同时刻纵坐标的差 $S(t)-S(t-\Delta t)$，就是 Δt 时段内强度为 $10/\Delta t_0$ 的净雨所形成的流量过程线，其总量等于 $10\Delta t/\Delta t_0$。

3）由于单位线应保持总径流量为 10mm，所以将各纵坐标差 $S(t)-S(t-\Delta t)$ 分别乘以 $\Delta t_0/\Delta t$，就得时段为 Δt 的单位线。用数学公式表示为

$$q(\Delta t,t)=\Delta t_0/\Delta t[S(t)-S(t-\Delta t)] \tag{3-41}$$

最后得到的曲线就是时段为 Δt 的单位线 $q(\Delta t,\ t)$，其总量为 10mm。

（4）直接法存在的问题及处理方法。单位线的两个假定不完全符合实际，一个流域上各次洪水分析的单位线常常有些不同，有时差别还比较大。在洪水预报或推求设计洪水时，必须分析单位线存在差别的原因并采取妥善的处理办法。

1）净雨强度对单位线的影响及处理方法。在其他条件相同情况下，净雨强度越大，流域汇流速度越快，由此洪水分析出来的单位线的洪峰比较高，峰现时间也提前；反之，由净雨强度小的中小洪水分析单位线，洪峰低，峰现时间也要滞后，如图 3-9 所示。

针对这一问题，目前的处理方法是：分析出不同净雨强度的单位线，并研究单位线与净雨强度的关系。进行预报或推求设计洪水时，可根据具体的净雨强度选用相应的单位线。但必须指出，净雨强度对单位线的影响是有限度的，当净雨强度超过一定界限后，汇流速度将趋于稳定，单位线的洪峰将不再随净雨强度的增加而增加。

2）净雨地区分布不均匀的影响及处理方法。同一流域，净雨在流域上的平均强度相同，但当暴雨中心靠近下游时，汇流途径短，河网对洪水的调蓄作用减少，从而使单位线的峰偏高，出现时间提前；相反，暴雨中心在上游时，大多数的雨水要经过各级河道的调蓄才流到出口，这样使单位线的峰较低，出现时间推迟，如图 3-10 所示。

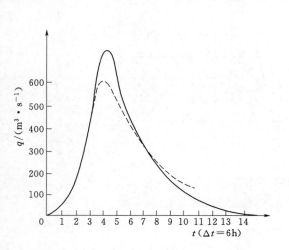

图 3-9　净雨强度与时间关系图

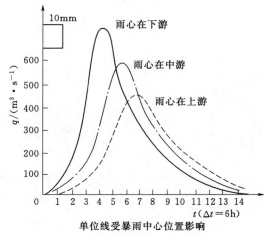

图 3-10　单位线受暴雨中心位置影响图

针对这种情况，应当分析出不同暴雨中心位置的单位线，以便洪水预报和推求设计洪水时，根据暴雨中心的位置选用相应的单位线。当一个流域的净雨强度和暴雨中心位置对单位线都有明显影响时，则要对每一暴雨中心位置分析出不同净雨强度的单位线，以便将来使用时能同时考虑这两方面的影响。

（5）间接法推求单位线。所谓间接法是指由瞬时单位线通过一系列转化而求得的单位线，把用这种方法求得的单位线称为瞬时单位线法。纳希瞬时单位线完全由参数 n、K 决定。因此，瞬时单位线的综合，实质上就是参数 n、K 的综合。不过，在实际工作中并不直接去综合 n、K，而是综合 n、K 有关的参数 m_1 和 m_2，或综合 m_1 和 n。由纳希瞬时单位线方程可导出 m_1 和 m_2 与 n、K 的关系为

$$m_1 = nK \tag{3-42}$$

$$m_2 = \frac{1}{n} \tag{3-43}$$

m_1 为瞬时单位线的一阶原点矩，习惯上称为单位线的滞时。对瞬时单位线的综合，一般分两步进行：首先，考虑净雨强度影响，在对 m_1 和 m_2 做地区综合之前，根据瞬时单位线非线性变化规律，求得统一标准净雨强度的 m_1 和 m_2（或 n）值，称标准化参数。这个标准一般定为净雨强度 $\bar{i}_s = 10$mm/h，相应的 m_1 记为 $m_{1,10}$，称标准化的 m_1。同时还要对非线性影响指数 λ 做地区综合。其次，是对各流域统一标准的 m_1、m_2 进行地区综合，建立这些标准化的 m_1、m_2 与流域特征间的关系。当这些关系建立起来之后，便可用以推求无资料流域的单位线了。

1）m_1、m_2 的标准化与 λ 的地区综合。净雨强度对瞬时单位线的影响，一般为 $m_1 = a(\bar{i}_s)^{-\lambda}$，故取 $\bar{i}_s = 10$mm/h 时，$m_1 = m_{1,10}$，得

$$m_{1,10} = a10^{-\lambda} \tag{3-44}$$

将式（3-44）代入 $m_1 = a(\bar{i}_s)^{-\lambda}$ 得

$$m_1 = m_{1,10} \left(\frac{10}{\bar{i}_s} \right)^{\lambda} \tag{3-45}$$

该式一方面可用来使 m_1 标准化，即由 m_1、$\bar{i}_s$ 求 $m_{1,10}$；另一方面，当已知 $m_{1,10}$ 时，可由 $\bar{i}_s$ 计算相应的 m_1，以便进一步推求净雨 $\bar{i}_s$ 形成的洪水过程。必须注意，净雨强度增加到一定程度后，由于河水漫滩等水力条件的限制，m_1 不会无限度地减小，因此，各省（市、区）都规定了使用式的临界雨强 $\bar{i}_{s临}$，即设计雨强超过 $\bar{i}_{s临}$ 以后，不再进一步做非线性改正，使滞时维持在原有水平。例如四川省规定的 $\bar{i}_{s临} = 50$mm/h。雨强对 m_2（或 n）的影响甚微，一般都不需要做非线性改正，而把 m_2（或 n）直接作为标准化的情况。

$$m_1 = \bar{a}i_{s临} = m_{1.10} \left(\frac{10}{\bar{i}_{s临}} \right)^{\lambda} \tag{3-46}$$

2）$m_{1,10}$ 及 n（或 m_2）的地区综合。瞬时单位线的标准化参数 $m_{1,10}$ 和 n 与流域特征之间存在着一定的关系，可以通过回归分析建立经验公式以定量地表达这种关系。例如四川省第一水文分区的公式为

$$m_{1,10} = 1.3456 F^{0.228} J^{-0.1071} (F/L^2)^{-0.041} \tag{3-47}$$

$$n=2.679 (F/L^2)^{-0.1221} J^{-0.1134} \qquad (3-48)$$

以上诸式中 $m_{1,10}$、F、L、J 的单位分别为 h、km²、km、千分率。这类公式都刊于各省（区、市）的《暴雨径流查算图表》等手册中，可供查用。

（6）瞬时单位线法推求设计洪水过程。对于无实测资料的中、小流域，用综合瞬时单位线法推求设计洪水过程的步骤大体如下：

1）根据产流计算方法，例如径流系数法、损失参数 μ 计算净雨法，由流域的设计暴雨推求设计净雨过程。

2）将流域几何特征代入瞬时单位线参数地区综合公式求 $m_{1,10}$ 及 n（或 m_2）。

3）按设计净雨由 $m_{1,10}$ 求出设计条件的 m_1，并由上一步的 n 求 K（$=m_1/n$）。

4）选择时段单位线的净雨时段 Δt，按上节介绍的方法由 n、K 求时段单位线。Δt 应满足 $\Delta t = \left(\dfrac{1}{2} \sim \dfrac{1}{3}\right) t_p$ 的条件，t_p 为时段单位线的涨洪历时。初定 Δt 时可参考广东省建议的数据，见表 3-8。

表 3-8　　　　时段单位线适宜净雨时段与流域面积的关系

流域面积 F/km^2	<5	5~15	15~100	100~350	350~1000
适宜净雨时段 $\Delta t/h$	1/3	1/2	1	2	3

5）由设计净雨过程及时段单位线求得设计地面径流过程。

6）按各省（区、市）水文手册或有关设计单位建议的计算方法确定设计条件下的地下径流流量。

7）地面、地下径流过程按相应时刻叠加，即得设计洪水过程。

例：某流域面积 $F=500km^2$，河道干流平均坡降 $J_L=65‰$。流域坡度 $J_F=57.3cm/km^2$。已求得 $P=1\%$ 的设计暴雨和按该流域的损失参数 $\mu=2.5mm/h$ 计算的设计净雨过程，见表 3-9。

表 3-9　　　　某流域设计暴雨及设计地面净雨过程（$P=1\%$）

时段序号（$\Delta t=3h$）	1	2	3	4	5	6	7	8
雨量 P_i/mm	5.0	9.0	22.5	162.5	31.0	16.5	15.9	6.5
净雨 $R_{s,i}$/mm	0	1.5	15.0	155.0	23.5	9.0	8.4	0

经分析，设计条件下的地下径流可取 $10m^3/s$。该流域所处水文分区的综合瞬时单位线参数计算公式为

$$m_{1,10}=12F^{0.13}(J_L J_F)^{-0.2265}$$

$$\lambda=0.894-0.22\lg F$$

$$n=2.1m_{1,10}^{0.516} J_L^{-0.232}$$

式中 $m_{1,10}$ 的单位为 h，F、J_L、J_F 的意义和单位同上，试求百年一遇设计洪水过程。

解：（1）计算瞬时单位线参数 n、K。将 F、J_L、J_F 代入式中得

$$m_{1,10}=12 \times 500^{0.13} (65 \times 57.3)^{-0.2265}=4.18(h)$$

$$\lambda = 0.894 - 0.22\lg(500) = 0.3$$
$$n = 2.1 \times 4.18^{0.516} \times 65^{-0.232} = 1.7$$

由表地面净雨求得平均净雨强度为 $219.4/(6 \times 3) = 11.8$mm/h，代入式得 $m_1 = 4.18 \times (10/11.8)^{0.3} = 4.0$h，于是由式计算得 $K = 4.0/1.7 = 2.4$h。

（2）计算时段单位线。该流域面积 $F = 500$km，参考表 3-10，确定单位时段 $\Delta t = 3$h。于是根据上步求得的 $n = 1.7$、$K = 2.4$h，可由瞬时单位线 S 曲线查用表推求 3h 10mm 单位线，具体计算见表 3-10。

表 3-10   某流域时段单位线计算表

时间 t /h	t/K	$S(t)$	$S(t - \Delta t)$	$u(\Delta t, t)$	3h 10mm 净雨时段单位线 $q(t)$/(m³·s⁻¹)	备 注
0	0	0		0	0	
3	1.25	0.454	0	0.454	210.0	
6	2.50	0.784	0.454	0.330	152.5	
9	3.75	0.923	0.784	0.139	64.4	$n = 1.7$
12	5.00	0.974	0.923	0.051	23.6	$K = 2.4$h
15	6.25	0.992	0.974	0.018	8.3	$\Delta t = 3$h
18	7.50	0.997	0.992	0.005	2.3	$q(t) = \dfrac{10F}{3.6}u(\Delta t, t)$
21	8.75	0.999	0.997	0.003	1.4	$= 463u(\Delta t, t)$
24	10.00	1.000	0.999	0.001	0.5	
27	11.25	1.000	1.000	0	0	
合计				1.0	463.0	

（3）推求百年一遇设计洪水。由设计净雨与计算的时段单位线及设计条件下的地下径流流量 10m³/s，按单位线两项基本假定，列表计算百年一遇设计洪水，见表 3-11。

表 3-11   某流域百年一遇设计洪水计算表

时间 ($\Delta t = 3$h)	地面净雨 $R_{s,i}$ /mm	单位线流量 $q(t)$ /(m³·s⁻¹)	时段净雨的地面径流过程/(m³·s⁻¹)						地下径流 Q_g /(m³·s⁻¹)	设计洪水过程 Q /(m³·s⁻¹)
			1.5	15	155	23.5	9	8.4		
-1	-2	-3	-4	-5	-6	-7	-8	-9	10)	-11
0	0	0							10	10
1	1.5	210	31.5	0					10	42
2	2	15	152.5	22.9	315	0			10	348
3	155	64.4	9.7	229	3255	0			10	3504
4	23.5	23.6	3.5	97	2363.8	493.5	0		10	2968
5	9	8.3	1.3	35	998.2	358.4	189	0	10	1592
6	8.4	2.3	0.3	13	365.8	151.3	137.3	176.4	10	854
7		1.4	0.2	3	128.7	55.5	58	128.1	10	384

时间 ($\Delta t=3\text{h}$)	地面净雨 $R_{s,i}$ /mm	单位线流量 $q(t)$ /(m³·s⁻¹)	时段净雨的地面径流过程/(m³·s⁻¹)						地下径流 Q_g /(m³·s⁻¹)	设计洪水 过程 Q /(m³·s⁻¹)
			1.5	15	155	23.5	9	8.4		
8		0.5	0.1	2	35.7	19.5	21.2	54.1	10	143
9		0	0	1	21.7	5.4	7.5	19.8	10	66
10				0	7.8	3.3	2.1	7	10	30
11					0	1.2	1.3	1.9	10	14
12						0	0.5	1.2	10	12
13							0	0.4	10	10
14								0	10	10
合计	212.4	463							150	9987

3.3 水文比拟推求设计洪水

当水文计算断面的汇水面积与相邻水文站的汇水面积之差小于水文站汇水面积的 20%，不大于 1000km²、汇水区的暴雨分布较均匀、区间无分洪和滞洪时，可按式（3-49）将水文站的实测最大洪水流量转换为水文计算断面的洪水流量，该方法一般称为流域面积比拟法。对于不超过 200km² 的流域，一般称为小流域。水文计算断面的洪水流量的计算公式为

$$Q_1 = \left(\frac{F_1}{F_2}\right)^n Q_2 \tag{3-49}$$

式中 Q_1——水文计算断面的洪水流量，m³/s；

　　　F_1——汇水面积，km²；

　　　Q_2——水文站的实测最大洪水流量，m³/s；

　　　F_2——水文站的汇水面积，km²；

　　　n——指数，按地区经验取用，一般为 0.5～0.8。

3.3.1 水文比拟法的基本概念

流量的大小主要取决于流域面积的大小，但流域内的其他因素也能起到重要作用。如果拟求水文断面上下游或相邻流域有水文站的情况下，可利用地区经验公式中的所有参数（即影响流量大小的其他因素）与水文断面附近的相应参数相比拟，建立相关的方程式，即可推算各桥位水文断面的流量。例如，某小流域地区经验公式为

$$Q_P = CI^{0.25} S_P F^{0.70} \tag{3-50}$$

$$S_P = \frac{H_{24P}}{241-n} \tag{3-51}$$

$$n = 1 - \lg(H_{24}/H_6)/(24/6) \tag{3-52}$$

式中　　Q_P——设计流量，m^3/s；

　　　　F——流域面积，km^2；

　　　　C——径流系数，视流域特征及地貌情况由；

　　　　I——流域平均纵坡，由 1：1 万或 1：5 万查出等高线计算求得；

　　　　S_P——流域内设计频率雨力；

　　　　n——降雨递减指数；

H_{24}、H_6——24h 和 6h 降雨量，mm；

　　　H_{24P}——设计频率 24h 降雨量，mm。

　　由式（3-50）可知，设计流量 Q_P 除了与流域面积有关外，还与径流条件系数（简称径流系数）、流域平均纵坡 I 和设计频率雨力 S_P 有关。如果将水文站的设计频率流量 Q_P、径流数 C、流域平均纵坡 I、设计频率雨力 S_P 和流域面积 F 与桥涵水文断面相对应的各值相对比，并建立两者之间的换算关系，即可求得后者的流量。

3.3.2　水文比拟法推求设计频率的流量

　　采用水文比拟法推求小流域设计频率洪水流量的方法与步骤如下：

　　（1）水文站设计频率流量的推求与确定。采用数理统计法和地区经验公式两种方法分别推求水文站的设计频率流量，如果两者之差在允许范围之内（<10%）；应采用数理统计法推求的流量作为依据。

　　（2）水文站与各水文断面所在流域特征值的确定。在外业期间对各流域进行现场调查，分别确定径流条件及其系数 C 值（查 C 值表）；在外业期间分别计算各流域的设计频率雨力 S_P 值；在（1：1 万）～（1：10 万）地形图上分别求出各流域的平均纵坡 I 和汇水面积 F。

　　（3）利用式（3-50）由水文断面 Q_1 相应参数与水文断面 Q_2 相应参数建立联立方程，即

$$Q_1 = C_1 I_1^{0.25} S_{P1} F_1^{0.70} \tag{3-53}$$

$$Q_2 = C_2 I_2^{0.25} S_{P2} F_2^{0.70} \tag{3-54}$$

则

$$\frac{Q_1}{C_1 I_1^{0.25} S_{P1} F_1^{0.70}} = \frac{Q_2}{C_2 I_2^{0.25} S_{P2} F_2^{0.70}} \tag{3-55}$$

　　（4）将相关的特征值代入式中，即可求出各桥水文断面的设计频率流量。

3.4　河道及溃坝流量演算

　　流量演算法是从分析河段水流的水量与能量变化入手，用槽蓄关系对水流进行定量计算的方法。它是河道不稳定流的一种简解法。这种方法可以由河段上断面流量过程直接演算出下断面流量过程。目前普遍采用的河道流量演算方法主要有水文学方法和水力学方法。流量演算法的实质是成因分析法。

　　遇到下列情况之一，需要进行河道流量演算。

（1）当涉水工程上下游不太远的地方有国家基本水文站，流量观测记录在30年以上，宜采用频率分析方法推求测站设计洪水，然后用河道流量演算方法推求拟建工程坝址处的设计洪水时。

（2）当涉水工程上游已经建有蓄水工程或有在建、拟建蓄水工程，涉水工程的设计洪水需要由区间设计洪水与上游蓄水工程下泄洪水演算到工程坝址处叠加时。

（3）已建或拟建工程下游具有重要防护对象，需要评估下泄洪水或溃坝洪水对防护对象的影响程度时。

（4）需要评估上游拟建工程对下游河道洪水的削减效益时。

3.4.1　河道流量演算

1. 水文学模型法

采用线性迟滞Ⅰ型梯形入流单河段积分解演算模式（记为 $SWAI_1$）。

$$Q_i = F_O I_i + F_1 I_{i-1} + F_2 Q_{i-1} \tag{3-56}$$

$$F_O = 1 - \frac{1-F_2}{\Delta m}, F_1 = \frac{1-F_2}{\Delta m} - F_2, F_2 = e^{-\Delta m}, \Delta m = \frac{\Delta t}{K_r} \tag{3-57}$$

$$O(t) = Q_n(t - n\tau) \tag{3-58}$$

式中　I_{i-1}、I_i、O_{i-1}、O_i——线性水库入/出流过程第 i 时段始、末时刻的流量，m^3/s；

　　　　n——线性特征河段数；

　　　　K_r——单个线性水库的调蓄系数；

　　　　τ——洪水在单个线性渠道中的位移（传播）时间，h。

使用 $SWAI_1$ 模型进行河道流量演算，可以采用"先演算后推"法，即先反复使用式（3-56）n 次，上一次的出流作为下一次的入流，逐段演算出 n 个线性水库串联体调蓄后的洪水过程；$O_n(t)$ 然后用式（3-58）计算后一次性将 $O_n(t)$ 平移 $n\tau$ 时间，得演算河段的出流过程 $O(t)$。

$SWAI_1$ 模型的三个参数可以利用河道几何特征和水力特征用积累量法计算，计算步骤具体如下。

（1）计算演算河段中"形心"滞时

$$K = \frac{L}{3.6\lambda V}, \lambda = \frac{\omega + 2/3}{\omega + 1}, \omega = \frac{l_g(B/b_1)}{l_g} \tag{3-59}$$

式中　L——演算河长，km；

　　　V——演算流量的断面平均流速，m/s；

　B、b_1——演算流量的断面水面宽和 $d=1m$ 的水面宽，m。

演算流量断面平均流速用曼宁公式计算，可以表示为

$$V = \frac{1}{n} R^{\frac{2}{3}} S_0^{\frac{1}{2}} \tag{3-60}$$

式中　n——河道糙率，由附录查用；

　　　R——演算流量的水力半径，由大断面图计算而得，m；

　　　S_0——河底比降，可根据大比例尺地形图量算，亦可挑选 2~3 个顺直河段实际测

量，取平均值，‰。

（2）计算位移滞时在"形心"滞时中所占的权重系数，即

$$x=1-\frac{2}{3}\times\frac{1-Fr^2/2}{1+Fr^2/2}$$ （3-61）

式中　Fr——弗劳德数。

$$Fr=\frac{v}{\sqrt{gd}}$$ （3-62）

（3）计算特征河段数，即

$$n=\frac{2}{3}\times\frac{1-Fr^2/2}{\left(1+\frac{Fr^2}{2}\right)^2}\times\frac{LS_0}{d}$$ （3-63）

计算特征河段位移滞时及"坦化"滞时：

$$\tau=xK/n$$ （3-64）
$$K_r=(1-x)K/n$$ （3-65）

用累积量法确定 SWAI₁ 模型参数的关键在于如何根据演算流量（设计洪峰流量）计算代表性断面的平均水深、平均流速和水面宽。计算步骤如下：

（1）选择代表性断面，当断面形态沿程变化不大时，一般选取演算河段入口处的断面；当断面形态沿程变化较大时，则需要选择多个断面，分段进行演算。

（2）计算并绘制各个断面的水位—断面面积（G—A）、水位—水面宽（G—B）、水位—断面平均水深（G—d）、水位—水力半径（G—R）四条关系曲线。而后利用曼宁公式计算并绘制各个断面的水位—断面平均流速（G—V）关系曲线。

（3）利用 G—A 关系曲线和 G—V 关系曲线和 G—V 关系曲线绘制水位—流量关系曲线。

（4）用演算流量 Q_P 从各断面的 G—Q 关系曲线上查出水位 G；利用水位 G 从各断面的 G—V 关系曲线、G—B 关系曲线、G—d 关系曲线查出流速 V、水面宽 B、平均水深 d。

（5）用式（3-51）～式（3-57）计算模型参数 n、τ、K_r。

2. 水力学模型法

本书采用线性扩散模拟法。其原理是求解对流扩散方程得回流曲线，用卷积公式进行流量演算。

把入流过程 $I(t)$ 离散成底宽为 Δt、高 $I_i=\frac{1}{2}(I_{i-1}+I_i)$ 依次滞后一个计算时段 Δt 的矩形序列。每一个矩形时段入流乘以时段汇流曲线 $u_L(\Delta t,t)$，便可以得出一个相应的出流过程 $q_i(t)$。然后使用卷积公式，将矩形入流序列的出流过程序列 $q_i(t)$ 按时间进行叠加，便可以得出演算河段的出流过程 $O_i(t)$，即

$$O_i(t)=\sum_{j=1}^{M}I_{i-j+1}\times u_L(\Delta t,t),j=0,1,2,\cdots,N+M$$ （3-66）

式中　N——入流过程离散节点数；

M——时段汇流曲线离散节点数。

时段汇流曲线 $u_L(t,t)$ 按下式推求：

$$u_L(\Delta t,t)=\begin{cases}S(L,t) & 0\leqslant t<\Delta t \\ S(L,t)-S(L,t-\Delta t) & t\geqslant\Delta t\end{cases} \qquad (3-67)$$

其中：$S(L,t)$ 称为 S 曲线，其表达式为

$$S(L,t)=\frac{1}{2}\{[1-erf(X-Y)+e^{(uL/\mu)}[1-erf(X+Y)]\} \qquad (3-68)$$

其中

$$X=\frac{L}{2\sqrt{\mu t}},Y=\frac{u}{2}\sqrt{\frac{t}{u}} \qquad (3-69)$$

式中　u——波速，反应洪水波的位移属性，m/s；

　　　μ——扩散系数，反映洪水波的坦化属性；

　　　L——演算河长，km；

$erf(\beta)$——高斯误差函数。

$$erf(\beta)=\frac{2}{\sqrt{\pi}}\int_0^\beta e^{-\beta^2}\,\mathrm{d}\beta \qquad (3-70)$$

　　线性扩散波模拟法有两个参数，分别是波速和扩散系数，参数值取决于河道过水断面面积的形状及水力特征。对于宽浅型河槽：

$$u=\lambda v,\lambda=\frac{\omega+2/3}{\omega+1},\omega=\frac{\lg(B/b_1)}{\lg d} \qquad (3-71)$$

$$\mu=Q/(2S_w B) \qquad (3-72)$$

式中　B——演算流量的水面宽，m；

　　　S_w——水面比降，通常以河底比降 S_0 代替，以小数计；

　　　v——演算流量的断面平均流速，用曼宁公式求得，m/s；

　　　λ——反映断面形状的系数。

　　当参数 u、μ 确定之后，由式（3-60）计算 S 曲线；由式（3-59）计算时段汇流曲线；由式（3-58）计算演算河段的出流过程。

3.4.2　溃坝流量演算

　　溃坝形式各种各样，从溃坝过程的时间长短，可分为瞬溃、缓溃；从溃坝缺口规模大小可分为全部溃、局部溃，其中局部溃又可分为横向局部溃和纵向局部溃。一般瞬溃多位于峡谷区的坝，全溃型居多；丘陵区和平原区由于坝身较长，横向局部溃者居多，但也有例外，需视来水条件和坝的质量不同而判断，如质量较差的土坝以一溃到底属瞬溃者居多。由于导致溃坝的原因非常复杂，难于事先全面考虑，估算溃坝洪水时应着眼于最不利的后果，由此可以认为溃坝是瞬时完成的。

　　溃坝流量演算，首先需要计算出溃坝口门宽度和坝址处溃坝最大流量；其次计算溃坝最大流量向下游演进。

1. 溃坝口门宽度的估算

　　溃坝口门宽度是溃坝水流冲刷能力与坝体材料抗冲能力相互作用的结果，溃坝口门平均宽度，根据蓄水量及坝体的材料按式（3-65）估算，计算结果应该满足（$B/17$）$<b\leqslant B$。

$$b=\begin{cases} K_1 V^{1/4} B^{1/7} H^{1/2}, & 0 \leqslant t < \Delta t \\ K_2 (VH)^{1/4}, & t \geqslant \Delta t \end{cases} \tag{3-73}$$

式中　　K_1——坝体材料系数，黏土类坝、黏土心墙坝或斜墙坝和土、石、混凝土坝等取
　　　　　　　1.19，均质壤土取1.98；

　　　　K_2——坝体质量系数，坝体施工和管理质量好的取6.6，差的取9.1；

　　　　V——溃坝时的水库有效蓄水量，万m^3；

　　　　H——坝前水深，对于涉及条件可取坝高值，m；

　　　　B——坝址处的库面宽，通常等于坝长，m。

2. 坝址处溃坝最大流量计算

调查溃坝的情况表明，中小型水库的土坝、堆石坝局部溃的较多，刚性坝（如拱坝）和山谷中的土坝容易瞬时溃毁。为安全考虑，对于设计情况可考虑按瞬时溃坝处理。以瞬间全溃及局部溃的最大水流理论为指导，在总结各种计算方法的基础上，得到适合于瞬间全溃或局部溃的坝址处溃坝最大流量Q_m计算公式为

$$Q_m = 0.27 \sqrt{g} \left(\frac{L}{B}\right)^{1/10} \left(\frac{B}{b}\right)^{1/3} b (H - K'h)^{3/2} \tag{3-74}$$

式中　　L——库区长度，m。一般可采用坝址断面至库区上游库面宽度突然缩窄出的距离，
　　　　　　　但实验表明：$L > 5B$后，其影响不再增加，故当$L/B > 5$时，则按$L/B = 5$计；

　　　　h——溃口处残留坝体的平均高度，为安全考虑，对于设计条件，可取$h = 0$，若坝
　　　　　　　体系分层建筑，当某一高程以下坝体质量良好，该高程以上质量较差并有可
　　　　　　　能沿此高程溃决时，也可取质量良好部分之高度，m；

　　　　g——重力加速度，m/s^2；

　　　　K——经验系数，近似按下式计算：

$$K' = 1.4 \left(\frac{bh}{BH}\right)^{1/3} \tag{3-75}$$

式中符号意义同上。

3. 坝址最大流量向下游演进的计算

溃坝水流的物理过程：坝址处峰形极为尖瘦，溃坝后瞬息之间达到最大值，然后随时间的推移而极速下降，退水线呈乙字形下降。随着溃坝洪水向下游的演进，过程线渐渐变缓，不断展平，溃坝流量将很快衰减。如果能够由实测得知坝址处的溃坝洪水过程，可采用非恒定流解法如$SWAI_1$模型或线性扩散模拟法，由坝址处溃坝流量过程逐段演算出下游各断面的出流过程。如果条件不具备，可采用经验公式法。

根据国内外许多单位的研究成果，在距溃坝下游l处形成的最大流量$Q_{m,l}$可采用经验公式计算

$$Q_{m,l} = \frac{V}{\dfrac{V}{Q_m} + \dfrac{l}{K_v v}} \tag{3-76}$$

式中　　$K_v v$——相当于洪水波传播速度。黄河水利科学研究院根据实测资料分析，认为山

区河道可取 7.15m/s，半山区河道可取 4.76m/s，平原河道可取 3.13m/s。

溃坝最大流量从坝址到下游 l 处的传播时间采用黄河水利科学研究院根据试验求得的计算公式为

$$\tau = K_\tau \frac{l^{5/7}}{V^{1/5} H^{1/2} h_m^{1/4}}$$ (3-77)

式中 h_m——下游断面处最大流量时的平均水深，由式（3.76）计算的流量 $Q_{m,t}$ 查该断面的水位流量关系曲线和水位平均水深关系曲线求得，m；

  K_τ——经验系数，取值范围为 0.8～1.2，水深小时取小值，水深大时取大值。

3.5 成果的合理性分析

《水利水电工程水文计算规范》（SL 278—2002）和《水利水电工程设计洪水计算规范》（SL 44—2006）要求：水文计算依据的资料系列应具有可靠性、一致性和代表性；计算方法应科学、实用，对计算结果应进行多方面分析，检查论证其合理性。水文资料短缺地区的水文计算，应采用多种方法，对计算成果应综合分析、合理选定。

针对某项工程设计洪水的计算，应先根据本流域特性和资料情况，确定采用的计算方法，对计算成果经综合分析后，依据本流域自然地理条件、降雨产汇流特征和该工程的性质及规模等情况，推荐采用合理的成果。

可采用以下方法来进行设计洪水的合理性分析和检查。

（1）通过与本流域及邻近地区历时调查洪水成果比较，验证设计洪水的合理性。为此，最好能选取到与设计重现期相近的调查洪水，同步洪水两者的差别不能过大，否则应通过多种途径的分析、论证后，予以取舍。

（2）根据水文分区内已有的洪水设计成果，绘制洪峰、洪量设计值与流域面积关系图，分析设计成果点据的分布是否与暴雨及地形等因素的分布相适应，判断成果的合理性。

（3）对于稀遇的设计值，应将其与国内河流大洪水记录进行比较。若千年一遇、万年一遇的洪水小于国内相应流域面积的大洪水记录的下限很多，或超过其上限值很多，就需要对计算成果作深入检查与分析。表 3-12 所示为我国不同流域面积实测最大洪峰流量的记录，以供查用。

（4）与上、下游站及邻近河流洪水的计算成果相比较，判断成果合理性。若同一河流上下游的气象、地形、地质等条件相似，应呈现洪峰流量的均值从上游到下游递增，大河比小河要大，而洪峰模数 $\frac{Q_{mP}}{F^n}$（n 与流域面积成反比，一般取 0.15～1.0）和 C_v 值则是小流域的较大。若上下游的气象、地形、地质条件等不一致，应根据流域的实际情况，检查分析各统计参数变化规律的合理性。

与暴雨形成条件较为一致的邻近地区河流的洪水分析成果相比较时，常用洪峰流量系列均值与流域面积之间的关系对比分析，有 $\overline{Q_m} = KF^n$，式中 K 为地区参数，由地区实测

表 3 - 12　　　　　　　　　我国不同流域面积实测最大洪峰流量记录

年份	流域面积/km²	最大流量/(m³·s⁻¹)	河名	站名	所属水系
1972	148	2400	母花沟	贵平	黄河
1896	275	6950	缝河	孤石滩	淮河
1925	343	4400	北港	埭林	敖江
1940	494	4800	左江	那那板	珠江
1958	555	4420	豪清河	垣曲	黄河
1896	658	4470	浠河	英山	长江
1972	762	6430	汝河	板桥	淮河
1919	820	8000	湍河	青山	江汉
1931	963	6500	灌河	鲇鱼山	淮河
1922	1930	15400	飞云河	堂口	飞云河
1822	2100	10750	史河	梅山	淮河
1919	3832	10000	白河	鸭河口	汉江
1730	4350	16500	新沭河	大官庄	沂沭河
1853	5781	15800	南河	谷城	汉江
1960	6175	16900	太子河	参窝	辽河
1964	7699	10200	东江	龙川	珠江
1946	8645	18200	窟野河	温家川	黄河
1955	9340	12100	修河	柘林	赣江
1935	14810	29000	溧河	三江口	长江
1794	23400	25000	沱河	黄壁庄	海河
1595	31300	29000	富春江	芦茨埠	钱塘江
1867	41400	36000	汉江	安康	汉江

洪水资料求得；n 为指数，小流域取 0.80～0.85，中等流域取 0.67，大型流域取 0.50。

（5）本章提供的由设计暴雨计算设计洪水的三种方法，受到多种因素及环节的影响，如雨量及洪水资料的代表性、暴雨与洪水同频率的假定、设计雨型的选定、设计暴雨发生前流域持水度的确定等，计算出的设计洪水应通过综合分析合理选用，不宜盲目取平均值。

水文现象在地区分布上的相似性决定了洪水具有地区性的特点。在上下游站与邻近地区之间，洪峰流量（或水位）系列的参数及各设计值呈现一定的地理分布规律。成果合理性检查就是利用这些统计参数之间的相互关系和地理分布规律对单站单一项目的频率计算成果进行对比分析，以期发现问题和较少因系列过短带来的抽样误差。检查设计站参数及设计值的成果合理性分析的常用方法主要从水文比拟方面考虑。在实际工程中，综合各种方法进行对比分析的同时，应注重从实际出发，避免仅就水文现象某些不甚严密的规律性而生搬硬套。

（6）与暴雨频率计算成果相比较　暴雨统计参数与相应洪水统计参数有着一定关系。一般来讲，设计洪水径流深度应小于同频率、相应历时的暴雨深。而由于洪水除了受到暴雨影响之外，还受到流域下垫面因素的影响，因而洪水系列的 C_v 值大于暴雨系列的 C_v 值。

第4章 防洪现状评价

防洪现状评价是山洪灾害分析评价的核心部分。自2006年我国开展山洪灾害防治项目以来，国内许多学者与专家对山洪灾害评价方法做了一系列研究，到目前为止，山洪灾害评价已经有了一套较为成熟的理论与方案。防洪现状评价的基本思想是：根据山洪沟横断面数据以及沿河村落各个频率的流量，推求山洪沟水面线；将沟道水面线高程与沟道两侧居民点高程做对比，确定被淹没的居民户；根据沿河村落最容易受灾的居民点，确定控制断面及成灾水位，进而求出警戒流量、现状防洪能力等；再根据沟道水面线及断面数据，在ArcGIS软件中对洪水淹没范围进行可视化，确定危险区并绘制洪水风险图。

4.1 水面线计算

4.1.1 水面线计算综述

1. 水面线的概念

河道是水流经过的通道，河道整治是最原始、最古老的治水工程措施之一，是按照河道演变规律，因势利导，改善水流流态、泥沙运动、生态环境，以适应防洪、航运、供水等国民经济建设要求的工程措施。另外，由于生产建设需要，常常需要在河道中修建桥梁、码头、拦水堰等涉水工程项目。为了保证工程及河道的运行安全，河道设计水面线的确定是工程设计的主要内容之一。特别的，在山洪灾害评价中，水面线的推求是所有一切评价工作的基础。水面线是描述水面变化的一条线，比如大坝溢流时，在顺着坝轴线的方向观测就可以看出水面是一条平滑的曲线，这个曲线就是水面线。水力学中水面曲线指人工渠道或天然河道纵向水面线，它是同一时刻沿渠道或河道的水位连线。渠道或河道在某一流量下水面曲线可通过实际量测或理论计算得到。在工程设计过程或山洪灾害评价中，采用传统的恒定流推算方法得出的河道设计水面线，与采用河道非恒定流数学模型计算的成果存在显著差异，通常后者明显低于前者。图4-1为水面线示意图。

2. 水面线计算方法

水面线计算的常用方法有图解法、简易计算方法及逐段式算法等。传统的河道水面线推算方法，如图解法、简易计算法是以河道设计流量，根据控制断面设计水位，按照能量守恒的原理进行计算。即假定河道水流是按照设计流量和控制断面设计水位进行恒定流动的，可以称为恒定流推算方法。图解法需要查图，效率较低，精度受主观影响较大；简易计算法常用于水库回水曲线等快速粗估计算，河道水面线推求很少采用。

逐段式算法也称为数模法，精度较高，且能利用计算机技术进行计算模拟，适用性

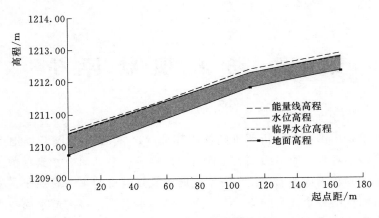

图 4-1　水面线示意图

广。其原理是根据非恒定流计算原理，采用数学模型计算方法来计算河道水面线（数模计算的水面线均指河道各断面最高水位的连线，不一定同时出现，下同），是目前逐步被人们所接受的一种通用方法，特别是在平原河网地区应用更为广泛。根据实际工程经验，逐段式算法在推求平原区缓流河道时，基本没有问题，但在推求山洪沟的急流水面线时，往往由于断面流速过大而导致能量方程不收敛，致使推算过程终止。因此，山区急流河道的水面线推求工作往往成为困扰工程设计的主要问题。

前人通过对"天然河道水面线系统"的研究认为，逐段式算法仅适用于缓流，不适用于急流，但通过对各种目前使用的水面线求解软件的对比研究，可以较为合理地解决这一问题，下边的内容会有具体介绍。综合考虑各种因素，在工程实际应用中，一般采用逐段试算法进行水面线推求。

值得注意的是，在恒定流情况下，3 种方法推算的河道水面线完全一致，并且水面线形状也完全符合传统水力学中的形态。当来水流量和控制断面水位不恒定的情况下，由数学模型方法（逐段试算法）计算确定的水面线均明显低于传统恒定流法推算成果，表明传统恒定流法推算成果是安全的，也是明显保守的。针对水位、流量均不恒定的情况，最大流量与最高水位的组合对计算成果影响较大，很多学者建议采取多方案组合分析计算然后取上包线为宜。在本书中，由于山洪评价灾害工作量较大，且目前计算水面线的软件或模型被广泛应用，所以采用水面线软件计算水面线数据。

4.1.2　常用水面线软件介绍

目前使用逐段式算法对水面线计算，主要有 MIKE、SOBEK 以及 HEC—RAS 三种软件。每种软件都有其独特的优势及特点，下面分别对这三种软件做一个简单的介绍。

1. MIKE 软件

MIKE 软件是丹麦水资源及水环境研究所（DHI）的产品。DHI 是非政府的国际化组织，基金会组织结构形式，主要致力于水资源及水环境方面的研究，拥有世界上最完善的软件、领先的技术。被指派为 WHO（The World Health Organization）水质评估和联合国环境计划水质监测和评价合作中心之一。DHI 的专业软件是目前世界上领先，经过实际工程验证最多的，被水资源研究人员广泛认同的优秀软件。MIKE 软件融入 GIS 技术，方便了数据的采集和处理，并包含先进的数据前、后处理和图形专用工具，重要计算区域变剖分网格加密计算处理技术。先进的图形工具使数据进行可视化的输入、编辑、分析和多形式输出结果的表达。动态、三维高度可视化的结果表达方式、时间序列图等输出方式也使用户更加方便。其具体产品有如下分类：

水资源、海洋模型软件：MIKE11、MIKE21、MIKEBASIN、MIKESHE。

城市水问题模型软件：MIKEMOUSE、MIKENET。

MIKE11 软件是我们比较常用，也是山洪灾害评价中使用较多的一款软件，其主要用于河口、河流、灌溉系统和其他内陆水域的水文学、水力学、水质和泥沙传输模拟，在防汛洪水预报、水资源水量水质管理、水利工程规划设计论证方面均得到广泛应用。MIKE11 包含如下基本模块：

（1）水动力学模块（HD）：采用有限差分格式对圣维南方程组进行数值求解，模拟水文特征值（水位和流量）。

（2）降雨径流模块（RR）：对降雨产流和汇流进行模拟，包括 NAM、UHM、URBAN、SMAP 模型。

（3）对流扩散模块（AD）：模拟污染物质在水体中的对流扩散过程。

（4）水质模块（WQ）：对各种水质生化指标进行物理的、生化的过程模拟。可进行富营养化过程、细菌及微生物、重金属物质迁移等模拟。

（5）泥沙输运模块（ST）：对泥沙在水中的输移现象进行模拟，研究河道冲淤状况。

MIKE11 除上述基本模块外还有各种附件模块，如洪水预报（FF）模块、GIS 模块、溃坝分析模块（DB）、水工结构分析（SO）模块、富营养化模块（EU）、重金属分析模块（WQHM）等。

另外，MIKE11 模拟的垮坝（溃堤）洪水淹没过程以及 MIKE11 模拟的泥沙输移规律在工程实际中也是使用较多的。

2. SOBEK 软件

SOBEK 是荷兰 Delft 水力研究所研发的水文水环境软件，用来模拟和管理各种水环境问题。SOBEK 具有基于 GIS 的用户图形界面，一维流、二维坡面漫流、降雨径流及一维地貌、一维水质和实时控制模拟等模型。水动力一维、二维、三维模拟引擎是其计算内核，SOBEK 是一个具备开放过程库和开放式模型公共接口（OpenMI）的、采用一体化软件环境的开放式系统（SOBEK Online Help）。目前已经广泛应用于荷兰、澳大利亚以及我国的水文模拟。Daniel、王洪梅、谷晓伟等借助 SOBEK 软件分别建立了松花江水动力模型、利津以下黄河水动力模型、珠江口 1D、2D、3D 水动力模型，SOBEK 模型在中国河流的适用性已得到验证。平原河流大部分是复式河道，钟娜对 SOBEK 模型进行了改进，使其更加适合复式断面河道的过流能力计算以及洪水位的确定。

SOBEK 自身擅长地表水过程的模拟和表达，在北方干旱地区地下水水循环中扮演着重要角色。SOBEK 具有良好的开放性，为水循环其他主流模型提供接口。SOBEK 和地下水模型 Visual Modflow 相互配合，用于模拟黄河三角洲湿地的水文过程，将水文模拟结果与湿地条件、植被条件在景观决策支持模型 LEDESS 框架下进行集成，支持完成三种补水预案下湿地修复情景的模拟和评价。

目前，SOBEK 在主干河流及河口的水动力建模应用上日臻成熟，在突发性水质污染事件的计算适用性方面也得到有力的验证。

根据 Sobek 河网模型计算结果，采用控制变量法进行情景分析。首先将情景设计分为河面率不变的情景和其中的自变量和河面率变化的情景，再根据河网结构参数变化是否改变河面率，将入汇角度、支流位置、弯曲度、支流数目、干流河面宽分别作为研究变量，其余作为控制变量进行河网结构—调蓄能力的情景分析。采用一体化方法提供的软件环境，可以模拟河道河口地区、灌溉排水系统以及排污、排雨系统的各种管理问题。针对不同管理对象，软件分为 3 个相似体系的水资源管理产品：

（1）SOBEK—河流（SOBEK - River）：可以进行单一或复杂河流和河口的设计，模拟水流、水质、河流形态变化，河口和其他类型冲淤网状（分叉的或环状）水道，由水流、水质、沉积物运移、形态学和盐的侵蚀 5 个单元所组成。

（2）SOBEK—乡村（SOBEK - Rural）：专门应用于地区水域管理的工具，在作物经济灌溉定额确定、沟渠自动控制、水库运转和水质控制中有广泛应用。

（3）SOBEK—城市（SOBEK - Urban）：可以提供解决排水堵塞、街道漫流和排水管道溢出污水等问题的有效措施，由水流、降雨径流和时间控制 3 个单元组成。

这三个产品各有特定的用户界面，每个产品都是由模拟水系特定方面的模块所组成，可以独立或综合地对这些模块进行管理，模块间的数据自动（逐序）或同时传递以推动物质间的相互作用。在山洪灾害评价中，使用 SOBEK - Rural。

SOBEK - Rural 包括水动力、水文、水质和实时监控 4 个模块，模拟简单或复杂的河流、河口以及岔状与环状的冲积河网的水量和水质。水动力模块包括一维流和二维地表漫流两个模型，在此应用一维流模型进行研究。一维渐变非恒定水流用动量方程和连续性方程两个方程描述，即圣维南（Saint - Venant）方程组。水质模块包括一维水质模型，基本方程是一维移流离散方程。

采用有限差分数值解法，通过对时空的离散化处理，运用质量守恒原理求解。数值离散是改进的通量修正格式，结合了迎风格式正定性和中心格式精确性的特点，在不损失精确度的前提下避免产生数值振荡。

3. HEC - RAS

水文工程中心（Hydrologic Engineering Center，HEC），成立于 1964 年，隶属于美国陆军工程兵团水资源机构，专门从事工程水文水力研究。现已经开发了几十种工程软件，并形成了完善的开发、培训体系。软件结果经过大量工程验证，已成为国际上最为有名的水文水利工程软件之一，而且大部分软件都可以从它的网站上免费下载。其涉及的研究领域包括地表水文、河道水力、泥沙运动、水文统计和风险分析、水库系统分析、实时水资源控制和管理及其他相关技术研究。针对不同领域，其开发了一系列模型，统称 HEC 模型。早期的模型都是基于 DOS 平台，包括 HEC - 1（流域水文计算）、HEC - 2（河道水力计算）、HEC - 3（水库系统分析）、HEC - 4（流速随机生成程序）、HEC - 5（洪水控制及守恒模拟）和 HEC - 6（一维河道输沙演算模型）等。最新一代版本则是可基于 WIN-DOWS 或其他平台下，具有更好的用户操作界面：有用于计算降雨径流的 HEC - HMS（Hydrologic Modeling Sy stem）模型，河道水力分析的 HEC - RAS（River Analysis System），洪水破坏分析的 HEC - FDA（Flood Damage System）模型，水库群运行管理的 HEC - ResSim（Reservoir System Simulation）模型，数据存储系统 HEC - DSS（Data Storage System）等。随着地理信息系统（GIS）的发展，HEC 研究中心与美国环研所（ESRI）合作开发了 HEC - GeoHMS 和 HEC - GeoRAS 扩展模块，用于数字高程模型 DEM 和数字地形模型 DTM 的处理，生成地理空间数据。它把 HEC 系列软件的计算功能结合 GIS 强大的数据处理功能以及它的可视性、实时性结合起来，进一步扩展了该系列软件的应用功能和范围。

通过阐述 HEC - RAS 及 SOBEK - RURAL 软件的计算原理，并对计算结果进行了对比分析。结果表明：HEC - RAS 软件的水位计算结果比 SOBEK - RURAL 软件的水位计算结果稍大，但基本一致；HEC - RAS 软件的流速计算结果比 SOBEK - RURAL 软件的流速计算结果偏小。不同频率洪峰流量下，二者水位差值和流速差值沿程变化基本一致。在山区天然河道水面线计算中，应结合实际情况，对二者选择采用。

4.1.3 HEC - RAS 计算水面线

通过对"SOBEK - RURAL 软件""MIKE11 软件""HEC - RAS 软件"的对比研究，综合确定采用 HEC - RAS 软件进行水面线模拟及计算是目前山洪评价工作合理有效的方法。本书中即采用 HEC - RAS 模型中的一维恒定流计算模型，计算山洪沟水面线。在具体分析中，对各个流域沿河危险村落 1%、2%、5%、10%、20% 五种频率下的设计洪水的水面线进行计算，并对有防洪堤、桥梁、涵洞等涉水建筑物的水面线进行合理分析。

1. 河流断面的截取

（1）断面截取的原因。断面的选取是求解水面线的前期准备工作。在山洪评价工作中，除特殊断面外，沿河村落所有横断面数据都是来自测绘院，测绘院又是利用卫星遥感技术按照同一规格自动提取的，横断面长度为 1000m，没有考虑沟道的实际宽度，因此，就造成了许多冗余数据，这些冗余数据给水面线计算带来了极大的阻力。比如图 4 - 2 为某沟道的某个横断面在 HEC - RAS 软件中的形态图，从断面图上，难以确定深泓点是哪个，运行软件时，会默认整个断面的最低点为深泓点，导致水面线数据错误。

因此，需要根据实际情况，将两侧多余断面数据删除，如图 4 - 3 所示，只保留了河道两侧 100m 左右的断面数据，然后计算水面线时就方便了好多。

（2）断面截取的步骤。以某村为例，介绍断面选取步骤，其具体步骤如下：

1）将某村附近河流所有的横纵断面数据导入 ArcGIS 软件中。

2）在软件中新建一个面文件，用于对断面的截取。

3）根据外业调查资料中关于河道宽度的记录，用面文件将需要的横断面和需要的宽度覆盖。

4）利用 ArcGIS 软件分析工具中的裁剪工具将横纵断面分别提取出来。

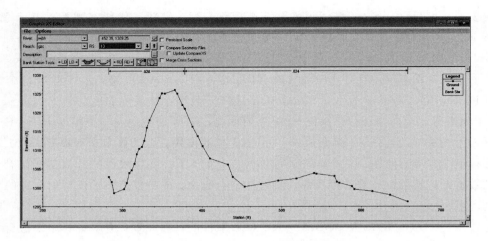

图 4 - 2　A 沟道横断面示意图

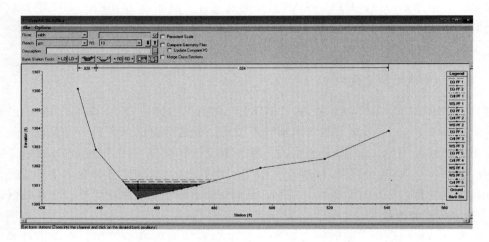

图 4 - 3　B 沟道横断面示意图

5）在 ArcGIS 软件中将横纵断面的信息导出，以便后续分析计算。

2. CSV 文件制作

利用 HEC - RAS 软件计算水面线，首先必须将所选断面数据导入到软件中。HEC - RAS 软件有多种数据导入方法，山洪灾害评价中，使用的是将断面数据制成 CSV 文件，然后将 CSV 文件导入 HEC - RAS 软件。

CSV（逗号分隔值文件格式，Comma - Separated Values，有时也称为字符分隔值，因为分隔字符也可以不是逗号），其文件以纯文本形式存储表格数据（数字和文本）。纯文本意味着该文件是一个字符序列，不含必须像二进制数字那样被解读的数据。CSV 文件由任意数目的记录组成，记录间以某种换行符分隔；每条记录由字段组成，字段间的分隔符是其他字符或字符串，最常见的是逗号或制表符。通常所有记录都有完全相同的字段序列。CSV 是一种通用的、相对简单的文件格式，被用户、商业和科学广泛应用。最广泛的应用是在程序之间转移表格数据，而这些程序本身是在不兼容的格式上进行操作的（往往是私有的和/或无规范的格式）。因为大量程序都支持某种 CSV 变体，至少是作为一种可选择的输入/输出格式。根据其上述特点，采用 CSV 文件能够满足相关的需要。

具体到项目实例，在 CSV 文件制作中，每个 CSV 文件包含 5 列内容，分别为 river、reach、rs、station 和 z，见表 4-1。表 4-1 为某沟道的 CSV 文件，river 指代河流名称；reach 指代沟道名称；rs 指代横断面标号；station 指代桩号，实际就是横断面上所有点到第一个点的距离；z 表示每个点的高程。由表 4-1 可知，该 CSV 文件包含 259 号、260 号、261 号和 262 号这 4 个横断面，断面长度在 100m 左右，从 z 列可以看出，这 4 个断面的高程都是先降低在升高。

表 4-1   某沟道横断面 CSV 文件

river	reach	rs	station	z
zhaobeihe	siyugou	259	0	1212.591
zhaobeihe	siyugou	259	6.358	1211.143
zhaobeihe	siyugou	259	9.537	1210.487
zhaobeihe	siyugou	259	19.074	1210.763
zhaobeihe	siyugou	259	22.253	1210.577
zhaobeihe	siyugou	259	25.432	1210.487
zhaobeihe	siyugou	259	28.611	1209.616
zhaobeihe	siyugou	259	31.79	1209.846
zhaobeihe	siyugou	259	34.969	1210.322
zhaobeihe	siyugou	259	57.222	1210.300
zhaobeihe	siyugou	259	79.475	1211.512
zhaobeihe	siyugou	259	101.728	1211.645
zhaobeihe	siyugou	260	0	1211.277
zhaobeihe	siyugou	260	6.358	1211.308
zhaobeihe	siyugou	260	9.537	1211.608
zhaobeihe	siyugou	260	28.611	1212.558
zhaobeihe	siyugou	260	50.864	1210.844
zhaobeihe	siyugou	260	54.043	1211.372
zhaobeihe	siyugou	260	63.58	1211.387
zhaobeihe	siyugou	260	85.833	1211.180
zhaobeihe	siyugou	260	108.086	1212.173
zhaobeihe	siyugou	261	0	1215.787
zhaobeihe	siyugou	261	9.537	1215.882
zhaobeihe	siyugou	261	19.074	1215.762
zhaobeihe	siyugou	261	22.253	1215.568
zhaobeihe	siyugou	261	31.79	1215.849
zhaobeihe	siyugou	261	54.043	1213.952

river	reach	rs	station	z
zhaobeihe	siyugou	261	60.401	1213.657
zhaobeihe	siyugou	261	63.58	1212.491
zhaobeihe	siyugou	261	66.759	1212.422
zhaobeihe	siyugou	261	69.938	1212.200
zhaobeihe	siyugou	261	73.117	1212.300
zhaobeihe	siyugou	261	76.296	1212.445
zhaobeihe	siyugou	261	79.475	1212.770
zhaobeihe	siyugou	261	82.654	1212.738
zhaobeihe	siyugou	261	89.012	1212.601
zhaobeihe	siyugou	261	92.191	1212.729
zhaobeihe	siyugou	261	95.37	1214.044
zhaobeihe	siyugou	261	101.728	1215.519
zhaobeihe	siyugou	262	0	1216.289
zhaobeihe	siyugou	262	6.358	1216.707
zhaobeihe	siyugou	262	9.537	1213.767
zhaobeihe	siyugou	262	12.716	1213.657
zhaobeihe	siyugou	262	15.895	1213.517
zhaobeihe	siyugou	262	38.148	1213.883
zhaobeihe	siyugou	262	60.401	1213.872
zhaobeihe	siyugou	262	63.58	1213.756
zhaobeihe	siyugou	262	66.759	1213.085
zhaobeihe	siyugou	262	73.117	1212.790
zhaobeihe	siyugou	262	76.296	1212.843
zhaobeihe	siyugou	262	79.475	1212.941
zhaobeihe	siyugou	262	82.654	1213.077
zhaobeihe	siyugou	262	85.833	1212.929
zhaobeihe	siyugou	262	89.012	1213.107
zhaobeihe	siyugou	262	92.191	1215.703
zhaobeihe	siyugou	262	95.37	1216.306
zhaobeihe	siyugou	262	98.549	1216.324
zhaobeihe	siyugou	262	108.086	1216.646

根据表 4-1，将 CSV 文件导入 HEC RAS 软件中，将 station 作为横坐标，z 作为纵坐标，即可得到横断面图形，如图 4-4 所示（由表中可知有 4 个横断面，即可得到 4 个横断面图形）。由此可以想象到，当有多个这样的横断面时，便可以模拟出一个河道，根据河道不同断面的特点及水流情况，便可模拟出河流水面线状况。而 HEC-RAS 软件便

是将多个横断面组合成一个河道的工具。

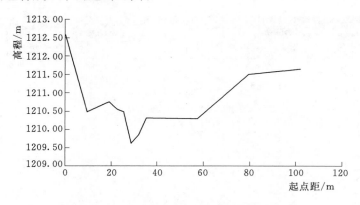

图 4-4　station 259 号横断面示意图

3. 计算水面线

完成准备工作之后，便可以利用 HEC-RAS 软件进行水面线的模拟计算，其具体操作步骤如下。

图 4-5 为 HEC-RAS 软件首页，首先新建一个工程文件 File-NewProject，如图 4-6 所示。

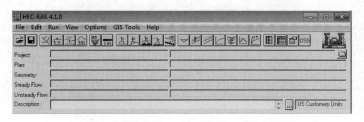

图 4-5　HEC-RAS 软件界面

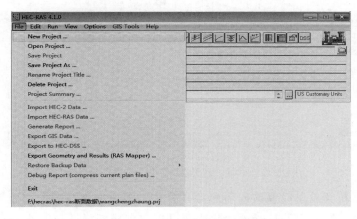

图 4-6　HEC-RAS 软件导入数据界面

然后将表 4-1 文件导入 HEC-RAS 软件，Edit/Enter geometric date-File-Import Geometry Date-CSV Format，进入后会出现一个 CSV Format 界面，选择 Station-

Elevation Format。操作过程如图4-7～图4-9所示。

图 4 - 7　HEC - RAS 软件导入数据界面（一）

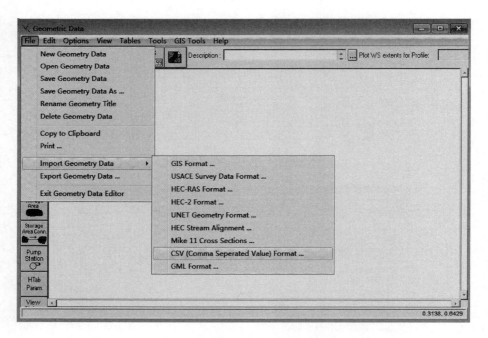

图 4 - 8　HEC - RAS 软件导入数据界面（二）

在 Tables 下拉菜单里设置前四项参数，分别为河道糙率、断面间距及恒定流的收缩系数和膨胀系数，如图 4 - 10 所示。然后便可以看到横断面图形和纵断面图形等，如图 4 - 11～图 4 - 13 所示。为这个河道输入一个流量和自由水深，点击运行，便可以得到水面线计算结果，如图 4 - 14 所示。

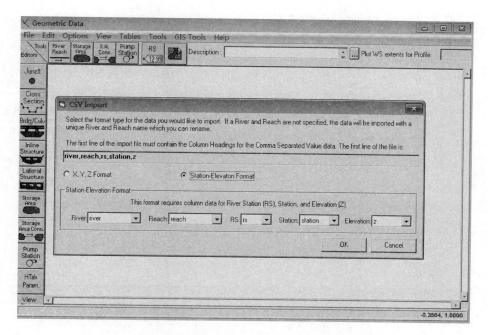

图 4 - 9   HEC - RAS 软件导入数据界面（三）

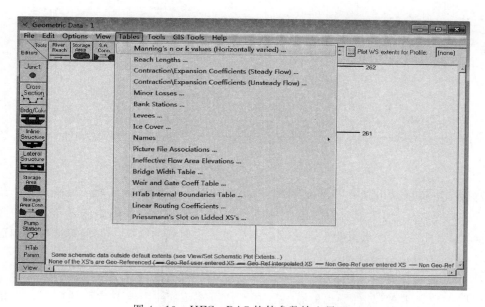

图 4 - 10   HEC - RAS 软件参数输入界面

利用 HEC - RAS 软件进行水面线计算，主要是为了得出水面高程，以便为后续工作提供依据。在具体使用过程中，由于各种客观实际因素的影响，水面线的求解往往难以一次达到理想的状态，这就需要实际工作者根据具体问题具体分析，考虑到各种实际状况，如果有必要，还需进行实地考察，以确定合理的方案。

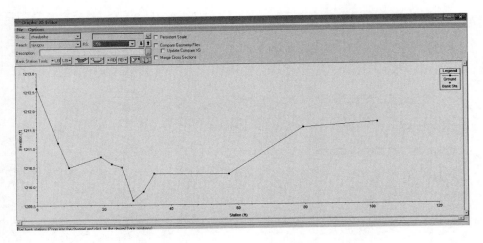

图 4 - 11　河道横断面图形

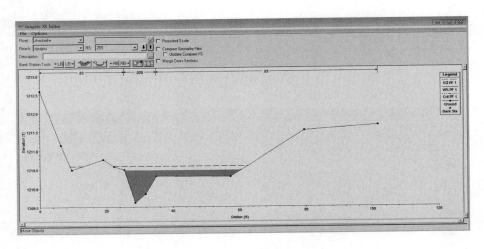

图 4 - 12　水面线横断面图形

　　水面线的推求是山洪灾害评价中最为重要的一环,它的成功与否,直接关系到整个评价工作的科学性、合理性。但水面线的求解往往也是最为复杂和困难的工作,需要考虑到各方面因素的影响。一点点错误和失误,都会造成水面线的交叉、混乱等情况,因而需要我们仔细分析。

**　　4. 水面线数据导出**

　　根据 HEC - RAS 软件导出的有关数据,便可在 Excel 中绘制水面线图形。这里还需要一个横坐标数据起点距,起点距是在 ArcGIS 中测量出来的,是指居民户在河流上的投影点到河流出口点的距离,具体测量方法是:从村落中危险住户引垂线至河流,与河流交于一点,量出该点到所选河段出口点的距离,即为起点距。以起点距作为横坐标,再以 HEC - RAS 软件导出的水面高程数据为纵坐标,即可在 Excel 中得到水面线图形,如图 4 - 15 所示。

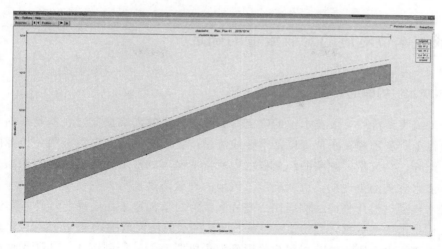

图 4-13　水面线纵断面图形

Reach	River Sta	Profile	Q Total	Min Ch El	W.S. Elev	Crit W.S.	E.G. Elev	E.G. Slope	Vel Chnl	Flow Area	Top Width	Froude # Chl
			(cfs)	(ft)	(ft)	(ft)	(ft)	(ft/ft)	(ft/s)	(sq ft)	(ft)	
siyugou	259	PF 1	20.00	1209.62	1210.47	1210.47	1210.59	0.008073	3.05	8.82	34.92	0.75
siyugou	259	PF 2	15.00	1209.62	1210.42	1210.42	1210.53	0.008136	2.88	6.84	33.64	0.74
siyugou	259	PF 3	10.00	1209.62	1210.34	1210.34	1210.44	0.008550	2.67	4.22	31.88	0.74
siyugou	260	PF 1	20.00	1210.84	1211.56	1211.56	1211.64	0.009500	2.68	9.85	48.55	0.77
siyugou	260	PF 2	15.00	1210.84	1211.51	1211.51	1211.59	0.009410	2.54	7.73	46.41	0.76
siyugou	260	PF 3	10.00	1210.84	1211.44	1211.44	1211.53	0.010917	2.50	4.63	33.80	0.80
siyugou	261	PF 1	20.00	1212.14	1212.76	1212.76	1212.90	0.011913	3.08	7.19	28.72	0.87
siyugou	261	PF 2	15.00	1212.14	1212.68	1212.68	1212.82	0.014689	3.03	5.15	21.22	0.94
siyugou	261	PF 3	10.00	1212.14	1212.59	1212.59	1212.71	0.018989	2.87	3.49	14.34	1.02
siyugou	262	PF 1	20.00	1212.79	1213.37	1213.37	1213.56	0.013850	3.50	5.95	17.05	0.95
siyugou	262	PF 2	15.00	1212.79	1213.33	1213.30	1213.46	0.011531	2.96	5.21	16.12	0.85
siyugou	262	PF 3	10.00	1212.79	1213.27		1213.35	0.009308	2.37	4.28	14.89	0.74

图 4-14　水面线数据界面

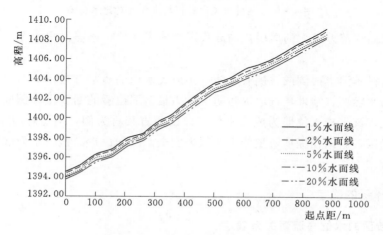

图 4-15　水面线图形

4.2 成灾水位对应的警戒流量的确定

4.2.1 成灾水位的确定

在山洪灾害评价中，成灾水位的确定具有十分重要的现实意义。在控制断面水位—流量关系曲线上，利用成灾水位可以推求警戒流量，警戒流量是推求雨量预警指标的一个重要前提，此外，在流量—频率曲线上根据警戒流量又可以推求发生洪水灾害的频率，即可确定发生洪水灾害的重现期，也就确定了该地的现状防洪能力。

成灾水位通过对比临河一侧居民户高程和沿河村落河段水面线确定，具体方法如下：

（1）根据水面线数据，划定1%频率下设计洪水的淹没范围。

（2）将该淹没范围内所有居民户投影到河道纵断面上，绘制图4-16所示的居民户高程与该重现期设计洪水水面线对比示意图，居民户低于水面线即代表被淹没，为危险户；居民户高于水面线即代表未被淹没，是安全户。

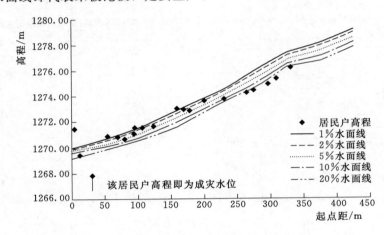

图4-16 某村居民户高程与水面线对比示意图

（3）与水面线落差最大的居民户的高程即为成灾水位，该居民户所在的横断面即为控制断面。

如果沿河村落河道两侧或一侧有堤防，则成灾水位的确定方法如下：

根据现场实际调查结果，选取堤防防洪能力最薄弱位置的断面做控制断面，堤防的高程即出槽水位，该出槽水位即为成灾水位。以山西省某村为例，南徐村有14年的防洪堤坝，则堤坝线以下居民在堤坝防洪能力年限内安全。其居民户高程与水面线对比示意图如图4-17所示。

4.2.2 警戒流量的确定

1. 控制断面的水位—流量关系确定

在山洪灾害评价中，设计暴雨洪水分析计算的重要目的之一就是获取防灾对象所在控

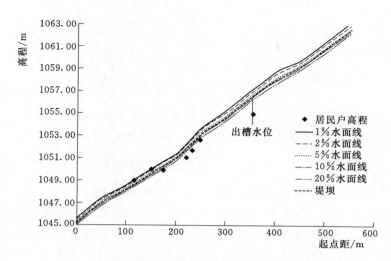

图 4-17　某村居民户高程与水面线对比示意图

制断面的水位—流量关系曲线。水位—流量关系曲线在水文学和水力学中都具有极其重要的地位。利用该曲线，可以在已知水位的条件下求得流量，也可以在已知流量的条件下求得水位。山洪灾害评价工作中，便是在确定成灾水位之后，利用该曲线求得警戒流量。

控制断面确定后，如果无实测资料，则根据各重现期的洪峰流量与控制断面各频率的水面线确定控制断面的水位—流量关系，如有实测资料或成果，应优先采用实测资料确定水位—流量关系曲线。某无资料河道控制断面水位—流量关系见表 4-2，该表中包含了 5年一遇、10 年一遇、20 年一遇、50 年一遇、100 年一遇 5 个重现期的洪峰流量和其对应的水位，再加上流量为 0 时，对应的水位是控制断面的深泓点高程这一数据，便可确定该控制断面水位流量关系曲线，如图 4-18 所示。

表 4-2　　　　　　　　　　　　　水位—流量关系表

重现期	流量/(m³·s⁻¹)	水位/m	重现期	流量/(m³·s⁻¹)	水位/m
河底	0	1266.85	20 年	298.437	1268.40
5 年	112.066	1267.84	50 年	441.526	1268.58
10 年	187.734	1268.21	100 年	547.540	1268.71

由控制断面水位—流量关系曲线图可以得知，随着河道流量的增加，河道水位不断上升，但上升的趋势越来越小，曲线基本呈现指数增长的趋势。这是由于天然河道或人工河道基本上都是上宽下窄型，河道横断面示意图如图 4-19 所示。因此该曲线也是检验设计洪水计算结果与水面线推求结果的一个有效途径。

2. 插值法确定警戒流量

根据已确定的成灾水位，在控制断面

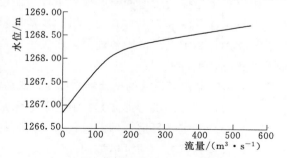

图 4-18　某河道控制断面水位—流量关系曲线

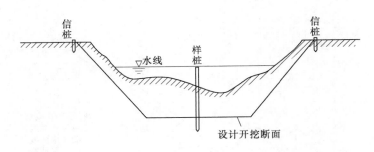

图 4 - 19 河道横断面示意图

的水位—流量关系曲线上，即可查出警戒流量，具体步骤如下：

在 Excel 表格中制作一条水平线和一条竖直线，水平线横坐标为零到警戒流量，纵坐标为成灾水位。竖直线横坐标为警戒流量，纵坐标为深泓点高程到成灾水位。已知成灾水位，通过调节警戒流量，使水平线和竖直线交点落在水位流量关系线上，便可以确定警戒流量。即当发生洪水灾害时，达到最危险居民户的成灾水位所对应的洪峰流量则为警戒流量。

4.3 洪水风险图的绘制

4.3.1 洪水风险图的概述

1. 洪水风险图的概念

洪水风险图又称作洪水危险区图，或者称为洪水灾害预测图。它是指某一流域内，标示实际发生的洪水，或者发生某一频率的洪水时，该区域的淹没范围风险信息图，反映了洪泛区遭受洪水威胁的程度。洪水风险图中应包括洪水风险以及防汛管理控制等内容，其核心是要对洪泛区的洪水风险等级进行划分，包括极高危险区、高危险区和危险区。此外，考虑到发生山洪灾害时，洪水风险图可以对受灾人员的转移起到指示性意义，在图中还可以添加临时安置点和转移路线。临时安置点和转移路线是结合内业数据计算和结合外业实际情况调查确定下来的。

2. 编制洪水风险图的意义

山洪灾害造成的生命和财产损失不仅与淹没范围有关，而且与洪水演进路线、到达时间、淹没水深及流速大小等有关。洪水风险图就是对可能发生的超标准洪水的上述过程特征进行预测，标示洪泛区内各处受洪水灾害的危险程度。根据该图并结合洪泛区内社会经济发展状况，可以做到：

（1）合理制定洪泛区的土地利用规划，避免在风险大的区域出现人口与资产过度集中。

（2）合理制定防洪指挥方案，避免临危出乱。

（3）合理确定需要避灾的对象，避灾的目的地及路线。

（4）合理评价各项防洪措施的经济效益。

（5）合理确定不同风险区域的不同防护标准。

（6）合理估计洪灾损失，为防洪保险提供依据。

洪水风险图作为重要的防洪非工程措施之一，在制定防洪规划、建设防洪工程、辅助防洪调度决策、部署防汛抢险方案以及规范国土的开发与管理、加强水行政主管部门依法行政、增强全民的防洪减灾意识等方面有着非常重要的意义。与防洪工程建设相比，我国对洪水风险图研究相对滞后，随着我国防洪理念由"控制洪水"向"洪水管理"的转变，开展区域洪水风险图研究越来越显示出其重要性和紧迫性。

3. 可视化的概念

随着计算机技术、多媒体技术、通信技术等的发展，可视化的含义已经大大扩展。它不仅包括科学计算数据的可视化，也包括工程计算数据的可视化，如有限元分析结果等，还包括测量数据的可视化，如用于医疗领域的计算机断层扫描（CT）数据及核磁共振（MRI）数据的可视化。它还涉及三维数据场的可视化，计算过程的交互控制和引导，图形生成和图像处理的并行算法，面向图形的过程设计环境，图像传输的宽带网络和协议以及虚拟现实技术等。

可视化成为一种技术与方法应用于有关科学和工程技术各个领域，开始与利用计算机图形来加强信息的传递和理解。计算机图形学在过去的 20 年中已逐渐成长为一门比较成熟的学科，在图形几何变换、投影、坐标变换、剪裁、消隐和绘制方面的理论逐渐成熟并开始走向实际应用，这些都为可视化技术的发展成熟奠定了理论基础。在可视化技术被提出后不久，计算机图像处理技术和计算机视觉也被成功地用来处理各类医学图像和卫星图片，以帮助人们理解和利用各类图像数据。

4. 可视化技术的分类

根据研究对象的所属领域，可视化可分为科学可视化（scientific visualization）、数据可视化（data visualization）和信息可视化（information visualization）。科学可视化侧重于科学和工程领域数据的可视化，如数学家、物理学家使用可视化技术来分析数学函数和工程或简单地生成有趣的图形；数据可视化比科学可视化具有更广泛的内涵，不仅包括工程技术领域数据的可视化，还包括其他领域，例如经济、商业、金融、证券种数据的可视化；信息可视化一般是指 Internet 网上超文本、目录、文件等抽象信息的可视化。上述可视化技术应用已迅速发展到经济、商业、金融、医学、物理学、化学、地质学、显微摄影学、工业检测、航空航天和科学计算等诸多领域。在可视化技术上发展起来的还有仿真技术（mitation simulation）和虚拟现实技术（virtual reality）。现在，可视化已发展成一个十分热门的领域，它的成功应用推动了相关学科的发展和应用的迅速普及。

淹没范围可视化是指利用已知的洪水信息，绘制洪水淹没过程中的二维或者三维的图形或动画，使得洪水径流过程得到更加直观的反应。洪水淹没范围三维可视化图如图 4-20 所示。

4.3.2　淹没范围绘制方法

在 ArcGIS 软件中，根据水面线数据绘制淹没范围，目前主要分为人工绘制和自动生成两类。两种方法各有自己的优缺点，因此需根据实际情况进行选择。

图 4 - 20　洪水淹没范围三维可视化图

1. 人工绘制法

（1）将横断面、河流和居民点数据导入 ArcGIS 软件中并新建一个点图层和一个面图层备用。

（2）根据每个断面的水面线数据，在深泓点两侧找到水面线高程位置，用点标记好。

（3）用面文件将点依次连接起来，就构成一个闭合区域，称为危险区。

（4）新建一个面文件命名为自然村，一个点文件命名为安置点，一个线文件命名为转移路线。

（5）用自然村将所有居民点包围起来，根据外业调查将安置点和转移路线在图中标绘出来，洪水风险图便完成了。

2. 自动生成法

（1）数字地形模型的基本概念。数字地形模型 DTM 主要用于描述地面起伏状况，可以用于提取各种地形参数，如坡度、坡向、粗糙度等，并进行通视分析、流域结构生成等应用分析。因此，DTM 在各个领域中被广泛使用。山洪灾害洪水淹没范围的可视化便需要用到数字地形模型。因为地形的可视化必须以一定的表示地形的数据格式为基础，并且通过一定的图形生成算法来计算生成最终的计算机图像。

目前所有的地形可视化技术都是建立在数字地形模型（digital terrain model，DTM）的基础上。数字地形模型是地形表面形态属性信息的数字表达，是带有空间位置特征和地形属性特征的数字描述。数字地形模型中地形属性为高程时称为数字高程模型（digital elevation model，DEM）。在地理信息系统中，DEM 最主要的三种表示形式是：规则格网模型（regular square grid，RSG）、等高线模型和不规则三角网模型（triangulated irregular network，TIN）。

（2）DEM 的各种表示形式介绍。在地理信息系统中，DEM 最主要的三种表示模型是：规则格网模型（RSG）、等高线模型和不规则三角网模型（TIN）。这三种模型之间可以相互转化。

规则格网模型（RSG）通常是正方形，也可以是矩形、三角形等规则网格。此模型将空间区域划分为一个个规则的网格单元，每个单元与一个空间属性值即地形高程相对应。数学上可以用一个矩阵来表示，在计算机中实现时则对应一个二维数组。对于每个网格单元的空间属性可以有两种不同的解释，第一种就是格网栅格观点，即认为该网格单元的空间属于是与其对应的地面面积内所有点的高程值，这种数字地面模型是一个不连续的函数模型。另一种观点就是点栅格，即认为该网格单元的空间属性表示与其相对应的地面中心点的高程值或者网格单元的平均高程，网格其他角点的高程值需要通过使用与其相邻的 4 个网格中心点的高程值，采用距离加权平均的方法进行计算得到，也可以采用样条函数或者克里金插值方法得到。RSG 格网的高程矩阵，可以很容易地利用计算机进行处理，特别是栅格数据结构的数字地面模型。另外利用此模型也可以很容易地计算出等高线、坡度大小、坡面方向、山坡阴影等地形特征，这使得 DEM 成为目前采用最广泛的数字地形模型。美国、日本、英国等国家地理信息系统（geographic information system，GIS）提供的 DEM 数据都是以规则格网的数据矩阵形式提供的。DEM 的规则格网模型如图 4-21 所示。

尽管规则格网 DEM 在计算和应用方面有许多优点，但也存在许多难以克服的缺陷，例如在地形平坦的地方，存在大量的数据冗余；在不改变格网大小的情况下，难以表达复杂地形的突变现象；在某些计算，如通视问题，过分强调网格的轴方向，数据量过大，给数据管理带来了不便，通常要进行压缩存储。

等高线模型表示高程，高程值的集合是已知的，每一条等高线对应一个已知的高程值，这样一系列等高线集合与它们的高程值就一起构成了一种地面高程模型。等高线通

图 4-21　DEM 的规则格网模型

常被存成一个有序的坐标点对序列，可以认为是一条带有高程值属性的简单多边形或多边形弧段。由于等高线模型只表达了区域的部分高程值，往往需要一种插值方法来计算落在等高线外的其他点的高程，又因为这些点是落在两条等高线包围的区域内，所以，通常只使用外包的两条等高线的高程进行插值。等高线可以用二维的链表来存储，也可以用图来表示等高线的拓扑关系，将等高线之间的区域表示成图的节点，用边表示等高线本身。此方法满足等高线闭合或与边界闭合、等高线互不相交两条拓扑约束。等高线模型优点是人们可以很方便地从二维等高线地形图上看到地面的高低起伏情况，其缺点是难以直接用它生成三维图像，因此实际工作中大多将其通过一定的插值算法转化成相应的 DEM 或者 TIN 数据，然后生成三维图像。

不规则三角网（TIN）模型是根据区域内的有限个点集，将区域划分为相连的三角面网络，区域中任意点落在三角面的顶点、边上或三角形内。如果点不在顶点上，该点的高程值通常通过线性插值的方法得到（在边上用边的两个顶点的高程，在三角形内则用三个顶点的高程）。所以 TIN 是一个三维空间的分段线性模型，在整个区域内连续但不可微。

TIN 的数据存储方式比 RSG 格网复杂，它不仅要存储每个点的高程，还要存储其平面坐标、节点连接的拓扑关系，三角形及邻接三角形等关系。不规则三角网数字高程由连续的三角面组成，三角面的形状和大小取决于不规则分布的测点，或节点的位置和密度。不规则三角网既减少规则格网方法带来的数据冗余，同时在计算（如坡度）效率方面又优于纯粹基于等高线的方法。DEM 的不规则三角网模型如图 4-22 所示。

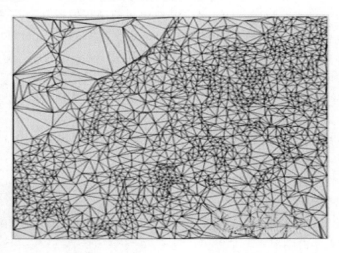

图 4-22　DEM 的不规则三角网模型

（3）DEM 对淹没范围可视化。自动生成法与人工绘制法的主要区别在于淹没范围确定方法的不同，自动生成法是利用 DEM 之间的叠加技术来实现。首先将断面数据转换为栅格数据，我们称此栅格数据为地面栅格。再用每个横断面上的水面高程数据代替横断面的高程数据，将水面数据也转为栅格数据，称这个栅格数据为水面栅格。这样就可以得到两个 DEM，用水面栅格切割地面栅格，位于水面以下部分即为淹没区域。美国 HEC 中心开发的 GeoRAS 模块，与 GIS 软件结合可有效简化前期的数据准备工作，便于河道地形几何资料的建立；在模型分析计算后，GeoRAS 模块可在 GIS 中呈现计算的淹没区域，将 HEC-RAS 的计算功能与 GIS 的数据处理及可视化功能实时结合，进一步扩展了该系列软件的应用功能和范围，是目前洪水研究的热点。

4.3.3　转移路线与临时安置点的选择

1. 转移路线的选择

最佳撤离路线的实质是一个以人流、物流为中心的网络流问题，也是一个多源点、多目标点的网络流问题。通常可以按照最小费用最大流模型来解决最佳撤离路线选取问题。

根据洪水的到达时间和淹没水深选择合理的逃生路线，并注意回避危险地带。同时要考虑时间问题，即在人可承受的时间范围内逃生人员可到达防汛物资的存储地点，能够及时与抢险队伍汇合。按着"以人为本"的原则，要考虑逃生人员的数量，以及逃生人员的人口组成（儿童、青壮年、老人），逃生人员的逃生能力和生还率等。具体做法应根据洪水先淹到何处、后淹到何处，以选择最佳路线，避免造成"人到洪水到"的被动；避难路线多是单行线，对于设有指示前进路标的路线，如果避难人群未很好地识别路标，盲目地走错路，再往回折返，容易造成人群碰撞、拥挤。

逃生依据的前提条件是通过计算，确定淹没区的最大洪水深度、流速、洪水波到达时间及水深增长速度等。一般情况下，处于水深在 $0.7 \sim 2m$ 淹没范围内，或洪水流速较快难以在其中生存。所以最佳逃生避难路线应考虑以下两点：①灾区道路网的等级状况，决定了灾民撤离顺利进行的关键。公路等级由一般公路、简易公路、大车路和乡村路组成。将公路等级与行人、车辆行驶的速度有机结合起来，作为撤离路线选取的关键因素之一。②受灾区居民人口的数量和救灾安置点可容纳人口总量，在进行救灾工作过程中要充分考虑到人口数量因素，受灾人员和救灾点容量之间存在必然的联系，这在撤离路线的选取中起到决定性作用。

2. 临时安置点的选择

避难所一般应选择地势较高、交通较为方便处，应有上下水设施，卫生条件较好，与外界可保持良好的通信、交通联系。无论洪灾如何发生，但其规模总有一定的限制，一般选择居住在最高洪水水面的地方或洪水来临时迁移到洪水水位不能到达的地方，则不会发生危险。根据该原则，在选择洪灾避难场所时应该建在地势较高的地方。在灾害发生时，因情况复杂混乱而经常发生盗窃事件，人们此时更愿意待在距离他们财产较近的地方。这也就意味着，避难场所应多选在距离他们的房屋或住处不远的地方。避难场所除了为居民提供安全避难、基本生活保障外，也起到了救援和指挥的作用。避难场所除了要距离近以外，还要建在路边，以方便人们能够通过各种交通工具（如汽车、船等）到达。同时这些避难场所还应有帐篷、供水系统、卫生设施和食品供应。通常情况下，居民在选择居住地时，大多选在地势平坦且较高的地方，因此造成多数高地被占用。洪涝灾害发生时，居民可能要占用平时不用的地方，如防洪堤坝、公路或铁路的堤坝。因此，在防灾减灾过程中，应指出哪些堤坝可以在紧急情况下可供受灾居民使用。

对受淹没村落进行单元划分，有利于组织村民有序地撤离淹没区。对受淹没村落的划分应遵循以下原则：

（1）根据洪水的到达时间，处于同一洪水到达时间段的村落应划分于同一单元。

（2）根据行政所属关系，属于同一个镇上的村落，划分于同一单元，以便于对撤离人员的统一组织和管理。

（3）根据避难路线，有相同路线的村落划分为同一单元。并且要考虑路面承受情况，划分于同一撤离单元的村落在撤离时不造成交通拥挤。

（4）根据安置点的情况，去往同一安置点的村落，划分为同一单元。并且考虑安置点的承受能力，不可超过安置点对灾民的接受能力。

临时安置点主要从以下几个原则出发总结。避难场所选择点要素可划分如下：

（1）安置点的选择要确保其不受洪水的袭击，不能让灾民做多次搬移。

（2）地势相对较高，但不宜过高，一般避难区的地面高程比附近的最高洪水位高出设计的安全超高即视为安全，这样将有利于避难设施的建设。

（3）尽量靠近公路和铁路，对于岛屿地区，安置点选择还应考虑靠近港口，以利于避难转移。

（4）要合理将各个灾区的人员、财产分配到各个安置点，简单地就近安置是不合适的。而且，每个安置点具有一定容量，而不是无限制接纳灾民，对一个特定的区域而言，能否安置移民或安置移民的数量是由这个区域拥有的各种资源的数量及其可承受的能力所决定的。

4.3.4　洪水风险图的绘制实例

1. 流域概况

山西省某河流域的某村为沿河村落，该村南有一条由西向东的河流。流域面积为42.24km²，河流长度为14.36km，流域纵比降约为27.3‰。流域内主要产流地类为变质岩灌丛山地和灰岩灌丛山地，此外还有很小一部分的黄土丘陵阶地；汇流地类主要为灌丛山地和草坡山地，也有一小块黄土丘陵地类。经查暴雨图集资料，得知该流域最大1h降雨均值在34mm左右，各个暴雨历时的变差系数值为0.47～0.49。对于某村河段，经外业调查，发现该河段两侧长有杂草，河道内多为砂石，河流较顺直，综合确定该河段中间糙率为0.028，两侧糙率为0.030。该流域如图4-23所示。

图4-23　某村流域图

2. 基础数据

（1）断面数据。某村有17个横断面数据，每个横断面由上百个点组成。这些点是按照水流方向从左向右铺设的，第一个点的测点号为1点，也称为起点，其起点距定为0，下一个点为点2，起点距为点2到起点的距离，横断面的最低点为深泓点。每个断面长度基本都是1000m，但由于山洪沟河道一般并不宽，因此在深泓点两侧250m附件各定一个截断点，对于较小的山洪沟，计算水面线时可以只选用截断点之间的断面数据，断面数据如图4-24所示，某村等高线示意图如图4-25所示。

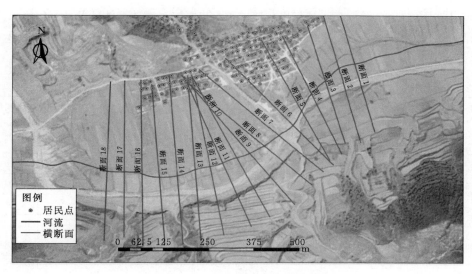

图4-24 某村河道数据示意图

图4-25 某村等高线示意图

（2）居民点数据。经调查，某村现有居民 155 户，居民点的经纬度及高程信息见表 4-3（此处只列出 30 户示意）。居民点信息中还包含户主姓名、人口等信息，由于涉及个人信息，此处没有列出。

表 4-3　　　　　　　　　　　某村居民点数据

序号	村落名称	唯一标识	住房经度（东）/(°)	住房纬度（北）/(°)	宅基地高程/m
1	某村	lzc1	114.0087332	39.4814209	1201.838
2	某村	lzc2	114.0088863	39.4814367	1201.282
3	某村	lzc3	114.0090534	39.4814827	1201.045
4	某村	lzc4	114.0087708	39.4812610	1201.764
5	某村	lzc5	114.0089236	39.4812828	1201.500
6	某村	lzc6	114.0091230	39.4812939	1201.048
7	某村	lzc7	114.0092013	39.4810815	1200.805
8	某村	lzc8	114.0090336	39.4810474	1201.195
9	某村	lzc9	114.0088665	39.4810014	1201.798
10	某村	lzc10	114.0086776	39.4807464	1202.641
11	某村	lzc11	114.0095022	39.4808748	1199.982
12	某村	lzc12	114.0094150	39.4811168	1200.366
13	某村	lzc13	114.0095829	39.4811449	1199.709
14	某村	lzc14	114.0097661	39.4811735	1199.182
15	某村	lzc15	114.0093466	39.4813485	1200.767
16	某村	lzc16	114.0094744	39.4813804	1200.148
17	某村	lzc17	114.0096762	39.4814070	1199.583
18	某村	lzc18	114.0098265	39.4814502	1199.216
19	某村	lzc19	114.0098905	39.4812481	1198.974
20	某村	lzc20	114.0097404	39.4816302	1199.120
21	某村	lzc21	114.0095850	39.4815977	1199.848
22	某村	lzc22	114.0094799	39.4815735	1199.880
23	某村	lzc23	114.0093152	39.4815442	1200.374
24	某村	lzc24	114.0101886	39.4817168	1198.152
25	某村	lzc25	114.0103492	39.4817353	1197.805
26	某村	lzc26	114.0104997	39.4817749	1197.180
27	某村	lzc27	114.0100517	39.4814667	1198.407
28	某村	lzc28	114.0101941	39.4814811	1197.901
29	某村	lzc29	114.0103400	39.4815206	1197.970
30	某村	lzc30	114.0105365	39.4815614	1197.108

（3）水面线数据。利用 HEC-RAS 软件推求得来的水面线数据见表 4-4，主要包括断面编号、起点距以及 1％、2％、5％、10％和 20％这 5 个频率的水面线数据。

表 4-4　　　　　　　　　　　　　某 村 水 面 线 数 据

断面编号	起点距 /m	各个频率的水面线				
		1％	2％	5％	10％	20％
1	0	1186.30	1186.03	1185.57	1185.15	1184.78
2	46.49	1188.60	1188.24	1187.65	1187.15	1186.71
3	92.99	1189.24	1189.05	1188.74	1188.08	1187.57
4	140.48	1189.76	1189.53	1189.15	1188.69	1188.19
5	189.56	1189.92	1189.61	1189.32	1189.11	1188.92
6	242.23	1190.90	1190.71	1190.45	1190.21	1189.81
7	295.86	1192.42	1192.31	1192.13	1191.99	1191.77
8	349.76	1193.56	1193.42	1193.23	1193.03	1192.82
9	402.69	1194.75	1194.63	1194.28	1194.05	1193.82
10	453.18	1195.96	1195.84	1195.65	1195.47	1195.32
11	501.07	1197.03	1196.90	1196.70	1196.52	1196.35
12	553.18	1198.51	1198.35	1198.14	1197.95	1197.79
13	603.73	1199.39	1199.27	1199.10	1198.72	1198.47
14	654.14	1200.60	1200.48	1200.30	1200.14	1199.98
15	704.55	1201.98	1201.87	1201.69	1201.52	1201.39
16	754.94	1203.12	1203.02	1202.87	1202.73	1202.62
17	805.32	1204.54	1204.37	1204.09	1203.83	1203.53

3. 淹没范围可视化

（1）人工绘制法。图 4-26 为某村横断面示意图，该图包含某村 17 条横断面，每个横断面由许多点组成，每个点又有许多属性。在此，我们利用每个点的位置与高程属性进行淹没范围可视化。某村百年一遇洪水危险区范围如图 4-27 所示。

（2）自动生成法。某村横断面数据及水面线数据生成 DEM 如图 4-28 所示。

将两个 DEM 进行叠加，然后调整叠加区内的颜色为金黄色，区域以外为无色。结果如图 4-29 所示。

4. 绘制洪水风险图

根据全国山洪灾害防治技术要求，山洪灾害洪水风险图包括淹没范围、临时安置点、转移路线、控制断面、控制断面的水位—流量关系曲线、设计雨型、淹没区域的人口及户数信息和雨量预警指标等。某村百年一遇洪水风险图如图 4-30、图 4-31 所示。

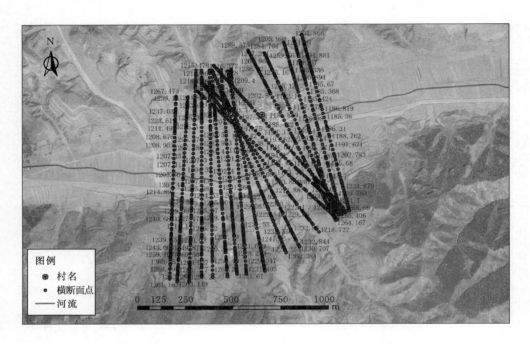

图 4 - 26 某村横断面点示意图

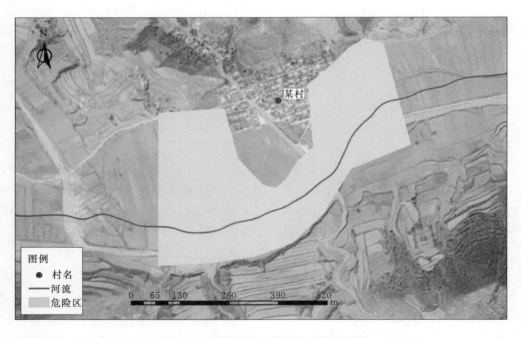

图 4 - 27 某村百年一遇洪水危险区范围

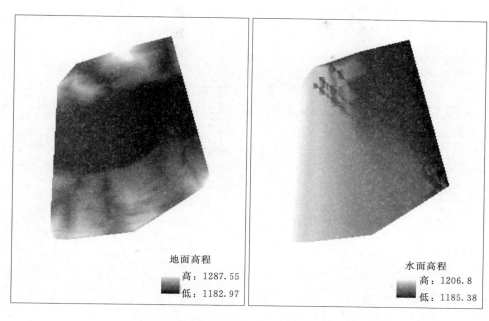

地面高程
高：1287.55
低：1182.97

水面高程
高：1206.8
低：1185.38

图 4 - 28　某村 DEM

图例

● 村名
—— 河流
　　淹没
　　范围

0　65　130　　260　　390　　520
　　　　　　　　　　　　　　　m

图 4 - 29　某村百年一遇洪水淹没范围

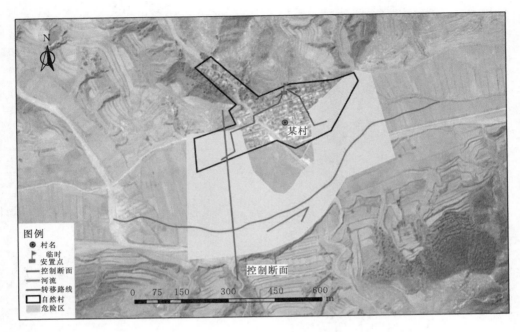

图 4-30 某村百年一遇洪水风险图（一）

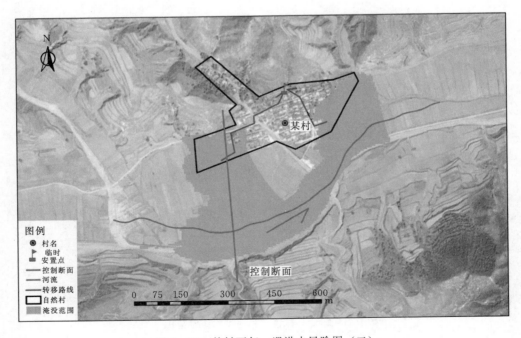

图 4-31 某村百年一遇洪水风险图（二）

4.4 防洪现状评价

基于全面综合外业调查数据、水文地理数据及高分辨率遥感影像等多源数据，对影响局域山洪评价的关键内容进行重点设计分析，以估计设计洪水量，并实现对流量、水位、人口、高程等的分析，以定量评价沿河村落的现状防洪能力，最后基于展开空间统计分析，对各村落的山洪灾害危险状况进行分类定级并获得现状防洪能力分布情况。

4.4.1 危险区等级划分

山洪灾害是地形地貌、地质特征、强降水等多种因素综合作用的结果，其中降水是其形成的外部动力关键因素，而地形、地质、地貌条件是影响其形成的基础因素。通常相对海拔高、地形坡度大、地质结构疏松、下垫面情况不利于水分附着的地区，山洪发生概率较高；反之则发生概率较低。

山洪灾害区划是通过对山洪灾害影响因子的综合分析，评估其在指定区域的详细分布情况。关于山洪等地质灾害危险性分区，近年来我国学者在这方面做了很多工作。李吉顺等根据历史暴雨洪涝灾害分省灾情资料，通过构建"综合危险度"和"相对危险度"两种无量纲量，对全国暴雨洪涝灾害的危险性进行评估，并进行了全国暴雨洪涝灾害区划；汤奇成等从洪灾形成的自然因素（主要采用标准面积最大洪峰流量）和社会因素（分层国民经济总产值）出发，编制了以县（市）为单位的中国洪灾危险程度图。

危险区是指受山洪灾害威胁的区域，一旦发生山洪、泥石流、滑坡，将直接造成辖区内人员伤亡以及房屋、设施的破坏。

根据前期普查的结果，划定山洪灾害防治区内危险区、安全区，要求所受山洪灾害影响范围内，有人居住的区域均必须划定。有条件，可以划定不同等级的危险区域。并以自然村或小流域为单位，标绘在预案中的图件上。

划定标准危险区主要根据各乡（镇）、村山洪灾害发生的程度、范围以及形成特点，在调查历史山洪灾害发生区域的基础上，结合分析未来山洪灾害可能发生的类型、程度以及影响程度、范围来合理确定。

根据上述划分原则，确定山洪灾害危险区的划分标准如下：

（1）历史最高洪水线以下区域，即有记录或根据调查回忆的最大洪水以下的淹没区。

（2）各溪河十年一遇洪水淹没线以下区域。

（3）划定成果根据山洪灾害普查的结果，按照危险区划分原则和标准，科学、合理划定山洪灾害防治区内的危险区、安全区。要求受山洪灾害影响范围内有人居住的区域均需划定。危险区划定后，填写危险区划定情况表。同时，将危险区、安全区标绘在电子地图上。要求必须将危险区地点填写至自然村；范围内涉及的学校、敬老院等人口集中居住场所及重要工矿企业需特殊注明。

危险区和安全区均应设立明显标志，每个处于危险区的自然村在安全区设置临时避险点，避险点和撤离路线应通过宣传预先告知所有危险区群众，并设明显标志。

将危险区等级按洪水频率划分为较高危险区、高危险区、危险区及其他（特殊工况危险区）4 个等级，具体方法是按照房屋高程对应的控制断面水位划分，房屋高程低于 5 年一遇水位的区域为极高危险区、在 5 年一遇水位至 20 年一遇水位间的为高危险区、在 20 年一遇水位至 100 年水位（或历史最高洪水位）区间的为危险区，大于 100 年一遇水位的为其他（特殊工况危险区）。

按照危险区等级划分标准（表 4-5），初步划定各级危险区。

表 4-5   危险区等级划分标准

危险区等级	洪水重现期	说　明
极高危险区	小于 5 年一遇	发生山洪可能性极高，属高频山洪活动区
高危险区	大于等于 5 年一遇，小于 20 年一遇	发生山洪可能性高，属中频山洪活动区
危险区	大于等于 20 年一遇至 100 年或历史最高	发生山洪可能性较低，属低频山洪活动区，且不受特殊工况影响
其他（特殊工况危险区）	100 年一遇或历史最高至叠加洪水淹没范围	发生山洪可能性较低，属低频山洪活动区，但受特殊工况影响

另应根据具体情况按照初步划分的危险区进行适当调整危险区等级：

（1）如初步划定的危险区内存在学校、医院等重要建筑地，应该提升一级危险区等级。

（2）如危险区内有河谷形态为窄深型（到达成灾水位后，水文流量关系曲线陡峭，水位陡然增大，易对人口和房屋造成严重损害）时，应提升一级危险区等级。

灾害定义如下：

（1）极高危险区：发生山洪可能性极高，属高频山洪活动区，对居民点易造成人员伤亡，公路水毁严重，农田受到严重损害，可能有直接危害水电工程，影响水库长期效益。

（2）高危险区：发生山洪可能性高，属中频山洪活动区，对居民点存在生命安全威胁，公路水毁较严重，农田损害较为严重，水电工程有一定的直接影响，对水库效益有一定影响。

（3）危险区：发生山洪可能性较低，属低频山洪活动区，对居民点基本无威胁，对公路水毁较轻，农田损害较轻，对水电工程无直接威胁灾害，对水库效益无影响，并且不受特殊工况影响。

（4）其他（特殊工况危险区）：发生山洪可能性较低，属低频山洪活动区，对居民点基本无威胁，对公路水毁较轻，农田损害较轻，对水电工程无直接威胁灾害，对水库效益无影响，但受特殊工况影响。

以山西省某村为例，图 4-32 中横坐标为起点距（即居民户到起始横断面的距离），m；纵坐标为高程，m。1%水面线代表 100 年水面线，2%水面线代表 50 年水面线，5%水面线代表 20 年水面线，10%水面线代表 10 年水面线，20%水面线代表 5 年水面线。居民户高程在水面线以下的说明居民户高程低于水面线，属于被淹没范围。

由图 4-32 中可以清楚看到，有居民户高程位于 20%水面线以下，位于极高危险区，属于极易被洪水淹没的范围。然而该村有 50 年的堤坝，当洪水来临时，堤坝可以有效地

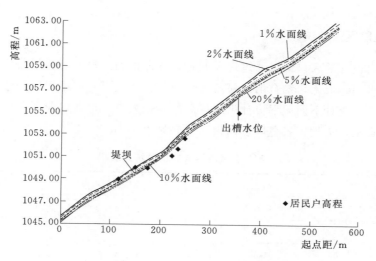

图 4-32　某村成灾水位图

保护高程处于堤坝线以下的居民户不受洪水的侵害，也就被排除在危险区之外。因此，把堤坝水面线以下居民户计算在堤坝水面线以上范围内。堤坝水面线至5%水面线之间居民户有2户，即该村高危险区存在2户，该区发生山洪可能性较高，应重点防治。5%水面线至1%水面线之间居民户存在1户，即该村危险区存在1户居民，该区发生山洪可能性较低，但仍需做好防护工作，以免发生意外，造成人员和财产损失。

根据上述分析，进行山洪灾害风险区划，某村危险区划分示意图如图4-33所示。

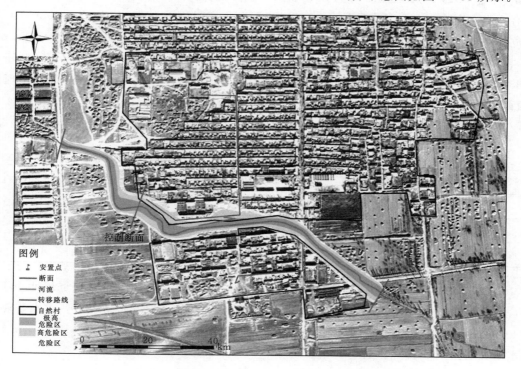

图 4-33　某村危险区划分示意图

4.4.2 各级危险区人口统计

各危险区内包含的人口信息通过现场调查、统计得到。根据沿河村落5个典型频率设计洪水对应的水面线成果，结合沿河村落地形地貌、居民户高程情况，勾绘划定各频率设计洪水淹没范围，统计不同频率设计洪水位下的累积人口、户数以及各危险区内的人口和户数。以山西省某村为例，各危险区内人口信息见表4-6。

表4-6
某村各危险区人口信息统计表

重现期	高程/m	对应危险区人口	对应危险区户数
河底	1266.85	0	0
5年	1267.84	27	6
10年	1268.21	8	2
20年	1268.40	3	1
50年	1268.58	25	5
100年	1268.71	26	3
其他		136	80

由表4-6可知，当重现期为5年，居民户高程低于1267.84m时，对应危险区有6户人家，共27人；当重现期为10年时，居民户高程位于1267.84～1268.21m时，对应危险区有2户人家共8人；当重现期为20年时，居民户高程位于1268.21～1268.40m时，对应危险区有1户人家共3人；当重现期为50年时，居民户高程位于1268.40～1268.58m时，对应危险区有5户人家共25人；当重现期为100年时，居民户高程位于1268.58～1268.71m时，对应危险区有3户人家共26人。当居民户高程高于1268.71m时，重现期在百年以上，对应危险区的户数为80户共136人。

根据危险区划分等级标准确定极高危险区、高危险区和危险区的人口信息，见表4-7。

表4-7
危 险 区 人 口 信 息 表

危险区等级	洪水重现期/年	高程/m	人口	户数
极高危险区	≤5	≤1267.84	27	6
高危险区	5～20	1267.84～1268.40	11	3
危险区	20～100	1268.40～1268.71	51	8

由表4-7可知，处于极高危险区的居民户高程小于1267.84m，供水重现期小于5年，对应有6户27人；处于高危险区的居民户高程为1267.84～1268.40时，洪水重现期在5～20年，对应有3户11人；而处于危险区的居民户高程为1268.40～1268.71m时，洪水重现期在20～100年之间，对应有8户51人。

各级危险区累积人口信息见表4-8。

表 4 - 8　　　　　　　　　　　　　各级危险区累积人口信息表

重现期	高程/m	累计人口	累计户数
河底	1266.85	0	0
5 年	1267.84	27	6
10 年	1268.21	35	8
20 年	1268.40	38	9
50 年	1268.58	63	14
100 年	1268.71	89	17

4.4.3 防洪现状能力评价

防洪现状评价是在设计洪水计算分析的基础上，获得了防灾对象控制断面处的水位流量关系曲线以及水位人口高程曲线等关键信息，进而分析防灾对象的现状防洪能力，进行山洪灾害危险区等级划分并统计分析各级危险区人口及房屋数量，为山洪灾害防御预案编制、人员转移、临时安置等提供支持。

根据水位流量关系推求成灾水位对应的洪峰流量，再用插值法在流量频率曲线中确定该流量对应的频率，换算成重现期，即为该沿河村落的现状防洪能力。

以山西省大同市阳高县堡子湾村为例，成灾水位对应流量小于等于 5 年洪峰流量时，现状防洪能力重现期均为 5 年。堡子湾村成灾水位对应流量为 112.066m³/s，频率为 20%，结果见图 4-34。

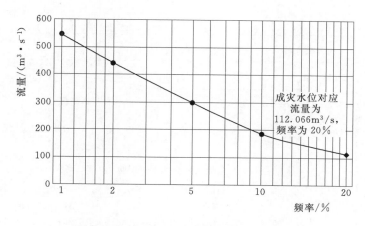

图 4 - 34　某村成灾水位对应的洪水频率

获取水位—流量—人口关系曲线时，根据山洪灾害野外调查和勘测资料，对人口、居民点位置和房基高程、河道上下游断面及控制断面的高程进行综合分析，获得控制断面的水位—流量—人口关系曲线情况，不同水位下对应流量的危险区人口信息。以山西省某村为例，详见图 4-35。

在设计洪水计算分析的基础上，分析防灾对象成灾水位对应洪峰流量的频率；然后统计确定单个沿河村落的成灾水位、各频率设计洪水水位下的累计人口和房屋数；最后采用

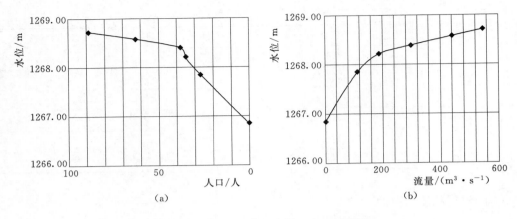

图 4-35　某村水位—流量—人口对照图
(a) 水位—人口对照图；(b) 水位—流量对照图

插值法确定防灾对象成灾水位对应流量洪水的频率，综合评价各沿河村落的现状防洪能力。在此基础上，按照 100 年一遇或最大洪水历史高程确定危险区范围。根据 5 年一遇、20 年一遇和 100 年一遇的洪水水位，结合地形地貌、居民点分布和小流域情况，划定各个沿河村落对应等级的危险区范围。对全县各村的现状防洪能力分频率进行统计，并对各级危险区的空间分布情况及各相应危险区域的人口进行汇总分析，获得县域范围内精确到沿河村落的现状防洪能力、危险区和各级危险人口分布情况。防洪能力分布情况以山西省某县为例，其防洪现状评价图如图 4-36 所示。

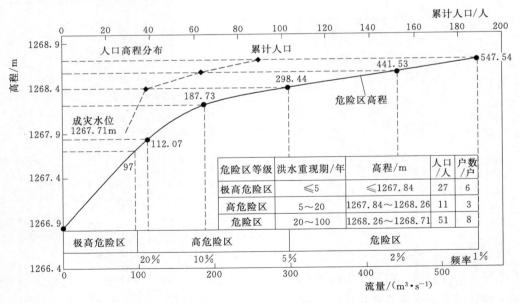

危险区等级	洪水重现期/年	高程/m	人口/人	户数/户
极高危险区	≤5	≤1267.84	27	6
高危险区	5～20	1267.84～1268.26	11	3
危险区	20～100	1268.26～1268.71	51	8

图 4-36　山西省某县某村防洪现状评价图

第5章　山洪灾害预警指标

由于暴雨山洪及其诱发的滑坡、泥石流等灾害频发，使其造成的灾害损失在洪涝灾害中的比重也越来越大。我国山丘区面积大、人口众多，随着社会经济的高速发展，山区社会经济发展也十分迅速。然而我国山区一直处于贫困状态，山洪预警体系相对落后，且近年来山洪灾害频发，人员伤亡和经济损失严重。因此，很有必要加强山区小流域的山洪灾害预警预报、风险评估等方面的技术难点研究，建设适合山区小流域的洪水风险管理体系，提高山区小流域山洪灾害管理水平，保障山区防洪安全。

5.1　山洪灾害预警指标概述

山洪预警是山洪灾害防治的关键问题，近年来山洪灾害频繁发生，预警工作尤为重要。预警指标分别针对危险区内的各个沿河村落进行，包括雨量预警指标和水位预警指标两类。雨量预警通过分析不同预警时段的临界雨量得出，包括时段及其对应雨量两个要素，具体表现为各个预警时段的临界雨量，以及各预警时段的准备转移雨量和立即转移雨量。水位预警根据预警对象控制断面的成灾水位，推算上游水位站的相应水位作为临界水位进行预警。山丘区小流域因流域面积小，河道调蓄能力弱，山区坡降陡，形成的山洪往往具有峰高、历时短、涨幅大等特点，因此造成洪水具有突发性、破坏力强、危害大等特点。近年来我国政府加大了山洪灾害的防治力度，目前绝大多数山丘区的县级行政区已经建立了具有数据储存和分析功能的山洪灾害监测预警平台，全国性的山洪灾害调查与分析评价工作也在全面展开，以确保高效全面的防洪工作，保障民生。

5.2　雨量预警

在雨量预警工作中，分析预警地点的预警流量是非常重要的前提和基础，流域汇流时间是非常重要的预警时段，应根据流域特征和防灾对象特点，确定一系列典型的预警时段；流域土壤含水量对临界雨量有重要影响。在实际案例中综合考虑流域降雨、流域土壤含水量因素，探讨基础性、实用性和通用性均较强的、具有动态预警功能的临界雨量分析方法。基于对当地山洪灾害的普查，依托实现对降雨检测、不同时效精细化降雨预报，确定山洪致灾临界雨量，开展山洪监测预警。开展预警服务可以提高服务的针对性和实效性、发挥气象服务的效益。此项工作对各级政府和相关部门防灾减灾、服务民生等重大基础性工作具有重要的科学意义和现实意义。

5.2.1 预警时段

预警时段是雨量预警指标中最典型的降雨历时，是雨量预警指标的重要组成部分。受防灾对象上游集雨面积大小、降雨强度、流域形状及其地形地貌、植被、土壤含水量等因素的影响，预警时段会发生变化。预警时段临界指标系数概念，直观地反映灾害易发程度，为无资料地区小流域山洪灾害防治工作提供指导依据。

对于小流域的研究中，流域汇流时间是非常重要的预警时段之一。汇流时间 t 是指降雨集中汇聚到流域出口断面的时间，反映小流域产汇流特性的重要参数，与预警时段和预警指标的确定密切相关。其不同于降雨历时，降雨历时是指降雨的时间长度。流域最大汇流时间 τ_m 是从流域最远点流至出口端面所经历的时间。

当 $t<\tau_m$ 时，部分面积及全部净雨深参与形成最大流量。

当 $t=\tau_m$ 时，全部面积及全部净雨深参与形成最大流量。

当 $t>\tau_m$ 时，全部面积上部分净雨深参与形成最大流量。

可通过定义、工作底图查询（全国山洪灾害项目组提供）、实测资料、推理公式、单位线峰现时间估算等方法，合理确定汇流时间：

（1）依据实际情况，查看所需要的相关资料。

（2）根据相关资料确定汇流时间。

（3）依据暴雨特性和下垫面情况进行计算。

（4）根据水文计算、定义、相关公式及单位线的峰现时间分别推求汇流时间，并进行全面合理的综合分析。

预警时段按照以下原则确定：

（1）根据当地的暴雨特性、流域面积大小、平均比降、形状系数、下垫面情况等因素，基本预警时段定为 0.5h、1h、1.5h、2h、2.5h、3h、3.5h、4h、4.5h、5h、5.5h、6h。

（2）如果汇流时间不小于 6h，预警时段定为 0.5h、1h、1.5h、2h、2.5h、3h、3.5h、4h、4.5h、5h、5.5h、6h 和汇流时间；如果汇流时间小于 6h，预警时段定为汇流时间以及小于汇流时间的基本预警时段。

对于最小预警时段，考虑到南北方气候条件和下垫面的巨大差异，规定：南方湿润地区的最小预警时段可选为 60min，北方干旱地区，由于暴雨强度大以及超渗产流突出等特性，最小预警时段可选为 30min。

（3）综合确定：充分参考前期基础工作成果的流域单位线信息，结合流域暴雨、下垫面特性以及历史山洪情况，综合分析防灾对象所处河段的河谷形态、洪水上涨速率、转移时间及其影响人口等因素后，确定各防灾对象的各个典型预警时段，从最小预警时段直至流域汇流时间。

5.2.2 流域土壤含水量

1. 土壤及其结构

土壤的类型一般可以分为砂质土、黏质土、壤土三种类型。

砂质土的含沙量多，颗粒粗糙，通常土质疏松，透水透气性好，但保水保肥能力差。黏质土，含沙量少，颗粒细腻，渗水速度慢，保水性能好。壤土，指土壤颗粒组成中黏粒、粉粒、砂粒含量适中的土壤，质地介于黏土和砂土之间，兼有黏质土和砂土的优点，通气透水、保水保温性能都较好。

自然土壤剖面一般分为四个基本层次，结构层从上到下依次为腐殖质层、淋溶层、淀积层、母质层、基岩层，自然土壤结构示意图如图5-1所示，实例图如图5-2所示。

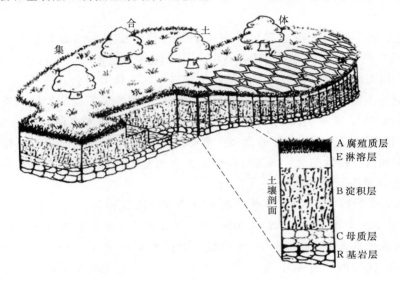

图5-1　自然土壤结构示意图

图5-2　土壤结构实例图

腐殖质层有生物或微生物活动，可以产生大量有机物，供植物生长所需。淋溶层是由于淋溶作用而使物质迁移和损失的土层。一些有机物和矿物被从上面渗漏下来的水冲淋到更下面的土里，形成土壤的底层沉淀层。母质层是未受成土作用影响的土层。

A 层是受生物气候或人类活动影响形成的有机质积累和物质淋溶表层。有机质含量高，颜色较暗黑。E 层是硅酸盐黏粒、铁铝等物质明显淋失的漂白淋溶层。B 层是位于 A 层或 E 层之下，硅酸盐黏粒、氧化铁、氧化铝、碳酸盐、其他盐类和腐殖质等物质聚积的淀积层。C 层是位于 B 层或 A 层（在无 B 层时）之下的母质层。R 层即基岩层，或称母岩。虽非土壤发生层，但却是土壤剖面的重要组成部分，土壤形成的基础。A 层和 B 层合称为土体层。反映母质层在成土过程影响下已发生深刻的或一定程度的变化，形成土壤剖面上部土层的特征。

基本发生层按其发育上的差异可进一步划分为若干亚层。例如 B 层可分为 B₁、B₂、B₃ 层等。在两个基本发生层之间出现兼有两个特征的称为过渡层，其符号为 AB、BC 等。若两基本发生层犬牙交错，则称指间层，其符号为 A/B、E/B 等。

不同的土壤类型有其特征性的土壤发生层组合，从而产生不同的土壤剖面构型。通常按 A、E、B、C 等土壤发生层的出现和序列（即剖面分异和发育阶段）分为 AC 剖面、ABC 剖面、AEBC 剖面、BC 剖面等类型。也可按剖面分异发育状况分为原始剖面、弱分异剖面、正常剖面、侵蚀剖面、异源母质剖面、多元发生剖面、翻动剖面等。

2. 土壤含水量及计算方法

土壤含水量是反映流域土壤含水量或土壤湿度的间接指标，一般是指土壤绝对含水量，即 100g 烘干土中含有若干水分，也称土壤含水率。流域土壤含水量是指在该流域的土壤中所含有的水量，《水文手册》中的流域前期持水度 B_0 作为综合反映流域土壤含水量或土壤湿度的间接指标。B_0 取值为 0、0.3 和 0.6 分别代表土壤湿度较干、一般和较湿三种情况。

土壤含水量对流域产流有重要影响，是雨量预警的重要基础信息，主要用于净雨分析计算时考虑，并进而用于分析临界雨量阈值。土壤含水量是对小流域进行产汇流分析的一个重要参数，影响预警指标值的确定。随着土壤含水量的变化，山洪灾害雨量预警指标也会发生变化。土壤含水量为 w_m，分为上层 w_u，下层 w_l，深层 w_d，即 $w_m = w_u + w_l + w_d$，逐小时土壤含水量为 $w_{mt} = w_{ut} + w_{lt} + w_{dt}$。对于特定的研究流域，土壤含水量的最大值即为土壤张力水容量 W_M，土壤张力水蓄水量为 W，进行合理科学较为准确的计算。（土壤张力水蓄水量 W 在物理意义上反映了流域的干旱程度，是一个概念性的参数，而非土壤含水量的真实值。）对于特定的流域，土壤含水量的最大值 即为土壤张力水容量。土壤含水量饱和度计算公式为

$$\text{土壤含水量饱和度} = w_{m_1}/W_M \tag{5-1}$$

采用蓄满产流模型进行洪水预警，在处理中、小洪水时，对小型洪水的精度较低；入汛以后的第一场洪水精度低。但此后在经历了几场洪水之后，该洪水方案的预报精度可大大提高，特别是大型洪水。这种情况说明了这样一个问题，该流域采用的模型结构较为合理，但是在参数的计算上存在问题。参数的不精确，导致了结果的误差，因此，要进行分析。造成上述问题可能有多个参数的率定、计算存在问题，其中最主要的产流预警模型的重要参数是流域前期土壤含水量 P_a。

对于蓄满产流模型，当蓄水容量曲线为指数函数时，降雨径流关系的数学表达式为

$$R = P - \left(\frac{1}{n} - P_a \right) \times (1 - e^{-np}) \qquad (5-2)$$

由式（5-2）可以看出，P_a 对 R 产流预报警结果的影响至关重要。一般采用一层、双层或三层蒸发模型。由于封冻期长，且冻土层厚，在这一时期没有合适的土壤含水量计算方法，所以，进入封冻期后 P_a 的计算停止。在下一年再重新计算，计算的起始 P_a 值人为假设。一般起始 P_a 值的假定取样本实测或经验推断。但是流域各处的地质条件各不相同且不断变化，经验推断与实际不同。针对这一情况，下面介绍一种土壤含水量计算方法，该法可在一定程度上减小 P_a 的计算误差。

（1）P_a 初值的确定方法。选前一年的最大洪水过程，统计出形成该次洪水的降水量；再依据实测洪水过程线，计算出该次洪水的径流深。由此求出的 $P_{a解冻}$ 即为新一年土壤含水量的初值。

（2）P_a 初值的分配。当预警采用一层蒸发模型时，P_a 就等于上面计算的初值。当预报采用双层或三层蒸发模型时，上、下层含水量的分配主要根据以下两方面：上一年逐7日计算的最后一日的上、下层土壤含水量。如模型逐日计算的最后一日的 P_a 值上层的含水量较大，则来年初值分配时要按一定比例，根据流域的具体情况，将 P_a 初值分配到上下两层；如上一年最后一日 P_a 值上层的含水量不大，可将 P_a 初值全部分配到下层。

次年逐日计算开始时的降水情况及土壤湿润程度。次年开始逐日计算 P_a 之前流域表层湿润或降水量较大，适当考虑将部分 P_a 初值分配到上层，否则，将 P_a 初值全部分配到下层。

（3）P_a 连续计算及修正。确定了初值及其分配方法后，即采用模型逐日连续计算。遇洪水后，待流域汇流终止，依实测洪水过程线或水库反推入库洪水过程求出实际径流量，如实际径流量和预警净雨的差较大，表明土壤含水量仍未接近实际值，须再反求 P_a 值，将其作为继续计算的依据。若实际径流量和预警净雨的差很小，表明土壤含水量已接近实际连续计算及修正。确定了初值及其分配方法后，即采用模型逐日连续计算。

流域尺度土壤含水量对临界雨量的影响非常大，通过前期降雨，借助于流域最大蓄水量这一关键参数，结果证实了这一结论。此外，土壤湿度无论是较干、正常还是较湿的情况下，随着预警时段增长，临界雨量都是增加的。

5.2.3　临界雨量

在一个流域或区域内，当降雨量达到或超过某一量级和强度时，该流域或区域发生溪河洪水、泥石流、滑坡等山洪灾害，此时的降雨量，即为该流域或区域的临界雨量。临界雨量计算是一个不断试算直至满足要求的过程。在进行各个防灾对象的各个预警时段临界雨量的具体计算时，先假定一个初始雨量，并按雨量及雨型分析得到相应的降雨过程系列，计算预警地点的洪水过程；进而比较计算所得的洪峰流量与预警地点的预警流量，如果两者接近，该所输入过程的雨量即为该时段的临界雨量，如果差异较大，需重新设定初始雨量，反复进行试算，直至计算所得的洪峰流量与预警地点的成灾流量差值小于预定的允许误差为止。

我国大部分山区溪河洪水主要是由暴雨引起的，具有历时短、强度大、暴涨暴落的特性。山溪流域内突降暴雨，导致溪河洪水暴涨，淹没分布在溪河两侧的村落、工矿企业等防洪保护对象，从而造成溪河洪水灾害。根据灾害学原理，暴雨、山溪流域的下垫面条件，以及分布于溪河两侧的防洪保护对象，分别构成了山溪洪水灾害的致灾因子、孕灾环境、承灾体3个灾害要素，要分析导致某地发生山洪的临界雨量，需要考虑4个关键环节，即：①受威胁对象（或称防洪保护对象）；②受威胁对象临近的溪河断面；③溪河断面上游汇流区域；④汇流区域内的雨量观测站点观测的雨量，如图5-3所示。

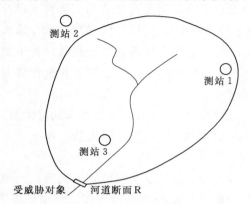

图5-3 受山洪威胁对象流域示意图

从上述山溪洪水致灾机制看，山溪洪水的临界雨量是指导致山溪河流某一断面处发生洪水所需的上游流域一定时段的降雨量。分析和应用山溪洪水临界雨量时，需要注意：

（1）临界雨量是与某一具体受威胁对象相关的。临近于不同溪河断面的受威胁对象，由于上游汇流面积不同，对应的临界雨量也是不同的。

（2）临界雨量是指受威胁对象所临近的溪河断面上游流域内所有的降雨量。流域内的降雨量，是面平均雨量的概念。对于流域面积较小、汇流时间较短的溪河流域，可以用流域内测站的点雨量来代表流域面平均雨量。对于流域面积较大、汇流时间较长的流域，仅采用流域面雨量进行预警存在较大的不确定性，因此，建议在上游地区布设水位测站进行预警。

（3）临界雨量是指一定时间的累积雨量，通常采用1h、3h、6h、24h等几个特征时段的雨量。

（4）由于溪河洪水不仅与当前降雨有关，还与流域前期的洼蓄量等因素有关，在不同的条件下，导致溪河发生洪水所需的降雨量也不同，因此，临界雨量不是一个固定值。

在确定了危险流量 Q、预警时段以及产汇流分析方法后，就可以计算不同前期持水度 B_0 下各典型时段的危险区临界雨量。具体计算步骤如下：

（1）假设一个最大第2h～最大第6h的降雨总量初值 H。根据设计雨型，分别计算出最大第2h～最大第6h的降雨量 $P'_2 \sim P'_6$。

（2）计算暴雨参数。由式（5-3）和式（5-4）计算得到不同暴雨参数下的最大1h～最大6h的降雨总量值 $H_1 \sim H_6$ 及最大第2h～最大第6h的降雨量 $P_2 \sim P_6$。根据表5-1中暴雨参数的范围，可以得到多组 $P_2 \sim P_6$，将每组 $P_2 \sim P_6$ 与 $P'_2 \sim P'_6$ 进行比较，误差平方和最小的那组 $P_2 \sim P_6$ 所用参数即为所要求的暴雨参数。

$$H_p(t) = \begin{cases} S_p \cdot t^{1-n}, & \lambda = 0 \\ S_p \cdot t^{1-n_s}, & \lambda = 0 \end{cases} \quad 0 \leqslant \lambda < 0.12 \qquad （5-3）$$

$$n = n_s \frac{t^\lambda - 1}{\lambda \ln t} \qquad\qquad (5-4)$$

式中 n、n_s——双对数坐标系中设计暴雨时—强关系曲线的坡度及 $t=1\mathrm{h}$ 时的斜率；

$\quad\quad S_p$——设计雨力，即 1h 设计雨量，mm/h；

$\quad\quad t$——暴雨历时，h；

$\quad\quad \lambda$——经验参数。

表 5 - 1 暴 雨 参 数 取 值 范 围

暴雨参数	取值范围	精度
S_p	$P_2 \sim 100$	0.1
n_s	$0.01 \sim 1$	0.01
λ	$0.001 \sim 0.12$	0.001

（3）由步骤（2）计算得的暴雨参数值，用式（5-3）和式（5-4）可以计算最大第 1h～最大第 6h 的雨量；根据设计雨型，得到典型时段内每小时的雨量 H_{p1}，H_{p2}，…，H_{p6}。

（4）使用双曲正切产流模型与单位线流域汇流模型进行产汇流分析，计算由典型时段内各个小时降雨所形成的洪峰流量 Q_m。

（5）如果 $|Q_m - Q| > 1\mathrm{m}^3/\mathrm{s}$，则用二分法重新假设 H。

（6）重复步骤（2）～步骤（5），直到 $|Q_m - Q| \leqslant 1\mathrm{m}^3/\mathrm{s}$ 时，典型时段内各小时的降雨总量即为临界雨量。

依据上述计算步骤，反推得到危险沿河村落的动态临界雨量。

5.2.4 综合确定雨量预警指标

综合确定预警指标时，应考虑防灾对象所处河段河谷形态、洪水上涨速率、预警响应时间和站点位置等因素，在临界雨量的基础上综合确定准备转移和立即转移的预警指标；并利用该预警指标进行暴雨洪水复核校正，以避免与成灾水位及相应的暴雨洪水频率差异过大。

根据相关规定，综合确定预警指标时，应考虑防灾对象所处河段河谷形态、洪水上涨速率、预警响应时间和站点位置等因素，在临界雨量的基础上综合确定准备转移和立即转移的预警指标；并利用该预警指标进行暴雨洪水复核校正，以避免与成灾水位及相应的暴雨洪水频率差异过大。

通常情况下，由于临界雨量是从成灾水位对应流量的洪水推算得到的，故在数值上认为临界雨量即立即转移的指标，这是从洪水反算到降雨得出的信息；对于准备转移指标，为减少工作量考虑，可以通过折减手段在临界雨量基础上进行处理，但同时应当以该雨量的降雨过程进行暴雨洪水的复核，以避免与成灾水位及相应的暴雨洪水频率差异过大，增强成果的合理性。

在实际操作上，基于立即转移指标确定准备转移指标时，可以考虑以下两种方法：①在洪水过程线上，按成灾水位流量出现前 30min 左右对应的流量，反算相应的时段雨量，将该雨量作为准备转移指标；②以控制断面平滩流量反算相应的时段雨量，将该雨量作为准备转移指标。

5.3 水位预警

5.3.1 水位预警的优势

1. 概念明确

对于溪河洪水灾害，当前主要采用雨量预警或水位预警。对于当地群众而言，最为熟悉的指标是本地河流上涨幅度，采用水位预警指标物理概念相对直接。在山洪灾害预警中，判断一个居民点是否会发生山洪灾害，最终都要归结为比较溪沟或者河道里的洪水位与预警点居民区高程的关系，即洪水位与成灾水位的关系。与雨量预警指标相比，水位预警指标概念更明确，省去了雨量预警指标中由降雨推求洪水的过程，使用更方便。

2. 可靠性强

由降雨发展为溪河洪水是一系列复杂的水文过程，当前的水文模型一般包括产流、坡面汇流、河道洪水演进等，采用雨量预警时，常常受到降雨预报不准确、水文模型不合理、人为活动等因素影响，而水位预警则省去了由雨转换为水的过程，可靠性更强。

3. 适用范围广

山洪灾害常见有支沟主沟汇流洪水顶托、山塘、小水库等调蓄工程、地下河或雪山融水、流木堵桥等情况，这种山洪体现在降雨和洪水没有直接对应关系，采用水位进行预警，因此，水位预警在山洪灾害防御中有其独特的作用，适用范围较广。相比雨量预警，水位预警对应的响应时间较短，缺少了产流、汇流的时间，只有洪水演进的时间可资源利用。

5.3.2 临界水位计算

水位预警指标是下游危险区成灾水位相应流量对应上游水位站相应流量的水位。水位站临界水位的计算有两种方法：一为水面线推算，根据成灾水位对应的流量按水面线法推算上游水位站的相应水位；二为首先推求水位站的水位流量关系，在关系线上查下游危险村成灾流量的相应水位。水位站水位流量关系采用比降面积法。比降面积法计算公式如下：

$$Q_C = \frac{\overline{K} S_C^{\frac{1}{2}}}{\sqrt{1 - \frac{(1-\xi)\overline{\alpha} \overline{K}^2}{2gL} \left(\frac{1}{A_\pm^2} - \frac{1}{A_\mp^2} \right)}} \tag{5-5}$$

式中 Q_C——恒定流流量，m^3/s；

$A_\pm$、$A_\mp$——比降上、下断面过水面积，m^2；

g——重力加速度，$g=9.81$，m/s^2；

L——比降上、下断面间距，m；

S_c——恒定流态下的水面比降；

ξ——断面沿程收缩或扩散系数（收缩取负号，扩散取正号带入公式），河段段面收缩时，一般可取 $\xi=0$；断面突然扩散时，$\xi=0.5\sim1.0$；逐渐扩散时，$\xi=0.3\sim0.5$，一般可取 $\xi=0.3$；

α——动能矫正系数，与断面上流速分布均匀是否有关，一般比较顺直、底坡不大且断面较规则的河段，其值介于 $1.05\sim1.15$ 之间，取 $\alpha=1$。对于山区河流，当底坡较大，且断面较规则、流速分布极不均匀时，可用下式近似计算。即

$$\alpha=\frac{(1+\xi)^3}{1+3\xi} \tag{5-6}$$

其中

$$\varepsilon=\frac{V_m}{V}-1$$

式中　V_m——断面上最大点流速；

V——断面平均流速；

$\overline{K}$——河段平均输水率。当具有比降上、中、下断面，过水断面沿程收缩或扩散变化不均匀，包括上河段收或扩；下河段扩或收，$\overline{K}$ 值的计算公式为

$$\overline{K}=\frac{A_上\,R_上^{\frac{2}{3}}+2A_中\,R_中^{\frac{2}{3}}+A_下\,R_下^{\frac{2}{3}}}{4n} \tag{5-7}$$

式中　　　　n——河段平均糙率；

$A_上$、$A_中$、$A_下$——上、中、下比降断面过水面积，m^2；

$R_上$、$R_中$、$R_下$——比降上、中、下断面的水力半径，m。

水力半径与断面平均水深一般有良好的关系，可以根据一次实测断面资料计算，并建立断面平均水深与水力半径关系线。当宽深比 $B/\overline{h}\geqslant100$ 时，也可用平均水深直接代替水力半径。但一个河段内各断面各级水位应一致。

5.3.3　综合确定水位预警指标

在以溪河洪水为主的山洪沟采用水位预警的方式，具有物理概念明确、可靠性强、适用范围广的优势，水位监测站配合本地化的预警设备还可对强行涉水过河、漂流、河边宿营等情况起到警示作用，在山洪灾害防御中具有其独特的作用。可通过临界水位分析综合水位预警指标：

（1）立即转移指标：临界水位即为水位预警的立即转移指标。

（2）准备转移指标：将临界水位减去 0.3m 作为水位预警的准备转移指标。

加强水位预警的四点建议：一是建设简易水位报警器；二是调整水位报警器的布设原则；三是根据下游保护对象分布和预警区间范围，确定上游水位站的水位预警指标，增加洪水速升的预警指标；四是逐步形成以雨量预警和水位预警互补的山洪灾害防御

体系。

在年降雨量达到 800 mm 以上，沿河村落人口集中的区域可增加配置水位监测站，形成以雨量预警和水位预警互补的体系。降雨发生后，首先根据雨量进行警戒，而后根据雨情、水情的发展逐步启动雨量预警指标、水位预警指标，以提高预警指标体系的可靠度，弥补单独用雨量预警或单独用水位预警而带来的自身缺陷。

第6章 工 程 实 例 分 析

本章以某县 M 流域为例进行工程实例分析。

6.1 分析评价基础工作

山西省北部 M 流域，地处黄土高原地区。根据所处某县山洪灾害普查结果，非工程措施建设实施方案中共确定了 13 个乡镇、120 个行政村，本次评价主要针对溪河洪水影响对象进行，不包括滑坡、泥石流以及干流对支流产生明显顶托等情形。根据内外业调查成果以及当地防洪减灾、地区发展等实际需求，该县共确定了 77 个沿河村落作为分析评价对象。M 流域的面积为 156.79km²，主沟道长度为 21.10 km，比降为 27.50‰，流域内河流自东北向西南流动，地貌以变质岩灌丛山地和黄土丘陵阶地为主。其包括 A 村、B 村、C 村、D 村、E 村、F 村、G 村、H 村、I 村、J 村、K 村和 L 村 12 个村。其流域如图 6－1所示。

图 6-1　M流域图

根据 M 流域危险村落普查结果，列表见表 6－1。

此次山洪灾害评价工作底图选用测绘院提供的 2.5m 精度的某县遥感影像图。结合沿河村落分布情况和分析评价需要对流域信息进行收集整理。因某县 M 流域内均缺乏长系列的降雨和洪水实测资料，故本次采用《山西省水文手册》中有关设计暴雨和设计洪水的

表 6 - 1   某县 M 流域山洪灾害危险村落普查结果统计表

村落名称	行政区划代码	所属乡镇	村落名称	行政区划代码	所属乡镇
A 村		N 乡	G 村		N 乡
B 村		N 乡	H 村		N 乡
C 村		N 乡	I 村		N 乡
D 村		N 乡	J 村		N 乡
E 村		N 乡	K 村		N 乡
F 村		N 乡	L 村		N 乡

相关图集和资料，作为 M 流域山洪灾害分析评价的参考依据。

另外，根据工作底图，了解某县 M 流域的植被和土壤的空间分布情况，并结合实地查勘，在《山西省水文手册》中水文下垫面产流地类图和汇流地类图上进行修正，核算流域产、汇流地类面积，得出结果，某县 M 流域信息表见表 6 - 8。

设计暴雨、设计洪水及汇流时间的确定均采用《山西省水文手册》中的流域模型法，该方法是在分析了山西境内各小流域特点的基础上，总结归纳得出的水文计算方法，对山洪过程的降雨、产流和汇流等环节的模拟比较稳定，并且参数的选取经过了大量实测资料的验证，因此可直接采用，使用相关软件得出计算结果。

6.2　设计暴雨计算

根据《山西省水文手册》的计算方法，确定本次计算暴雨历时为 10min、60min、6h、24h 和 3d 共计 5 种。暴雨频率确定为 1%、2%、5%、10% 和 20%，与其对应的暴雨重现期为 100 年一遇、50 年一遇、20 年一遇、10 年一遇和 5 年一遇 5 种，计算中不考虑可能最大暴雨 PMP 的分析。

M 流域位于山西省水文分区的北区，故直接采用《山西省水文手册》中北区主雨日 24h 雨型模板为设计雨型。

因某县无降雨实测资料，所以对 M 流域河流计算单元采用间接法计算，主要包括如下一些计算步骤。

1. 设计暴雨有关参数查算

根据《山西省水文手册》中的成果图表和计算方法，查算设计暴雨参数，包括定点暴雨均值 $\overline{H}$ 和变差系数 C_v、偏态系数和变差系数比值 C_s/C_v、模比系数 K_p 和点面折减系数。

2. 时段设计雨量计算

使用山西省水文计算软件分别对设计点雨量、设计面雨量进行计算。

3. 设计暴雨时程分配

将各频率时段雨量按山西省北区设计雨型采用时段雨量序位法进行时程分配，结果填入"某县 M 流域设计暴雨时程分配表"。

根据设计雨型表和时段雨量计算的成果,采用时段雨量序位法对各频率的时段设计雨量进行时程分配。计算成果见表 6-2、表 6-3。

表 6-2　　　　　　　　　　　　　　某县 M 流域设计暴雨成果表

序号	村庄	历时	均值 /mm	变差系数 C_v	C_s/ C_v	重现期雨量值/mm				
						100 年 ($H_{1\%}$)	50 年 ($H_{2\%}$)	20 年 ($H_{5\%}$)	10 年 ($H_{10\%}$)	5 年 ($H_{20\%}$)
1	A 村	10min	9.7	0.52	3.5	26.0	22.8	18.6	15.4	12.1
		60min	18.8	0.51	3.5	49.3	43.5	35.6	29.6	23.5
		6h	31.8	0.47	3.5	81.8	72.5	60.0	50.4	40.5
		24h	44.5	0.45	3.5	109.3	97.4	81.5	69.1	56.4
		3d	55.7	0.45	3.5	139.0	124.0	103.8	88.1	71.8
2	B 村	10min	14.2	0.51	3.5	33.9	29.8	24.5	20.4	16.2
		60min	26	0.5	3.5	61.5	54.2	44.3	36.8	29.2
		6h	40.6	0.53	3.5	108.5	95.3	77.9	64.5	51.0
		24h	62.5	0.52	3.5	164.5	144.5	117.9	97.5	76.9
		3d	80	0.49	3.5	208.2	184.3	152.2	127.5	102.2
3	C 村	10min	13.7	0.48	3.5	30.8	27.3	22.6	19.0	15.4
		60min	25	0.49	3.5	56.7	50.0	41.1	34.2	27.3
		6h	37.5	0.52	3.5	99.0	87.2	71.5	59.5	47.3
		24h	59	0.49	3.5	146.3	129.3	106.5	89.0	71.2
		3d	76	0.48	3.5	193.9	172.0	142.6	119.8	96.5
4	D 村	10min	14.2	0.5	3.5	33.5	29.5	24.3	20.3	16.2
		60min	25	0.5	3.5	60.8	53.5	43.7	36.3	28.7
		6h	40	0.53	3.5	105.1	92.4	75.5	62.6	49.6
		24h	60	0.5	3.5	155.0	136.6	112.1	93.4	74.3
		3d	77.5	0.48	3.5	198.9	176.4	146.2	122.8	98.9
5	E 村	10min	13.5	0.47	3.5	31.1	27.6	22.9	19.3	17.6
		60min	24.4	0.49	3.5	59.1	52.1	42.9	35.7	33.6
		6h	40	0.51	3.5	103.9	91.6	75.2	62.6	58.7
		24h	59.5	0.49	3.5	152.2	134.5	110.9	92.7	88.1
		3d	76	0.49	3.5	199.4	176.5	145.7	122.0	118.2
6	F 村	10min	13.7	0.48	3.5	13.6	23.7	19.8	16.8	13.6
		60min	25	0.49	3.5	25.8	46.3	38.2	32.1	25.8
		6h	40	0.53	3.5	46.4	84.9	69.8	58.2	46.4
		24h	60	0.51	3.5	70.8	129.8	106.6	88.9	70.8
		3d	78	0.49	3.5	96.9	173.1	143.3	120.4	96.9

序号	村庄	历时	均值/mm	变差系数 C_v	C_s/C_v	重现期雨量值/mm				
						100年（$H_{1\%}$）	50年（$H_{2\%}$）	20年（$H_{5\%}$）	10年（$H_{10\%}$）	5年（$H_{20\%}$）
7	G村南	10min	13.1	0.46	3.5	33.6	29.9	24.9	21.1	17.2
		60min	24.1	0.47	3.5	62.8	55.8	46.4	39.1	31.7
		6h	35.1	0.53	3.5	106.5	93.5	76.1	62.9	49.6
		24h	58.9	0.5	3.5	161.2	142.3	117.1	97.8	78.1
		3d	76.7	0.44	3.5	189.9	169.8	142.7	121.6	99.8
	G村西	10min	13.1	0.46	3.5	33.6	29.9	24.9	21.1	17.2
		60min	24.1	0.47	3.5	62.8	55.8	46.4	39.1	31.7
		6h	35.1	0.53	3.5	106.5	93.5	76.1	62.9	49.6
		24h	58.9	0.5	3.5	161.2	142.3	117.1	97.8	78.1
		3d	76.7	0.44	3.5	189.9	169.8	142.7	121.6	99.8
8	H村	10min	13.4	0.46	3.5	29.2	26.0	21.7	18.4	15.0
		60min	24.5	0.49	3.5	58.0	51.1	42.0	35.0	27.9
		6h	40	0.53	3.5	104.4	91.8	75.0	62.2	49.2
		24h	59.5	0.5	3.5	152.9	134.8	110.7	92.2	73.4
		3d	77	0.49	3.5	200.3	177.3	146.4	122.6	98.3
9	I村	10min	12.7	0.43	3.5	30.9	27.7	23.4	20.0	16.5
		60min	24	0.44	3.5	59.4	53.1	44.6	38.1	31.2
		6h	39.7	0.57	3.5	121.2	105.6	84.9	69.2	53.5
		24h	61.9	0.55	3.5	183.3	160.2	129.7	106.5	83.1
		3d	78.5	0.55	3.5	232.5	203.2	164.5	135.0	105.4
10	J村	10min	12.9	0.47	3.5	31.1	27.6	22.9	19.3	15.5
		60min	23.9	0.49	3.5	59.2	52.2	43.0	35.9	28.6
		6h	40	0.53	3.5	111.5	97.7	79.5	65.6	51.5
		24h	62.5	0.56	3.5	180.7	157.4	126.7	103.4	80.1
		3d	79	0.56	3.5	233.8	204.0	164.4	134.3	104.2
11	K村	10min	79	0.6	3.5	24.9	22.1	18.4	15.5	12.6
		60min	79	0.6	3.5	50.9	45.4	38.0	32.2	26.3
		6h	79	0.6	3.5	99.0	87.5	72.2	60.4	48.4
		24h	79	0.6	3.5	159.7	139.2	111.9	91.3	70.6
		3d	79	0.6	3.5	229.3	199.3	159.4	129.2	99.2
12	L村	10min	9.6	0.52	3.5	26.0	22.8	18.6	15.4	12.1
		60min	18.8	0.51	3.5	49.3	43.5	35.6	29.6	23.5
		6h	31.8	0.47	3.5	81.8	72.5	60.0	50.4	40.5
		24h	44.5	0.45	3.5	109.3	97.4	81.5	69.1	56.4
		3d	55.7	0.45	3.5	139.0	124.0	103.8	88.1	71.8

表 6 - 3　　　　　　　　　　　　　　**某县 M 流域设计暴雨时程分配表**

序号	村庄名称	时段长	时段序号	重现期时段雨量值/mm				
				100 年 ($H_{1\%}$)	50 年 ($H_{2\%}$)	20 年 ($H_{5\%}$)	10 年 ($H_{10\%}$)	5 年 ($H_{20\%}$)
1	A 村	0.5h	1	1.85	1.67	1.42	1.22	1.01
			2	2.10	1.89	1.60	1.38	1.14
			3	7.56	6.73	5.62	4.75	3.86
			4	41.96	36.91	30.20	25.08	19.87
			5	4.82	4.31	3.62	3.07	2.51
			6	3.60	3.22	2.72	2.32	1.90
			7	2.89	2.60	2.19	1.88	1.54
			8	2.43	2.18	1.85	1.58	1.31
			9	1.37	1.24	1.06	0.91	0.76
			10	1.27	1.14	0.98	0.85	0.71
			11	1.66	1.49	1.27	1.09	0.91
			12	1.50	1.35	1.15	1.00	0.83
2	B 村	0.5h	1	3.91	3.43	2.79	2.30	1.81
			2	4.33	3.80	3.09	2.56	2.01
			3	12.53	11.01	8.97	7.42	5.85
			4	49.02	43.14	35.36	29.38	23.32
			5	8.61	7.57	6.16	5.10	4.02
			6	6.76	5.94	4.83	3.99	3.15
			7	5.64	4.95	4.03	3.33	2.62
			8	4.88	4.29	3.49	2.88	2.27
			9	3.06	2.69	2.19	1.81	1.42
			10	2.87	2.51	2.05	1.69	1.33
			11	3.57	3.13	2.55	2.10	1.66
			12	3.29	2.89	2.35	1.94	1.53
3	C 村	0.5h	1	3.48	3.07	2.52	2.09	1.66
			2	3.88	3.42	2.80	2.32	1.85
			3	11.67	10.23	8.31	6.85	5.37
			4	45.07	39.81	32.80	27.40	21.92
			5	7.93	6.96	5.67	4.68	3.68
			6	6.17	5.42	4.42	3.66	2.89
			7	5.11	4.50	3.67	3.04	2.41
			8	4.40	3.87	3.17	2.63	2.08
			9	2.69	2.38	1.96	1.63	1.31
			10	2.51	2.22	1.83	1.53	1.22
			11	3.16	2.79	2.29	1.91	1.52
			12	2.91	2.57	2.11	1.76	1.40

序号	村庄名称	时段长	时段序号	重现期时段雨量值/mm				
				100年 ($H_{1\%}$)	50年 ($H_{2\%}$)	20年 ($H_{5\%}$)	10年 ($H_{10\%}$)	5年 ($H_{20\%}$)
4	D村	0.5h	1	3.65	3.21	2.63	3.21	3.65
			2	4.07	3.58	2.92	3.58	4.07
			3	12.25	10.74	8.71	10.74	12.25
			4	48.53	42.71	35.00	42.71	48.53
			5	8.32	7.30	5.93	7.30	8.32
			6	6.47	5.68	4.62	5.68	6.47
			7	5.36	4.71	3.84	4.71	5.36
			8	4.61	4.05	3.31	4.05	4.61
			9	2.83	2.49	2.05	2.49	2.83
			10	2.64	2.33	1.91	2.33	2.64
			11	3.32	2.92	2.40	2.92	3.32
			12	3.05	2.69	2.20	2.69	3.05
5	E村	0.5h	1	3.68	3.24	2.66	2.21	1.17
			2	4.11	3.62	2.96	2.46	1.30
			3	12.57	11.03	8.96	7.39	3.93
			4	46.50	41.09	33.90	28.35	18.32
			5	8.52	7.48	6.09	5.03	2.66
			6	6.60	5.80	4.73	3.91	2.07
			7	5.45	4.79	3.91	3.24	1.71
			8	4.67	4.11	3.36	2.79	1.48
			9	2.82	2.49	2.05	1.71	0.91
			10	2.63	2.32	1.91	1.60	0.85
			11	3.33	2.94	2.41	2.01	1.07
			12	3.05	2.70	2.22	1.85	0.98
6	F村	0.5h	1	3.73	3.21	2.62	2.17	1.72
			2	4.21	3.57	2.91	2.41	1.91
			3	13.27	10.31	8.40	6.96	5.50
			4	39.37	35.98	29.84	25.11	20.25
			5	9.03	7.12	5.80	4.80	3.79
			6	6.96	5.59	4.55	3.77	2.98
			7	5.70	4.66	3.80	3.15	2.48
			8	4.84	4.03	3.29	2.72	2.15
			9	2.78	2.51	2.05	1.70	1.34
			10	2.56	2.34	1.91	1.59	1.26
			11	3.35	2.93	2.39	1.98	1.57
			12	3.04	2.70	2.20	1.83	1.45

序号	村庄名称	时段长	时段序号	重现期时段雨量值/mm				
				100年 ($H_{1\%}$)	50年 ($H_{2\%}$)	20年 ($H_{5\%}$)	10年 ($H_{10\%}$)	5年 ($H_{20\%}$)
7	G村南	0.25h	1	1.84	1.61	1.31	1.08	0.85
			2	1.93	1.69	1.37	1.13	0.89
			3	2.03	1.78	1.45	1.19	0.94
			4	2.15	1.89	1.53	1.26	0.99
			5	5.44	4.77	3.86	3.17	2.48
			6	10.08	8.85	7.17	5.90	4.60
			7	37.16	32.99	27.42	23.12	18.67
			8	6.94	6.08	4.93	4.05	3.16
			9	4.54	3.98	3.22	2.65	2.07
			10	3.92	3.44	2.79	2.29	1.79
			11	3.48	3.05	2.47	2.03	1.59
			12	3.13	2.74	2.23	1.83	1.43
	G村西	0.25h	1	1.83	1.61	1.31	1.08	0.85
			2	1.93	1.69	1.37	1.13	0.89
			3	2.03	1.78	1.45	1.19	0.93
			4	2.15	1.88	1.53	1.26	0.99
			5	5.43	4.76	3.85	3.17	2.47
			6	10.04	8.82	7.15	5.87	4.59
			7	36.95	32.80	27.27	22.99	18.56
			8	6.92	6.07	4.91	4.04	3.15
			9	4.53	3.97	3.21	2.64	2.06
			10	3.91	3.43	2.78	2.29	1.78
			11	3.47	3.04	2.46	2.03	1.58
			12	3.12	2.74	2.22	1.83	1.43
8	H村	0.5h	1	3.79	3.33	2.71	2.24	1.76
			2	4.25	3.72	3.02	2.49	1.96
			3	13.02	11.37	9.17	7.50	5.82
			4	44.98	39.77	32.84	27.50	22.04
			5	8.85	7.73	6.24	5.11	3.98
			6	6.85	5.99	4.84	3.97	3.10
			7	5.65	4.95	4.01	3.29	2.57
			8	4.84	4.24	3.44	2.83	2.22
			9	2.90	2.55	2.08	1.73	1.37
			10	2.69	2.37	1.94	1.61	1.28
			11	3.44	3.02	2.46	2.03	1.60
			12	3.14	2.76	2.25	1.87	1.47

序号	村庄名称	时段长	时段序号	重现期时段雨量值/mm				
				100 年 ($H_{1\%}$)	50 年 ($H_{2\%}$)	20 年 ($H_{5\%}$)	10 年 ($H_{10\%}$)	5 年 ($H_{20\%}$)
9	I 村	0.25h	1	2.24	1.94	1.54	1.24	0.94
			2	2.34	2.03	1.61	1.30	0.99
			3	2.46	2.13	1.69	1.37	1.04
			4	2.59	2.24	1.79	1.44	1.10
			5	6.04	5.27	4.25	3.47	2.68
			6	10.60	9.31	7.58	6.25	4.88
			7	33.59	30.02	25.25	21.52	17.64
			8	7.54	6.60	5.34	4.38	3.39
			9	5.11	4.46	3.59	2.92	2.25
			10	4.48	3.90	3.13	2.55	1.95
			11	4.01	3.49	2.79	2.27	1.74
			12	3.64	3.17	2.53	2.06	1.57
10	J 村	0.5	1	4.44	3.86	3.09	2.51	1.92
			2	4.88	4.24	3.40	2.76	2.12
			3	12.97	11.37	9.23	7.61	5.94
			4	46.22	40.86	33.75	28.28	22.62
			5	9.17	8.02	6.48	5.32	4.13
			6	7.33	6.40	5.16	4.22	3.26
			7	6.21	5.41	4.35	3.55	2.74
			8	5.44	4.74	3.80	3.10	2.39
			9	3.56	3.08	2.46	1.99	1.52
			10	3.35	2.90	2.31	1.87	1.43
			11	4.09	3.55	2.84	2.30	1.76
			12	3.80	3.30	2.63	2.13	1.63
11	K 村	1h	1	4.28	1.12	3.28	2.83	2.36
			2	40.45	0.78	29.86	25.18	20.37
			3	8.64	1.19	6.52	5.58	4.59
			4	5.65	2.32	4.30	3.70	3.06
			5	2.95	2.06	2.28	1.97	1.66
			6	3.48	3.86	2.68	2.32	1.94
12	L 村	1h	1	4.48	4.08	3.52	3.08	2.62
			2	40.36	35.82	29.76	25.07	20.27
			3	8.90	8.02	6.81	5.86	4.88
			4	5.87	5.32	4.56	3.97	3.34
			5	3.11	2.85	2.49	2.20	1.89
			6	3.66	3.34	2.90	2.55	2.18

4. 计算过程

采用山西省水文计算手册实用程序软件对某县 M 流域 12 个重点评价的沿河村落进行点雨量计算，计算过程如图 6-2 所示。

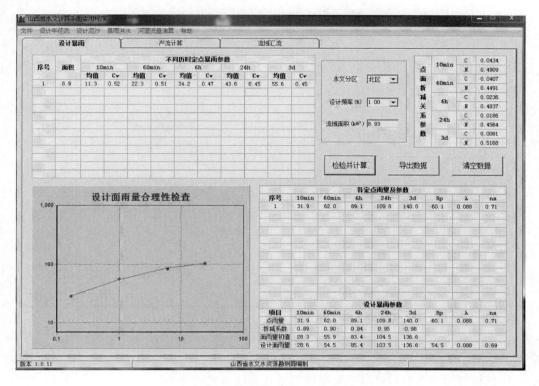

图 6-2　设计暴雨计算过程（一）

6.3　设计洪水分析

根据之前所述，洪水频率与暴雨频率对应，因此洪水频率亦为 1%、2%、5%、10% 和 20%，与其对应的暴雨重现期为 100 年一遇、50 年一遇、20 年一遇、10 年一遇和 5 年一遇 5 种，计算中不考虑可能最大暴雨 PMP 的分析。

本次设计洪水采用流域模型法计算，分产流计算和汇流计算两部分。产流计算包括设计净雨深和设计净雨过程计算两部分，前者采用双曲正切模型计算，后者采用变损失率推理扣损法计算；汇流计算采用综合瞬时单位线计算。采用山西省水文计算手册实用程序软件对某县 M 流域计算单元进行主雨历时、主雨雨量和净雨深计算，如图 6-3 所示。具体计算方法详见第 3 章。

由于沿河村落所处地方均是小流域区，缺乏实测流量资料，设计洪水的合理性分析采用上下游及干支流洪水的关系合理性分析的方法。

在同一个小流域的上下游之间洪峰及洪量的设计参数一般存在较密切的关系。当上下

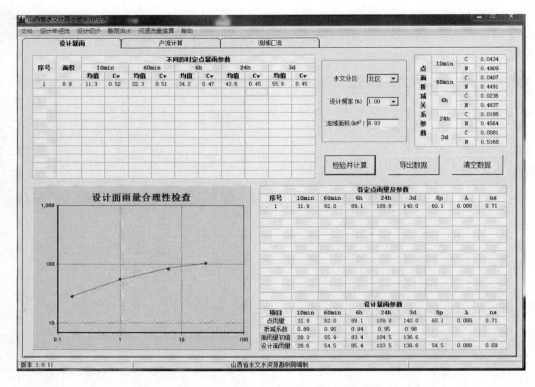

图 6-3 设计暴雨计算过程（二）

游气候、地形等条件相似时，洪峰流量的均值应该由上游向下游递增，洪峰模数则递减。某县 M 流域评价村落的设计洪水与洪峰模数计算结果见表 6-4。

表 6-4 某县 M 流域设计洪水（P＝1%）洪峰模数表

序号	村落名称	集水面积/km²	最大洪峰流量/(m³·s⁻¹)	洪峰模数/[m³·(s·km²)⁻¹]
1	A村	4.2	76.8	18.3
2	B村	16.23	298.4	18.4
3	C村	19.81	405	20.4
4	D村	60.25	243	4.0
5	E村	9.38	177.6	18.9
6	F村	75.77	1520.7	20.1
7	G村南	1.11	33.8	30.5
	G村西	1.43	41.1	28.7
8	H村	16.69	382.7	22.9
9	I村	2.69	67.6	25.1
10	J村	3.75	84.7	22.6
11	K村	130.3	973.2	7.5
12	L村	137.9	910.2	6.6

我们对 M 流域进行分析，由表 6-4 可以看出，百年一遇设计洪峰流量自上游向下游为 33.8～1520.7m³/s，洪峰模数则由 30.5s/km² 递减至 4.0s/km²，表明计算成果基本合理。

设计洪水计算成果见表 6-10。

6.4 现状防洪能力评价

现状防洪能力评价需进行水面线计算、危险区范围确定、成灾水位的确定等。水面线计算采用 HEC-RAS 软件对某县 M 流域沿河危险村落在设计频率洪水下的水面线进行计算，并对有防洪堤、桥梁、涵洞等涉水建筑物的水面线进行合理分析，生成各沿河村落每个横断面的形态图、流量及水位过程曲线、河道三维断面图等分析图表。危险区及成灾水位的确定均按照第 4 章中有关内容确定。

6.4.1 现状防洪能力评价

1. A 村村落概况

A 村位于 M 流域，控制断面以上流域面积为 4.2km²，河长 4.00km，比降为 7.3.00‰，河宽 30～50m，两岸有坝，坝高 1.5m，全村 465 户，人口 1174 人。居民沿河居住。

A 村河床为卵石，河道较顺直，断面形状比较规整，河的两岸为石块，部分河段有乱石堆砌的护坡，且坡度较大。综合分析确定 A 村河段主槽糙率为 0.034，滩地糙率为 0.036。

（1）各频率设计水面线推求。利用流域模型法计算的各单元不同频率的设计洪峰流量成果推求其对应河段的水面线，如图 6-4 所示。该村危险居民户高程位于 20%～5% 水面线之间，则 A 村为高危险区。

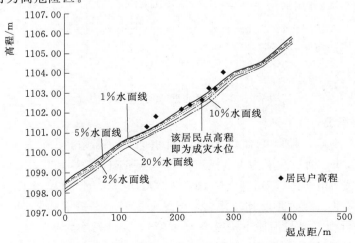

图 6-4 A 村居民户高程与水面线对比示意图

（2）水位流量关系计算。控制断面水位流量关系由 5 个频率的设计洪水流量与相应洪水水位绘制而成，从这条曲线上可以利用成灾水位反推成灾水位对应的流量，如图 6-5 所示。

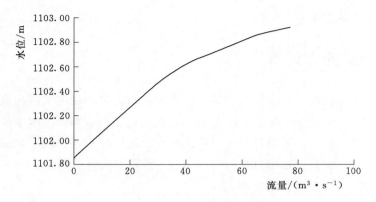

图 6-5　A 村控制断面水位流量关系曲线图

（3）成灾水位对应频率的确定。根据水位流量关系推求成灾水位对应的洪峰流量，再用插值法在流量频率曲线中确定该流量对应的频率，换算成重现期，即为该沿河村落的现状防洪能力。

由图 6-6 可以得出，A 村的现状防洪能力重现期为 11.4 年。

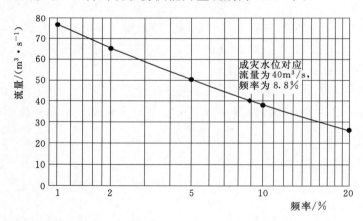

图 6-6　A 村成灾水位对应的洪水频率

2. B 村村落概况

B 村位于 M 流域，控制断面以上流域面积为 16.23 km²，河长 7.11 km，比降为 19.00‰，河宽 23m，河道左岸为 108 国道，右岸为浆砌石护坎，坎高 1.5m，村中间有一座桥，长 23m、宽 7m、高 2.5m。全村 167 户，人口 580 人。居民沿河居住。

B 村河道较顺直，断面形状比较规整，但是河的两岸有树木和杂草，河床主要有碎石和沙土。综合分析确定 B 村河段主槽糙率为 0.024，滩地糙率为 0.032。

（1）各频率设计水面线推求。利用流域模型法计算的各单元不同频率的设计洪峰流量成果推求其对应河段的水面线，如图 6-7 所示。B 村危险居民户高程位于 20% 水面线之下，由于 B 村有 15 年的防洪堤坝，所以堤坝水面线以下居民在堤坝防洪能力年限内安全，即其防洪能力在 15～20 年之间，所以 B 村属于高危险区。

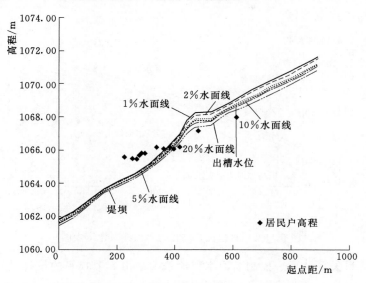

图 6-7　B 村居民户高程与水面线对比示意图

（2）水位流量关系计算。控制断面水位流量关系由 5 个频率的设计洪水流量与相应洪水水位绘制而成，从这条曲线上可以利用成灾水位反推成灾水位对应的流量，如图 6-8 所示。

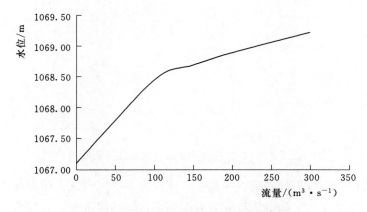

图 6-8　B 村控制断面水位流量关系曲线图

3. C 村村落概况

C 村位于 M 流域，控制断面以上流域面积为 19.81km²，河长 6.34 km，比降为 40.00‰，河宽 30m，两岸有护坎，坎高 1.3m，村南有座桥，长 15m、宽 6m、高 3.5m。全村 225 户，人口 872 人。居民沿河居住。

C 村河道较不顺直，河床内为卵石，较为平整，岸边长有杂草，水流比较畅通。综合分析确定 C 村河段主槽糙率为 0.028，滩地糙率为 0.030。

（1）各频率设计水面线推求。利用流域模型法计算的各单元不同频率的设计洪峰流量成果推求其对应河段的水面线，如图 6-9 所示。该村危险居民户高程位于 10%～5% 水面线之间，则 C 村为高危险区。

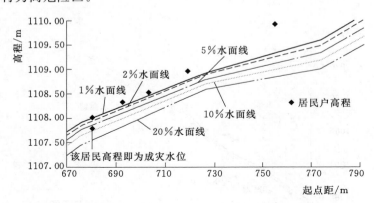

图 6-9　C 村居民户高程与水面线对比示意图

（2）水位流量关系计算。控制断面水位流量关系由 5 个频率的设计洪水流量与相应洪水水位绘制而成，从这条曲线上可以利用成灾水位反推成灾水位对应的流量，如图 6-10 所示。

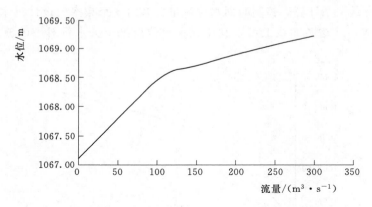

图 6-10　C 村控制断面水位流量关系曲线图

（3）成灾水位对应频率的确定。根据水位流量关系推求成灾水位对应的洪峰流量，再用插值法在流量频率曲线中确定该流量对应的频率，换算成重现期，即为该沿河村落的现状防洪能力。

由图 6-11 可以得出，C 村的现状防洪能力重现期 14 年。

4. D 村村落概况

D 村位于 M 流域，控制断面以上流域面积为 60.25km²，河长 11.28km，比降为 22.00‰，河道宽 20～30m，两岸有护村坎，坎高 1.5m，全村 164 户，人口 448 人。居民沿河居住。

D 村河的两岸为土质，部分河段有垃圾堆放，但是河道较顺直，段面形状比较规整，

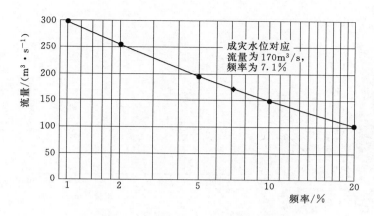

图6-11 C村成灾水位对应的洪水频率

河床为黄土组成。综合分析确定 D 村河段主槽糙率为 0.024,滩地糙率为 0.028。

（1）各频率设计水面线推求。利用流域模型法计算的各单元不同频率的设计洪峰流量成果推求其对应河段的水面线,如图6-12所示。该村危险居民户高程位于 20%～5% 水面线之间,则 D 村为高危险区。

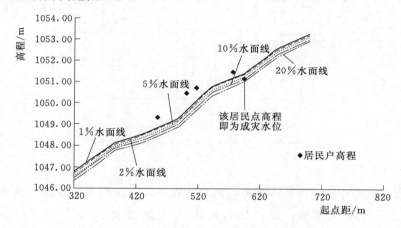

图6-12 D村居民户高程与水面线对比示意图

（2）水位流量关系计算。控制断面水位流量关系由 5 个频率的设计洪水流量与相应洪水水位绘制而成,从这条曲线上可以利用成灾水位反推成灾水位对应的流量,如图6-13所示。

（3）成灾水位对应频率的确定。根据水位流量关系推求成灾水位对应的洪峰流量,再用插值法在流量频率曲线中确定该流量对应的频率,换算成重现期,即为该沿河村落的现状防洪能力。

由图6-14可以得出,D村的现状防洪能力重现期14.5年。

5. E 村村落概况

E 村位于 M 流域,控制断面以上流域面积为 9.38km²,河长 4.73km,比降为 57.00‰,河道宽 30～40m,河流穿村而过,河道与两岸房地基高差 0.3～1m,全村 182

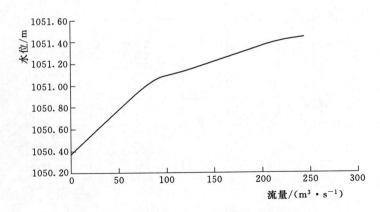

图 6-13　D村控制断面水位流量关系曲线图

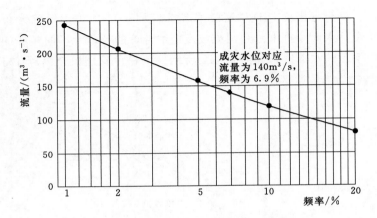

图 6-14　D村成灾水位对应的洪水频率

户，人口429人。

E村河床内为砂卵石，河道浅而宽，两岸为石块，河段两侧为滩地，主槽较规整，两侧河岸为砂土，水流较通畅。综合分析确定E村河段主槽糙率为0.028，滩地糙率为0.034。

（1）各频率设计水面线推求。利用流域模型法计算的各单元不同频率的设计洪峰流量成果推求其对应河段的水面线，如图6-15所示。该村危险居民户高程位于10%～5%水面线之间，则E村为高危险区。

（2）水位流量关系计算。控制断面水位流量关系由5个频率的设计洪水流量与相应洪水水位绘制而成，从这条曲线上可以利用成灾水位反推成灾水位对应的流量，如图6-16所示。

（3）成灾水位对应频率的确定。根据水位流量关系推求成灾水位对应的洪峰流量，再用插值法在流量频率曲线中确定该流量对应的频率，换算成重现期，即为该沿河村落的现状防洪能力。

由图6-17可以得出，E村的现状防洪能力重现期5.5年。

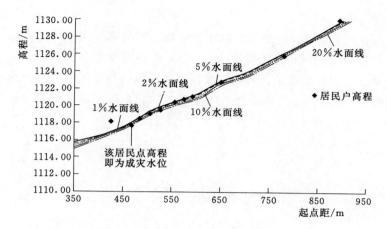

图 6-15 E村居民户高程与水面线对比示意图

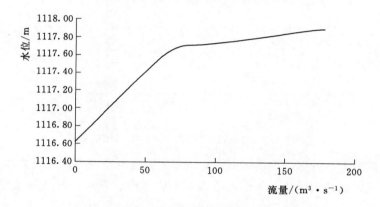

图 6-16 E村控制断面水位流量关系曲线图

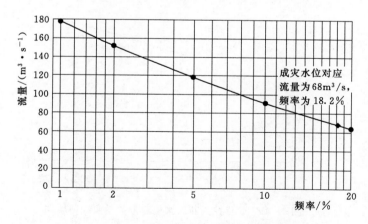

图 6-17 E村成灾水位对应的洪水频率

6. F村村落概况

F村位于M流域,控制断面以上流域面积为 75.77 km²,河长 1.53 km,比降为 17.00‰,主河道宽 25m,右岸为斜坡山体,左岸为石头护堤,全村 187 户,人口 459 人。

居民居住在河道左岸。

F村河道内有较多弯道，但断面形状比较规整，河的两岸为土质，河床为碎石和沙土组成。综合分析确定F村河段主槽糙率为0.024，滩地糙率为0.034。

（1）各频率设计水面线推求。利用流域模型法计算的各单元不同频率的设计洪峰流量成果推求其对应河段的水面线，如图6-18所示。该村危险居民户高程位于50%～20%水面线之间，则F村为危险区。

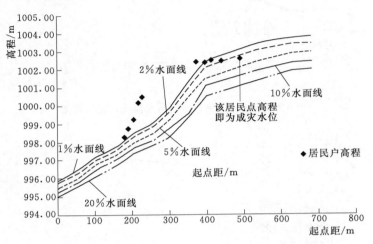

图6-18　F村居民户高程与水面线对比示意图

（2）水位流量关系计算。控制断面水位流量关系由5个频率的设计洪水流量与相应洪水水位绘制而成，从这条曲线上可以利用成灾水位反推成灾水位对应的流量，如图6-19所示。

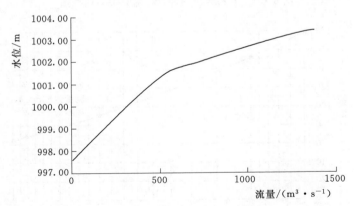

图6-19　F村控制断面水位流量关系曲线图

（3）成灾水位对应频率的确定。根据水位流量关系推求成灾水位对应的洪峰流量，再用插值法在流量频率曲线中确定该流量对应的频率，换算成重现期，即为该沿河村落的现状防洪能力。

由图6-20可以得出，F村的现状防洪能力重现期26年。

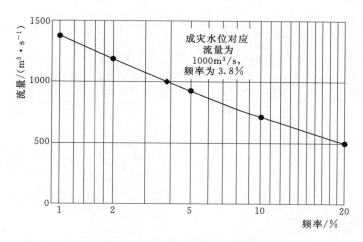

图 6-20 F 村成灾水位对应的洪水频率

7. G 村村落概况

G 村南位于 M 流域，控制断面以上流域面积为 1.11km²，河长 1.65km，比降为 57.48‰。全村 23 户，人口 39 人。居民沿河居住。

G 村南河道较顺直，河床内为卵石，较为平整，岸边长有杂草，水流比较畅通。综合分析确定 G 村南河段主槽糙率为 0.022，滩地糙率为 0.028。

G 村西位于 M 流域，控制断面以上流域面积为 1.43km²，河长 2.85km，比降为 116.2‰。全村 23 户，人口 39 人。居民沿河居住。

G 村西河道较顺直，河床内为砂石，较为平整，岸边长有杂草，水流比较畅通。综合分析确定 G 村西河段主槽糙率为 0.026，滩地糙率为 0.032。

（1）各频率设计水面线推求。利用流域模型法计算的各单元不同频率的设计洪峰流量成果推求其对应河段的水面线，如图 6-21 所示。G 村西危险居民户高程位于 5% 水面线之下，则 G 村西为极高危险区。G 村南危险居民户高程位于 20%～5% 水面线之间，则 G 村南为高危险区。

（2）水位流量关系计算。控制断面水位流量关系由 5 个频率的设计洪水流量与相应洪水水位绘制而成，从这条曲线上可以利用成灾水位反推成灾水位对应的流量，如图 6-22 所示。

（3）成灾水位对应频率的确定。根据水位流量关系推求成灾水位对应的洪峰流量，再用插值法在流量频率曲线中确定该流量对应的频率，换算成重现期，即为该沿河村落的现状防洪能力。

由图 6-23 可以得出，G 村西的现状防洪能力重现期 5.0 年，G 村南的现状防洪能力重现期 6.5 年。

8. H 村村落概况

H 村位于 M 流域，控制断面以上流域面积为 16.69 km²，河长 5.08 km，比降为 42.00‰，河道宽 10m，两岸各为 3m 宽的水泥路，路两边为居民，全村 133 户，人口 397 人。

H 村河道较顺直，段面形状极度不规整，且有坡度，河的两岸为庄稼地，河床为细砂。综合分析确定 H 村河段主槽糙率为 0.034，滩地糙率为 0.038。

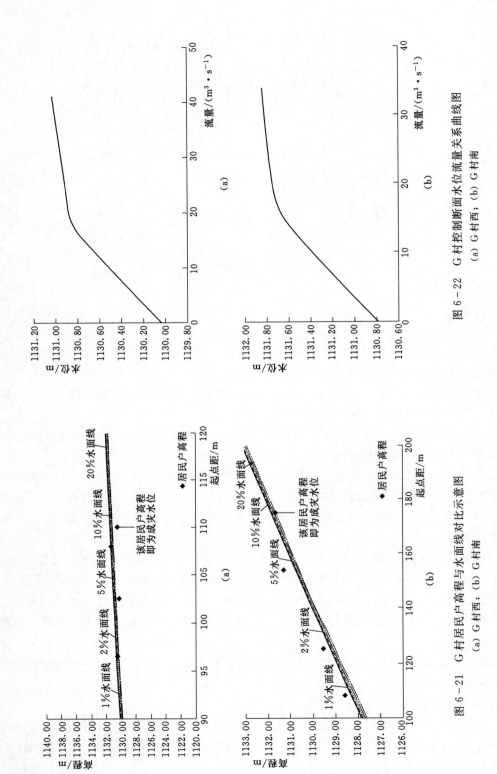

图 6-22 G 村控制断面水位流量关系曲线图
(a) G 村西；(b) G 村南

图 6-21 G 村居民户高程与水面线对比示意图
(a) G 村西；(b) G 村南

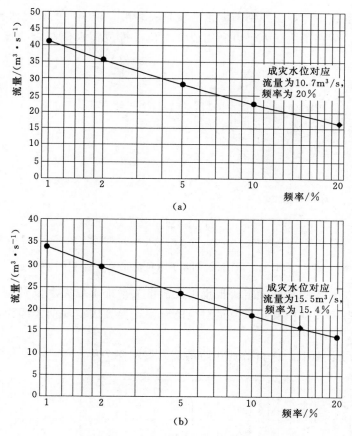

图 6-23 G 村成灾水位对应的洪水频率

(a) G 村西；(b) G 村南

（1）各频率设计水面线推求。利用流域模型法计算的各单元不同频率的设计洪峰流量成果推求其对应河段的水面线，如图 6-24 所示。H 村危险居民户高程位于 20%～5%水面线之间，则 H 村为高危险区。

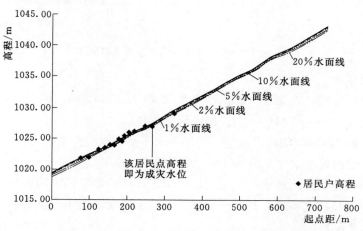

图 6-24 H 村居民户高程与水面线对比示意图

（2）水位流量关系计算。控制断面水位流量关系由 5 个频率的设计洪水流量与相应洪水水位绘制而成，从这条曲线上可以利用成灾水位反推成灾水位对应的流量，如图 6-25 所示。

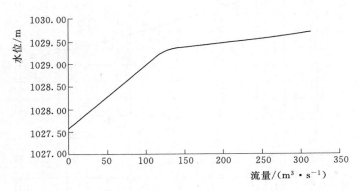

图 6-25　H 村控制断面水位流量关系曲线图

（3）成灾水位对应频率的确定。根据水位流量关系推求成灾水位对应的洪峰流量，再用插值法在流量频率曲线中确定该流量对应的频率，换算成重现期，即为该沿河村落的现状防洪能力。

由图 6-26 可以得出，H 村的现状防洪能力重现期 7 年。

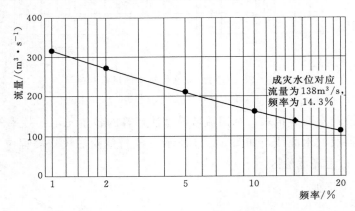

图 6-26　H 村成灾水位对应的洪水频率

9. I 村村落概况

I 村位于 M 流域，控制断面以上流域面积为 2.69km²，河长 2.35km，比降为 141.70‰。全村 105 户，人口 255 人。居民沿河居住。

I 村河道顺直，断面形状不太规整，河床不太平整，床面为黄土、砂石，水流较通畅。综合分析确定 I 村河段主槽糙率为 0.030，滩地糙率为 0.032。

（1）各频率设计水面线推求。利用流域模型法计算的各单元不同频率的设计洪峰流量成果推求其对应河段的水面线，如图 6-27 所示。I 村危险居民户高程位于 5% 水面线之下，则 I 村为极高危险区。

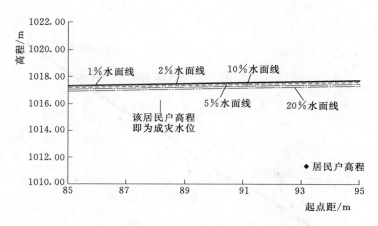

图 6-27　I村居民户高程与水面线对比示意图

（2）水位流量关系计算。控制断面水位流量关系由 5 个频率的设计洪水流量与相应洪水水位绘制而成，从这条曲线上可以利用成灾水位反推成灾水位对应的流量，如图 6-28 所示。

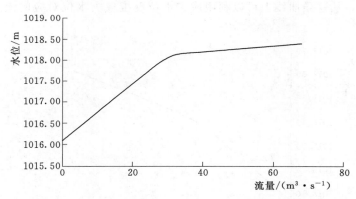

图 6-28　I村控制断面水位流量关系曲线图

10. J村村落概况

J村位于 M 流域，控制断面以上流域面积为 3.75 km^2，河长 1.63 km，比降为 62.00‰，河宽 10m，左岸为山体，右岸为护坎，坎高 1.5m，全村 72 户，人口 182 人。

J村河道较顺直，主槽较规整，部分河段有乱石堆砌的护坡，河床由黄土构成，河床中长满了杂草、树木，水流不太通畅。综合分析确定 J村河段主槽糙率为 0.030，滩地糙率为 0.036。

（1）各频率设计水面线推求。利用流域模型法计算的各单元不同频率的设计洪峰流量成果推求其对应河段的水面线，如图 6-29 所示。J村危险居民户高程位于 5‰ 水面线之下，由于 J村有 5 年的防洪堤坝，所以堤坝水面线以下居民在堤坝防洪能力年限内安全，则 J村为高危险区。

注：J村有 15 年的防洪堤坝，所以堤坝水面线以下居民在堤坝防洪能力年限内安全。

（2）水位流量关系计算。控制断面水位流量关系由 5 个频率的设计洪水流量与相应洪

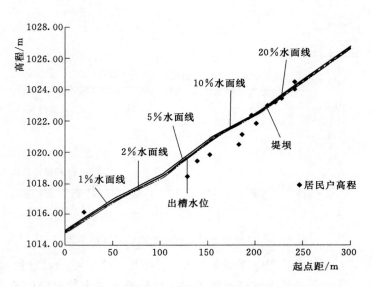

图 6-29　J 村居民户高程与水面线对比示意图

水水位绘制而成，从这条曲线上可以利用成灾水位反推成灾水位对应的流量，如图 6-30 所示。

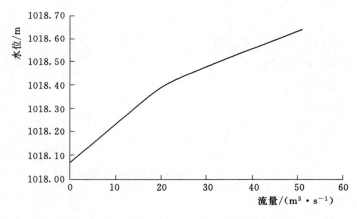

图 6-30　J 村控制断面水位流量关系曲线图

11. K 村村落概况

K 村位于 M 流域，控制断面以上流域面积为 130.3 km²，河长 14.8 km，比降为 7.00‰，村中地面与河道几乎同高，108 国道当作了挡水坎，河宽 3~5m，全村 273 户，人口 631 人，居民居住在河右岸。

K 村河床为砂砾石河床，上游河段两侧为滩地，主槽相对较规整，两侧河岸为黄土有树木和杂草，水流比较顺畅。综合分析确定 K 村河段主槽糙率为 0.026，滩地糙率为 0.032。

（1）各频率设计水面线推求。利用流域模型法计算的各单元不同频率的设计洪峰流量成果推求其对应河段的水面线，如图 6-31 所示。K 村危险居民户高程位于 5％水面线之下，由于 K 村有 15 年的防洪堤坝，所以堤坝水面线以下居民在堤坝防洪能力年限内安全，则 K 村为高危险区。

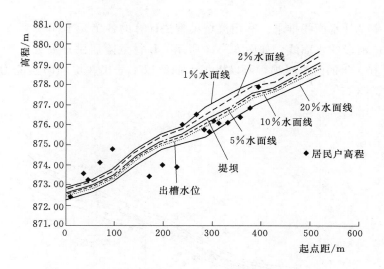

图 6-31　K 村居民户高程与水面线对比示意图

（2）水位流量关系计算。控制断面水位流量关系由 5 个频率的设计洪水流量与相应洪水水位绘制而成，从这条曲线上可以利用成灾水位反推成灾水位对应的流量，如图 6-32 所示。

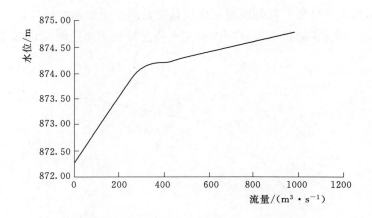

图 6-32　K 村控制断面水位流量关系曲线图

12. L 村村落概况

L 村位于 M 流域，控制断面以上流域面积为 137.9km²，河长 17.3km，比降为 5.50‰，村中地面与河道几乎同高，108 国道当作了挡水坎，河宽 4～6m，全村 190 户，人口 490 人，村名居住在河右岸。

L村河道较顺直，断面形状极度不规则，坡度较大，河道两侧壁为砂石，河床由砂土、乱石构成，床面不平整，故水流不顺畅。分析确定L村河段主槽糙率为0.036，滩地糙率为0.038。

（1）各频率设计水面线推求。利用流域模型法计算的各单元不同频率的设计洪峰流量成果推求其对应河段的水面线，如图6-33所示。L村危险居民户高程位于5%水面线之下，由于L村有5年的防洪堤坝，所以堤坝水面线以下居民在堤坝防洪能力年限内安全，则L村为高危险区。

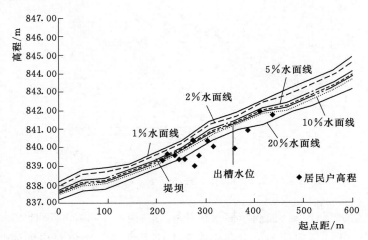

图6-33　L村居民户高程与水面线对比示意图

（2）水位流量关系计算。控制断面水位流量关系由5个频率的设计洪水流量与相应洪水水位绘制而成，从这条曲线上可以利用成灾水位反推成灾水位对应的流量，如图6-34所示。

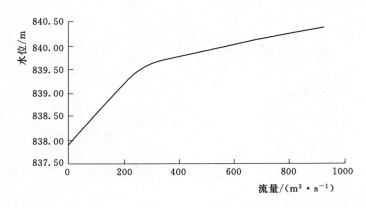

图6-34　L村控制断面水位流量关系曲线图

统计不同频率设计洪水淹没范围内的累积人口和户数，可得"某县M流域控制断面水位—流量—人口关系表"（表6-11）。

6.4.2 防洪现状评价图

根据第 4 章中的危险区等级划分标准，初步划定各级危险区，划分结果见表 6-5。

表 6-5 危险区等级划分

序号	行政区划名称	危险等级	防洪能力/年
1	A 村	高危险	11.3
2	B 村	高危险	14
3	C 村	高危险	15.4
4	D 村	高危险	14.5
5	E 村	高危险	5.5
6	F 村	危险	26
7	G 村西	极高危险	小于 5
	G 村南	高危险	6.5
8	H 村	高危险	14.3
9	I 村	高危险	5.7
10	J 村	高危险	14.7
11	K 村	高危险	12.7
12	L 村	高危险	14.7

依据评价结果，可得防洪现状评价图和危险区划分图，现以 A 村为例进行具体说明。如图 6-35 所示，根据控制断面 5 个频率的设计洪水流量与相应洪水水位绘制成水位流量关系图后，通过调查得知 A 村各房屋的高程信息和人口信息，可知各级危险区人口/户数的统计信息。A 村控制断面的深泓点高程为 1101.854m，频率 20% 时对应的流量和洪水水

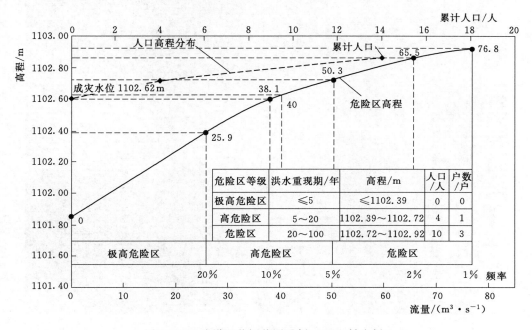

图 6-35 防洪现状评价图示例（以 A 村为例）

位为 25.9m³ 和 1102.39m，当居民户高程处于 1101.854～1102.39m 时，如果洪水来临，则居民户将面临山洪的灾害，属于 5 年一遇，A 村在该区没有居民户；频率 10％时对应的流量和洪水水位为 38.1m³ 和 1102.6m，当居民户高程处于 1102.39～1102.6m 时，属于 10 年一遇，A 村在该区没有居民户；频率 5％时对应的流量和洪水水位为 50.3m³ 和 1102.72m，当居民户高程处于 1102.6～1102.72m 时，属于 20 年一遇，A 村在该区有 1 户 4 人；频率 2％时对应的流量和洪水水位为 65.5m³ 和 1102.86m，当居民户高程处于 1102.72～1102.86m 时，属于 50 年一遇，A 村在该区有 3 户 10 人；频率 1％时对应的流量和洪水水位为 76.8m³ 和 1102.92m，当居民户高程处于 1102.86～1102.92m 时，属于 100 年一遇，A 村在该区没有居民户。根据危险居民户所在危险区划定沿河村落的危险等级，所有信息均可在防洪现状评价图中体现。

M 流域防洪现状评价图见 6.6 节。根据水位—流量—人口关系成果获得各级危险区对应的人口、户数等信息，统计见表 6－12。

6.4.3 危险区图绘制

危险区绘制流程已在第 4 章中详细介绍，这里不再赘述。绘制成果如图 6－36 所示。以 A 村为例，危险区划分示意图是根据断面的流量和洪水水位画成的，图中可根据颜色的深浅体现危险程度，还可以体现河流的流向，控制端面位置和危险区居民户的分布，及其转移路线。还有雨量预警指标及防汛责任人。当发生洪水时，防汛责任人将通知危险居民户按照转移路线往安置点转移。M 流域危险区划分图见 6.6 节。

图 6－36　A 村危险区划分示意图

6.5 预警指标分析

综合第5章相关内容，计算得出预警指标成果表与临界雨量成果表，见表6-6和表6-7。

表 6-6 　　　　　　　　　　　　某县 B 河流域预警指标成果表

序号	行政区划名称	类别	B_0	时段 /h	预警指标		临界雨量 /mm	方法
					准备转移	立即转移		
1	A 村	雨量	0	0.5	28	41	41	流域模型法
			0.3	0.5	26	37	37	
			0.6	0.5	24	34	34	
2	B 村	雨量	0	0.5	33	48	48	流域模型法
			0.3	0.5	31	44	44	
			0.6	0.5	28	40	40	
3	C 村	雨量	0	0.5	21	30	30	流域模型法
				1	25	36	36	
			0.3	0.5	18	26	26	
				1	23	33	33	
			0.6	0.5	16	23	23	
				1	21	30	30	
4	D 村	雨量	0	0.5	30	43	43	流域模型法
				1	43	56	56	
			0.3	0.5	28	40	40	
				1	40	53	53	
			0.6	0.5	26	37	37	
				1	37	49	49	
5	E 村	雨量	0	0.5	23	33	33	流域模型法
			0.3	0.5	20	29	29	
			0.6	0.5	18	26	26	
6	F 村	雨量	0	0.5	30	43	43	流域模型法
			0.3	0.5	28	40	40	
			0.6	0.5	26	37	37	
7	G 村南	雨量	0	0.5	28	40	40	流域模型法
			0.3	0.5	25	36	36	
			0.6	0.5	23	33	33	
	G 村西	雨量	0	0.5	20	29	29	流域模型法
			0.3	0.5	18	25	25	
			0.6	0.5	15	22	22	

序号	行政区划名称	类别	B_0	时段/h	预警指标		临界雨量/mm	方法
					准备转移	立即转移		
8	H村	雨量	0	0.5	21	30	30	流域模型法
			0.3	0.5	19	27	27	
			0.6	0.5	16	23	23	
9	I村	雨量	0	0.5	15	22	22	流域模型法
			0.3	0.5	13	18	18	
			0.6	0.5	10	14	14	
10	J村	雨量	0	0.5	23	33	33	流域模型法
			0.3	0.5	21	30	30	
			0.6	0.5	18	26	26	
11	K村	雨量	0	0.5	34	49	49	流域模型法
				1	41	59	59	
			0.3	0.5	30	43	43	
				1	37	53	53	
			0.6	0.5	26	37	37	
				1	32	45	45	
12	L村	雨量	0	0.5	28	40	40	流域模型法
				1	33	47	47	
			0.3	0.5	26	37	37	
				1	29	42	42	
			0.6	0.5	23	34	34	
				1	26	37	37	
				1	38	54	54	
			0.3	0.5	27	39	39	
				1	35	51	51	
			0.6	0.5	25	35	35	
				1	33	47	47	

表 6-7　　　　　　　某县 B 河流域临界雨量成果表

序号	行政区划名称	B_0	时段/h	临界雨量/mm
1	A村	0	0.5	41
		0.3	0.5	37
		0.6	0.5	34
2	B村	0	0.5	48
		0.3	0.5	44
		0.6	0.5	40

序号	行政区划名称	B_0	时段/h	临界雨量/mm
3	C村	0	0.5	30
			1	36
		0.3	0.5	26
			1	33
		0.6	0.5	23
			1	30
4	D村	0	0.5	43
			1	56
		0.3	0.5	40
			1	53
		0.6	0.5	37
			1	49
5	E村	0	0.5	33
		0.3	0.5	29
		0.6	0.5	26
6	F村	0	0.5	43
		0.3	0.5	40
		0.6	0.5	37
7	G村南	0	0.5	40
		0.3	0.5	36
		0.6	0.5	33
8	G村西	0	0.5	29
		0.3	0.5	25
		0.6	0.5	22
9	H村	0	0.5	30
		0.3	0.5	27
		0.6	0.5	23
10	I村	0	0.5	22
		0.3	0.5	18
		0.6	0.5	14
11	J村	0	0.5	33
		0.3	0.5	30
		0.6	0.5	26

序号	行政区划名称	B_0	时段/h	临界雨量/mm
12	K村	0	0.5	49
			1	59
		0.3	0.5	43
			1	53
		0.6	0.5	37
			1	45
13	L村	0	0.5	40
			1	47
		0.3	0.5	37
			1	42
		0.6	0.5	34
			1	37

6.6 某县 M 流域防洪现状评价和危险区划分图

6.6.1 某县 M 流域防洪现状评价图

A～L 村防洪现状评价图如图 6-37～图 6-49 所示。

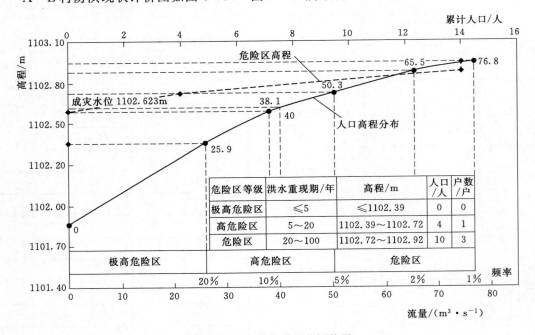

图 6-37 A 村防洪现状评价图

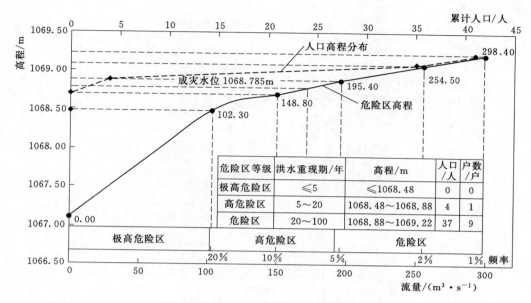

图 6-38　B 村防洪现状评价图

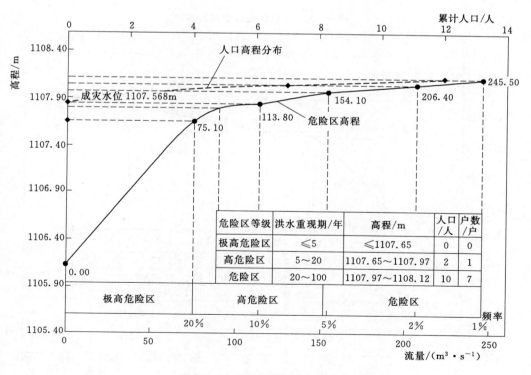

图 6-39　C 村防洪现状评价图

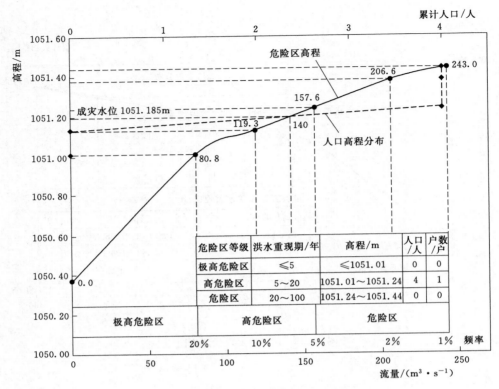

图 6-40　D 村防洪现状评价图

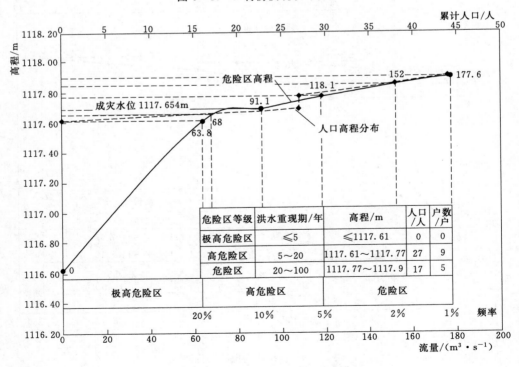

图 6-41　E 村防洪现状评价图

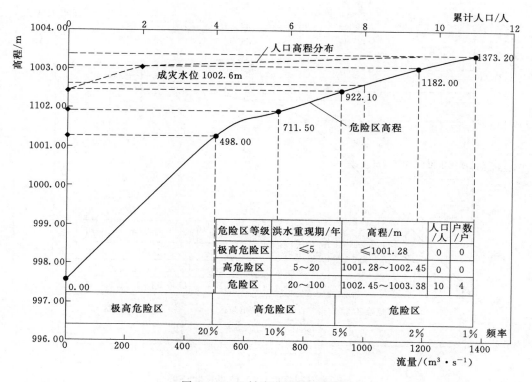

图 6－42　F村防洪现状评价图

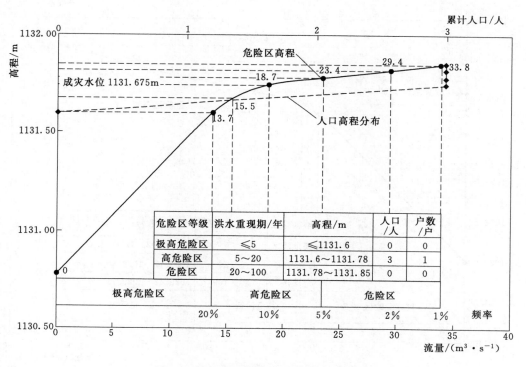

图 6－43　G村（村南）防洪现状评价图

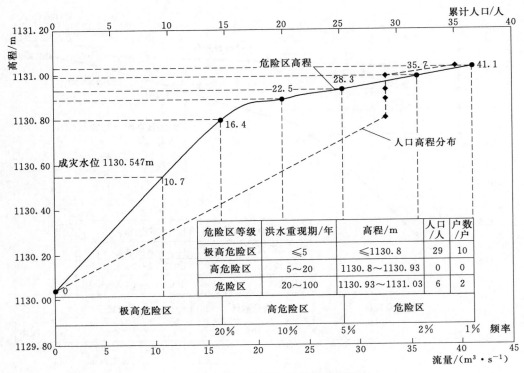

图 6-44 G村（村西）防洪现状评价图

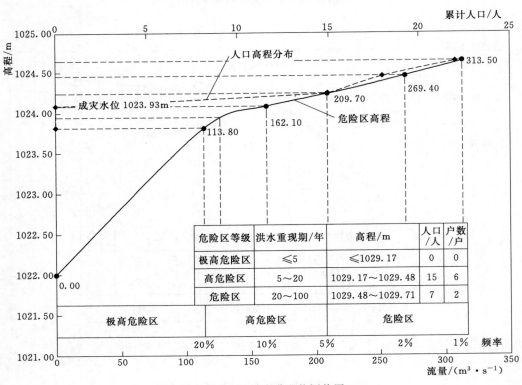

图 6-45 H村防洪现状评价图

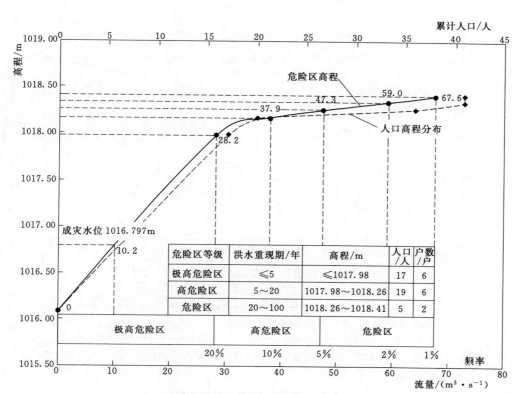

图 6-46 Ⅰ村防洪现状评价图

危险区等级	洪水重现期/年	高程/m	人口/人	户数/户
极高危险区	≤5	≤1017.98	17	6
高危险区	5~20	1017.98~1018.26	19	6
危险区	20~100	1018.26~1018.41	5	2

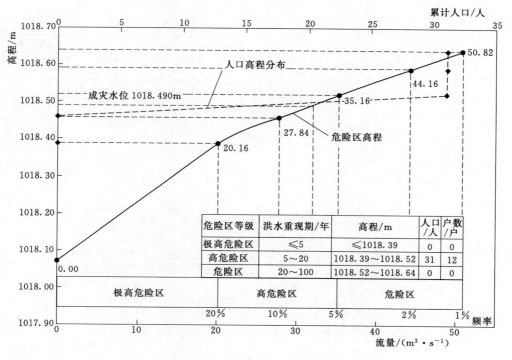

危险区等级	洪水重现期/年	高程/m	人口/人	户数/户
极高危险区	≤5	≤1018.39	0	0
高危险区	5~20	1018.39~1018.52	31	12
危险区	20~100	1018.52~1018.64	0	0

图 6-47 J村防洪现状评价图

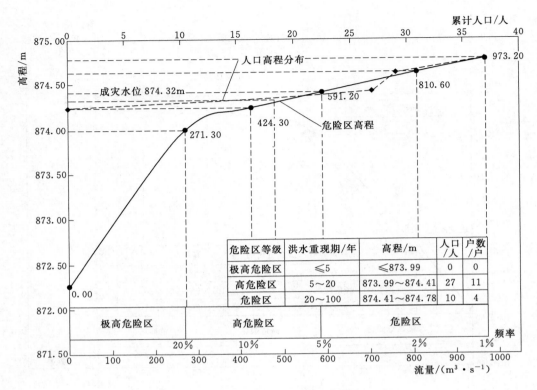

图 6-48　K 村防洪现状评价图

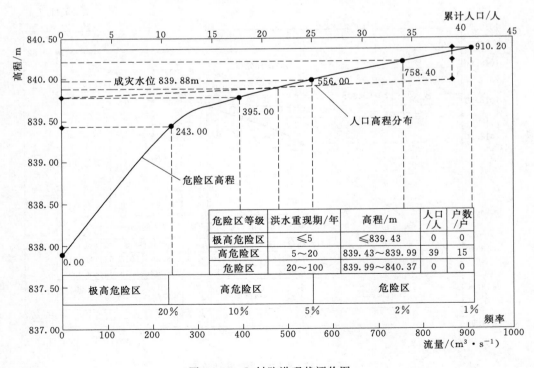

图 6-49　L 村防洪现状评价图

· 162 ·

6.6.2 某县 M 流域危险区划分图

A～L 村危险区划分图如图 6-50～图 6-62 所示。

图 6-50 A 村危险区划分图

图 6-51 B 村危险区划分图

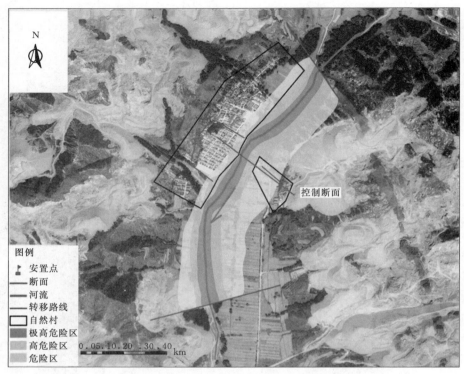

图 6-52　C 村危险区划分图

图 6-53　D 村危险区划分图

图 6-54　E 村危险区划分图

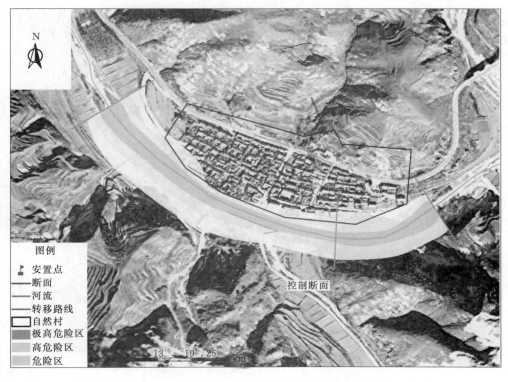

图 6-55　F 村危险区划分图

图 6 - 56　G村（村南）危险区划分图

图 6 - 57　G村（村西）危险区划分图

图 6-58　H村危险区划分图

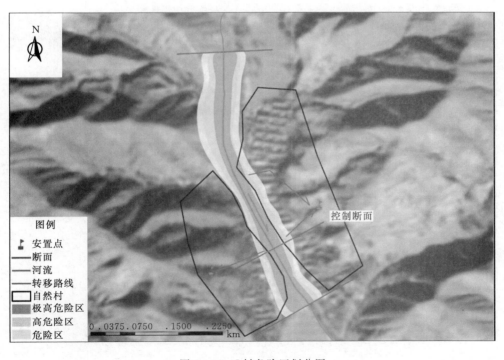

图 6-59　I村危险区划分图

图 6 - 60　J 村危险区划分图

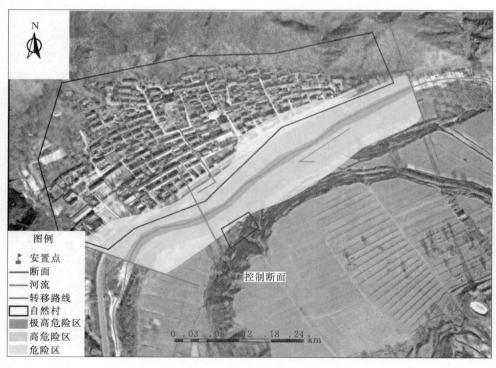

图 6 - 61　K 村危险区划分图

图 6 - 62　L 村危险区划分图

6.7　某县 M 流域相关信息表

某县 M 流域信息表见表 6 - 8。

表 6 - 8　　　　　　　　　某县 M 流域信息表

序号	计算单元名称	所属小流域	面积/km²	主沟道长度/km	主沟道比降/‰	产流地类/km²							汇流地类/km²			汇流时间/h
						变质岩灌丛山地	变质岩森林山地	灰岩灌丛山地	灰岩森林山地	耕种平地	黄土丘陵阶地	砂页岩灌丛山地	森林山地	灌丛山地	草坡山地	
1	A 村	M 流域	4.20	4.00	7.3	4.20							3.90	0.30		0.404
2	B 村	M 流域	16.23	7.11	19.0	16.23									16.23	0.477
3	C 村	M 流域	19.81	6.34	40.0	12.95								13.10	6.71	0.779
4	D 村	M 流域	60.25	11.28	22.0	60.25								14.63	45.62	0.778
5	E 村	M 流域	9.38	4.73	57.0	9.38								1.15	8.23	0.401
6	F 村	M 流域	75.77	1.53	17.0	75.77								14.63	61.14	0.322
7	G 村南	M 流域	1.11	1.65	57.5	1.11									1.11	0.21
	G 村西	M 流域	1.43	2.85	116.2	1.43									1.43	0.24

序号	计算单元名称	所属小流域	面积/km²	主沟道长度/km	主沟道比降/‰	产流地类/km²							汇流地类/km²			汇流时间/h
						变质岩灌丛山地	变质岩森林山地	灰岩灌丛山地	灰岩森林山地	耕种平地	黄土丘陵阶地	砂页岩灌丛山地	森林山地	灌丛山地	草坡山地	
8	H村	M流域	16.69	5.08	42.0	16.69									16.69	0.374
9	I村	M流域	2.69	2.35	141.7	2.69								0.56	2.13	0.274
10	J村	M流域	3.75	1.63	62.0	3.75		24.66						1.23	2.52	0.304
11	K村	M流域	130.30	14.80	7.0	130.2					0.10		91.10	0.10	39.10	0.985
12	L村	M流域	137.90	17.30	5.5	136.7					1.20		93.20	1.20	43.50	0.529

某县 M 流域防灾对象计算信息表见表 6-9。

表 6-9　　　　　　　某县 M 流域防灾对象计算信息表

行政区域名称	集雨面积/km²	断面代码	比降/‰	糙率	成灾水位/m	预警时段/h	流域土壤含水量界值
A村	4.20	A7	7.3	0.034	1102.62	0.5	$B_0 = 0$、0.3、0.6
B村	16.23	B村15	19.0	0.024	1068.79	0.5	$B_0 = 0$、0.3、0.6
C村	19.81	C村14	40.0	0.026	1107.57	0.5	$B_0 = 0$、0.3、0.6
D村	60.25	D13	22.0	0.024	1051.19	0.5	$B_0 = 0$、0.3、0.6
E村	9.38	E10	57.0	0.028	1117.65	0.5	$B_0 = 0$、0.3、0.6
F村	75.77	F村11	17.0	0.024	1002.60	0.5	$B_0 = 0$、0.3、0.6
G村南	1.11	G村21	57.5	0.022	1131.68	0.5	$B_0 = 0$、0.3、0.6
G村西	1.43	G村8	116.2	0.026	1130.55	0.5	$B_0 = 0$、0.3、0.6
H村	16.69	H村7	42.0	0.034	1029.12	0.5	$B_0 = 0$、0.3、0.6
I村	2.69	I村6	141.7	0.030	1016.80	0.5	$B_0 = 0$、0.3、0.6
J村	3.75	J村12	62.0	0.030	1018.49	0.5	$B_0 = 0$、0.3、0.6
K村	130.30	K村14	7.0	0.026	874.32	0.5	$B_0 = 0$、0.3、0.6
L村	137.90	L村20	5.5	0.036	839.88	0.5	$B_0 = 0$、0.3、0.6

某县 M 流域控制断面设计洪水成果表见表 6-10。

表 6-10　　　　　　　某县 M 流域控制断面设计洪水成果表

序号	行政区划名	小流域名称	控制断面代码	洪水要素	重现期洪水要素值				
					100 年	50 年	20 年	10 年	5 年
1	A村	M流域	A7	洪峰流量/(m³·s⁻¹)	76.8	65.5	50.3	38.1	25.9
				洪量/m³	373000	287000	189000	127000	79000
				洪峰水位/m	1102.92	1102.86	1102.72	1102.60	1102.39
2	B村	M流域	B村15	洪峰流量/(m³·s⁻¹)	298.4	254.5	195.4	148.8	102.3
				洪量/m³	1403000	1110000	761000	524000	339000
				洪峰水位/m	1069.22	1069.08	1068.88	1068.69	1068.48

序号	行政区划名	小流域名称	控制断面代码	洪水要素	重现期洪水要素值				
					100 年	50 年	20 年	10 年	5 年
3	C 村	M 流域	C 村 14	洪峰流量/(m³·s⁻¹)	405.0	348.7	272.2	210.0	146.4
				洪量/m³	1447000	1154000	798000	552000	360000
				洪峰水位/m	1108.12	1108.05	1107.97	1107.85	1107.65
4	D 村	M 流域	D13	洪峰流量/(m³·s⁻¹)	243.0	206.6	157.6	119.3	80.8
				洪量/m³	1117000	890000	616000	426000	277000
				洪峰水位/m	1051.44	1051.38	1051.24	1051.13	1051.01
5	E 村	M 流域	E10	洪峰流量/(m³·s⁻¹)	177.6	152.0	118.1	91.1	63.8
				洪量/m³	691000	590000	411000	286000	143000
				洪峰水位/m	1117.90	1117.85	1117.77	1117.69	1117.61
6	F 村	M 流域	F 村 11	洪峰流量/(m³·s⁻¹)	1520.7	1320.3	1048.3	826.5	597.3
				洪量/m³	5460000	4318000	2951000	2027000	1313000
				洪峰水位/m	1003.38	1003.05	1002.45	1001.92	1001.28
7	G 村南	M 流域	G 村 21	洪峰流量/(m³·s⁻¹)	33.8	29.4	23.4	18.7	13.7
				洪量/m³	90000	72000	49000	34000	22000
				洪峰水位/m	1131.85	1131.82	1131.78	1131.74	1131.60
8	G 村西	M 流域	G 村 8	洪峰流量/(m³·s⁻¹)	41.1	35.7	28.3	22.5	16.4
				洪量/m³	116000	92000	63000	44000	28000
				洪峰水位/m	1131.03	1130.99	1130.93	1130.89	1130.80
9	H 村	M 流域	H 村 7	洪峰流量/(m³·s⁻¹)	382.7	332.6	265.1	210.3	153.7
				洪量/m³	1325000	1057000	730000	504000	326000
				洪峰水位/m	1029.71	1029.62	1029.48	1029.40	1029.17
10	I 村	M 流域	I 村 6	洪峰流量/(m³·s⁻¹)	67.6	59.0	47.3	37.9	28.2
				洪量/m³	268000	207000	137000	91000	57000
				洪峰水位/m	1018.41	1018.34	1018.26	1018.17	1017.98
11	J 村	M 流域	J 村 12	洪峰流量/(m³·s⁻¹)	84.7	73.6	58.6	46.4	33.6
				洪量/m³	373000	287000	189000	127000	79000
				洪峰水位/m	1018.64	1018.59	1018.52	1018.46	1018.39
12	K 村	M 流域	K 村 14	洪峰流量/(m³·s⁻¹)	973.2	810.6	591.2	424.3	271.3
				洪量/m³	2402000	1961000	1400000	996000	668000
				洪峰水位/m	874.78	874.63	874.41	874.23	873.99
13	L 村	M 流域	L 村 20	洪峰流量/(m³·s⁻¹)	910.2	758.4	556.0	395.0	243.0
				洪量/m³	1109000	926000	664000	473000	318000
				洪峰水位/m	840.37	840.22	839.99	839.77	839.43

某县 M 流域控制断面水位—流量—人口关系表见表 6-11。

表 6-11　　　　　　　某县 M 流域控制断面水位—流量—人口关系表

序号	行政区划名称	小流域名称	控制断面代码	水位/m	流量/(m³·s⁻¹)	重现期/年	人口/人	户数/户
1	A 村	M 流域	A7	1102.39	25.90	5	0	0
				1102.60	38.10	10	0	0
				1102.72	50.30	20	4	1
				1102.86	65.50	50	10	3
				1102.92	76.80	100	0	0
2	B 村	M 流域	B 村 15	1068.48	102.30	5	0	0
				1068.69	148.80	10	0	0
				1068.88	195.40	20	4	1
				1069.08	254.50	50	31	7
				1069.22	298.40	100	6	2
3	C 村	M 流域	C 村	1107.65	75.10	5	0	0
				1107.85	113.80	10	0	0
				1107.97	154.10	20	2	1
				1108.05	206.40	50	5	2
				1108.12	245.50	100	5	5
4	D 村	M 流域	D13	1051.01	80.80	5	0	0
				1051.13	119.30	10	0	0
				1051.24	157.60	20	4	1
				1051.38	206.60	50	0	0
				1051.44	243.00	100	0	0
5	E 村	M 流域	E10	1117.61	63.80	5	0	0
				1117.69	91.10	10	27	9
				1117.77	118.10	20	0	0
				1117.85	152.00	50	11	3
				1117.90	177.60	100	6	2
6	F 村	M 流域	F 村 11	1001.28	498.00	5	0	0
				1001.92	711.50	10	0	0
				1002.45	922.10	20	0	0
				1003.05	1182.00	50	2	1
				1003.38	1373.20	100	8	3
7	G 村南	M 流域	G 村 21	1131.60	13.72	5	0	0
				1131.74	18.65	10	3	1
				1131.78	23.42	20	0	0
				1131.82	29.41	50	0	0
				1131.85	33.84	100	0	0

序号	行政区划名称	小流域名称	控制断面代码	水位/m	流量/(m³·s⁻¹)	重现期/年	人口/人	户数/户
7	G村西	M流域	G村8	1130.80	16.43	5	29	10
				1130.89	22.47	10	0	0
				1130.93	28.31	20	0	0
				1130.99	35.68	50	0	0
				1131.03	41.13	100	6	2
8	H村	M流域	H村7	1029.17	113.80	5	0	0
				1029.40	162.10	10	0	0
				1029.48	209.70	20	15	6
				1029.62	269.40	50	3	1
				1029.71	313.50	100	4	1
9	I村	M流域	I村6	1017.98	28.15	5	17	6
				1018.17	37.90	10	3	1
				1018.26	47.33	20	16	5
				1018.34	59.00	50	5	2
				1018.41	67.61	100	0	0
10	J村	M流域	J村12	1018.39	20.16	5	0	0
				1018.46	27.84	10	0	0
				1018.52	35.16	20	31	12
				1018.59	44.16	50	0	0
				1018.64	50.82	100	0	0
11	K村	M流域	K村14	873.99	271.30	5	0	0
				874.23	424.30	10	0	0
				874.41	591.20	20	27	11
				874.63	810.60	50	2	1
				874.78	973.20	100	8	3
12	L村	M流域	L村20	839.43	243.00	5	0	0
				839.77	395.00	10	0	0
				839.99	556.00	20	39	15
				840.22	758.40	50	0	0
				840.37	910.20	100	0	0

某县 M 流域现状防洪能力评价表见表 6-12。

表 6-12 某县 M 流域现状防洪能力评价表

序号	行政区划名称	流域名称	断面代码	防洪能力/年	极 高		高 危		危 险	
					（小于 5 年一遇）		（5～20 年一遇）		（20～100 年一遇）	
					人口/人	户数/户	人口/人	户数/户	人口/人	户数/户
1	A 村	M 流域	A7	11.3	0	0	4	1	10	3
2	B 村	M 流域	B 村 15	14	0	0	4	1	37	9
3	C 村	M 流域	C 村 14	15.4	0	0	2	1	10	7
4	D 村	M 流域	D13	14.5	0	0	4	1	0	0
5	E 村	M 流域	E10	5.5	0	0	27	9	17	5
6	F 村	M 流域	F 村 11	26	0	0	0	0	10	4
7	G 村南	M 流域	G 村 21	6.5	0	0	3	1	0	0
	G 村西	M 流域	G 村 8	5	29	10	0	0	6	2
8	H 村	M 流域	H 村 7	14.3	0	0	15	6	7	2
9	I 村	M 流域	I 村 6	5	17	6	19	6	5	2
10	J 村	M 流域	J 村 12	14.7	0	0	31	12	0	0
11	K 村	M 流域	K 村 14	12.7	0	0	27	11	10	4
12	L 村	M 流域	L 村 20	14.7	0	0	39	15	0	0

附表Ⅰ-1　皮尔逊Ⅲ型曲线 Φ_p 值表

C_s	0.01	0.1	0.2	0.33	0.5	1	2	3.3	5	10	20	50	75	90	95	99
0.00	3.719	3.09	2.878	2.713	2.576	2.326	2.054	1.834	1.645	1.282	0.842	0	−0.674	−1.282	−1.645	−2.326
0.02	3.762	3.119	2.903	2.735	2.595	2.341	2.064	1.842	1.651	1.284	0.841	−0.003	−0.676	−1.279	−1.639	−2.312
0.04	3.805	3.147	2.927	2.756	2.613	2.356	2.075	1.85	1.656	1.286	0.84	−0.007	−0.678	−1.277	−1.633	−2.297
0.06	3.848	3.176	2.951	2.777	2.632	2.37	2.086	1.857	1.662	1.288	0.839	−0.01	−0.68	−275	−1.628	−2.282
0.08	3.891	3.205	2.976	2.798	2.651	2.385	2.096	1.865	1.667	1.29	0.838	−0.013	−0.681	−1.273	−1.622	−2.267
0.10	3.935	3.233	3	2.819	2.67	2.4	2.107	1.873	1.673	1.292	0.836	−0.017	−0.683	−1.27	−1.616	−2.253
0.12	3.978	3.262	3.024	2.84	2.688	2.414	2.118	1.88	1.678	1.294	0.835	−0.02	−0.685	−1.268	−1.61	−2.238
0.14	4.022	3.291	3.049	2.862	2.707	2.429	2.128	1.888	1.684	1.296	0.834	−0.023	−0.687	−1.266	−1.604	−2.223
0.16	4.065	3.319	3.073	2.883	2.726	2.443	2.139	1.896	1.689	1.298	0.833	−0.027	−0.688	−1.263	−1.598	−2.208
0.18	4.109	3.348	3.097	2.904	2.745	2.458	2.149	1.903	1.694	1.299	0.832	−0.03	−0.69	−1.261	−1.592	−2.193
0.20	4.153	3.377	3.122	2.925	2.763	2.472	2.159	1.911	1.7	1.301	0.83	−0.033	−0.691	−1.258	−1.586	−2.178
0.22	4.197	3.406	3.146	2.946	2.781	2.487	2.17	1.918	1.705	1.03	0.829	−0.037	−0.693	−1.256	−1.58	−2.164
0.24	4.241	3.435	3.17	2.967	2.8	2.501	2.18	1.926	1.71	1.305	0.828	−0.04	−0.695	−1.253	−1.574	−2.149
0.26	4.285	3.464	3.195	2.989	2.819	2.516	2.19	1.933	1.715	1.306	0.826	−0.043	−0.696	−1.25	−1.568	−2.134
0.28	4.33	3.492	3.219	3.01	2.838	2.53	2.201	1.94	1.721	1.308	0.825	−0.046	−0.697	1.248	−1.561	−2.119
0.30	4.374	3.521	3.244	3.031	2.856	2.544	2.211	1.948	1.726	1.309	0.824	−0.05	−0.699	−1.245	−1.555	−2.104

$P/\%$

C_s	\multicolumn{16}{c}{$P/\%$}

C_s	0.01	0.1	0.2	0.33	0.5	1	2	3.3	5	10	20	50	75	90	95	99
0.32	4.418	3.55	3.268	3.052	2.875	2.559	2.221	1.955	1.731	1.311	0.822	−0.053	−7	−1.242	−1.549	−2.089
0.34	4.463	3.579	3.293	3.073	2.894	2.573	2.231	1.962	1.736	1.312	0.821	−0.056	−0.7025	−1.24	−1.543	−2.074
0.36	4.507	3.608	3.317	3.094	2.3912	2.587	2.241	1.969	1.741	1.314	0.819	−0.06	−0.703	−1.237	−1.536	−2.059
0.38	4.552	3.637	3.341	3.115	2.931	2.601	2.251	1.977	1.746	1.315	0.818	−0.063	−0.7058	−1.234	−1.53	−2.044
0.40	4.597	3.666	3.366	3.136	2.949	2.615	2.261	1.984	1.75	1.317	0.816	−0.066	−0.706	−1.231	−1.524	−2.029
0.42	4.642	3.695	3.39	3.157	2.967	2.63	2.271	1.991	1.755	1.318	0.815	−0.07	−0.707	−1.228	−1.517	−2.014
0.44	4.687	3.724	3.414	3.179	2.986	2.644	2.281	1.998	1.76	1.319	0.813	−0.073	−0.708	−1.225	−1.511	−1.999
0.46	4.731	3.753	3.439	3.199	3.004	2.658	2.291	2.005	1.1765	1.321	0.811	−0.076	−0.709	−1.222	−1.504	−1.985
0.48	4.776	3.782	3.463	3.22	3.023	2.672	2.301	2.012	1.77	1.322	0.81	−0.08	−0.711	−1.219	1.498	−1.97
0.50	4.821	3.811	3.487	3.241	3.041	6.686	2.311	2.019	1.774	1.323	0.808	−0.083	−0.712	−1.216	−1.491	−1.955
0.55	4.934	3.883	3.548	3.294	3.87	2.721	2.335	2.036	1.786	1.326	0.804	−0.091	−0.715	−1.208	−1.474	−1.917
0.60	5.047	3.956	3.609	3.346	3.1325	2.755	2.359	2.052	1.797	1.329	0.799	−0.099	−0.718	−1.2	−1.458	−1.88
0.65	5.16	4.028	3.669	3.398	3.178	2.79	2.383	2.069	1.808	1.331	0.795	−0.108	−0.72	−1.192	−1.441	−1.843
0.70	5.274	4.1	3.73	3.45	3.223	2.824	2.407	2.085	1.819	1.333	0.79	−0.116	−0.722	−1.183	−1.423	−1.806
0.75	5.388	4.172	3.79	3.501	3.268	2.857	2.43	2.101	1.829	1.335	0.785	−0.124	−0.724	−1.175	−1.406	−1.769
0.80	5.501	4.244	3.85	3.553	3.312	2.891	2.453	2.117	1.839	1.336	0.78	0.132	−0.726	−1.166	−1.389	−1.733
0.85	5.615	4.316	3.91	3.604	3.357	2.942	2.476	2.132	1.849	1.338	0.775	−0.14	−0.728	−1.157	−1.371	−1.696
0.90	5.729	4.388	3.969	3.655	3.401	2.957	2.498	2.147	1.859	1.339	0.769	−0.148	−0.73	−1.147	−1.353	−1.66
0.95	5.843	4.46	4.029	3.706	3.445	2.99	2.52	2.162	1.868	1.34	0.763	−0.156	−0.731	−1.137	−1.335	−1.624
1.00	5.957	4.531	4.088	3.756	3.489	3.023	2.542	2.176	1.877	1.34	0.758	−0.164	−0.732	−1.128	−1.317	−1.588
1.05	6.071	4.602	4.147	3.806	3.532	3.055	2.564	2.19	1.886	1.341	0.752	−0.172	−0.733	−1.118	−1.299	−1.553
1.10	6.185	4.674	4.206	3.856	3.575	3.087	2.585	2.204	1.894	1.341	0.745	−0.18	−0.734	−1.107	−1.28	−1.518
1.15	6.299	4.744	4.264	3.906	3.618	3.118	2.606	2.218	1.902	1.341	0.739	−0.187	−0.735	−1.097	−1.262	−1.484

C_s	$P/\%$															
	0.01	0.1	0.2	0.33	0.5	1	2	3.3	5	10	20	50	75	90	95	99
1.20	6.42	4.815	4.323	3.955	3.661	3.149	2.626	2.231	1.91	1.341	0.733	-0.195	-0.735	-1.086	-1.243	-1.449
1.25	6.526	4.885	4.381	4.005	3.703	3.18	2.647	2.244	1.917	1.34	0.726	-0.203	-0.735	-1.075	-1.224	-1.416
1.30	6.64	4.955	4.438	4.053	3.745	3.211	2.667	2.257	1.925	1.339	0.719	-0.21	-0.735	-1.064	-1.206	-1.383
1.35	6.753	5.025	4.496	4.102	3.787	3.241	2.686	2.269	1.932	1.338	0.712	-0.218	-0.735	-1.053	-1.187	-1.35
1.40	6.867	5.095	4.553	4.15	3.828	3.271	2.706	2.281	1.938	1.337	0.705	-0.225	-0.735	-1.041	-1.168	-1.318
1.45	6.98	5.164	4.61	4.198	3.869	3.301	2.725	2.293	1.945	1.335	0.698	0.233	-0.734	-1.03	-1.15	-1.287
1.50	7.093	5.234	4.666	4.246	3.91	3.33	2.743	2.304	1.95	1.333	0.691	-0.24	-0.733	-1.018	-1.131	-1.256
1.55	7.206	5.302	4.723	4.293	3.95	3.359	2.762	2.315	1.957	1.331	0.683	-0.247	-0.732	-1.006	-1.112	-1.226
1.60	7.318	5.371	4.779	4.34	3.99	3.388	2.78	2.326	1.962	1.329	0.675	-0.254	-0.731	-0.994	-1.093	-1.197
1.65	7.43	5.439	4.834	4.387	4.03	3.416	2.797	2.337	1.967	1.326	0.667	-0.261	-0.729	-0.982	-1.075	-1.168
1.70	7.543	5.507	4.89	4.433	4.069	3.444	2.815	2.347	1.972	1.324	0.66	-0.268	-0.727	-0.97	-1.056	-1.14
1.75	7.655	5.575	4.945	4.479	4.108	3.472	2.832	2.357	1.977	1.321	0.652	-0.275	-0.725	-0.957	-1.038	-1.113
1.80	7.766	2.642	4.999	4.525	4.147	3.499	2.848	2.366	1.981	1.318	0.643	-0.281	-0.723	-0.945	-1.02	-1.087
1.85	7.878	5.709	5.054	4.57	4.185	3.526	2.865	2.375	1.985	1.314	0.635	-0.288	-0.721	-0.932	-1.002	-1.062
1.90	7.989	5.775	5.108	4.615	4.223	3.553	2.884	2.384	1.989	1.311	0.627	-0.294	-0.718	-0.92	-0.984	-1.037
1.95	8.1	5.842	5.161	4.659	4.261	3.579	2.897	2.393	1.993	1.307	0.618	-0.301	-0.715	-0.907	-0.966	-1.013
2.00	8.21	5.908	5.215	4.704	4.298	3.605	2.912	2.401	1.996	1.303	0.609	-0.307	-0.712	-0.895	-0.949	-0.99
2.10	8.431	6.039	5.32	4.791	4.372	3.656	2.942	2.417	2.001	1.294	0.592	-0.319	-0.706	-0.869	-0.915	-0.946
2.20	8.65	6.168	5.424	4.877	4.444	3.705	2.97	2.431	2.006	1.284	0.574	-0.33	-0.698	-0.844	-0.882	-0.905
2.30	8.868	6.296	5.527	4.962	4.515	3.753	2.997	2.445	2.009	1.274	0.555	-0.341	-0.69	-0.819	-0.85	-0.867
2.40	9.084	6.423	5.628	5.045	4.584	3.8	3.023	2.457	2.011	1.262	0.537	-0.351	-0.681	-0.795	-0.819	-0.832
2.50	9.299	6.548	5.728	5.127	4.652	3.845	3.048	2.467	2.012	1.25	0.518	-0.36	-0.671	-0.771	-0.79	-0.799
2.60	9.513	6.672	5.826	5.2	4.718	3.889	3.071	2.455	2.012	1.238	0.499	-0.369	-0.661	-0.747	-0.762	-0.769

C_s	0.01	0.1	0.2	0.33	0.5	1	2	3.3	5	10	20	50	75	90	95	99
																P/%
2.70	9.725	6.794	5.923	5.286	4.783	3.932	3.093	2.486	2.012	1.224	0.479	-0.376	-0.65	-0.724	-0.736	-0.74
2.80	9.936	6.915	6.019	5.363	4.847	3.973	3.114	2.493	2.01	1.21	0.46	-0.384	-0.639	-0.702	-0.711	-0.714
2.90	10.15	7.034	6.113	5.439	4.909	4.013	3.134	2.499	2.007	1.195	0.44	-0.39	-0.627	-0.681	-0.688	-0.69
3.00	10.35	7.152	6.205	5.514	4.97	4.051	3.152	2.505	2.003	1.18	0.42	-0.396	-0.615	-0.66	-0.665	-0.667
3.10	10.56	7.269	6.296	5.587	5.029	4.089	3.169	2.509	1.999	1.164	0.401	-0.4	-0.603	-0.641	-0.644	-0.645
3.20	10.77	7.384	6.386	5.658	5.087	4.125	3.185	2.512	1.993	1.148	0.381	-0.405	-0.591	-0.622	-0.624	-0.625
3.40	11.17	7.609	6.561	5.798	5.199	4.193	3.214	2.516	1.98	1.113	0.341	-0.411	-0.566	-0.587	-0.588	-0.588
3.60	11.57	7.829	6.73	5.931	5.306	4.256	3.238	2.515	1.963	1.077	0.302	-0.414	-0.541	-0.555	-0.555	-0.556
3.80	11.97	8.044	6.894	6.06	5.407	4.314	3.258	2.511	1.943	1.04	0.264	-0.414	-0.518	-0.526	-0.526	-0.526
4.00	12.36	8.253	7.053	6.183	5.504	4.368	3.274	2.504	1.92	1.001	0.226	-0.413	-0.495	-0.5	-0.5	-0.5

附表 I – 2　皮尔逊Ⅲ型曲线 K_p 值表

$C_s = C_v$ 时，K_p 值表

附表 I – 2 – 1

C_v	0.01	0.1	0.2	0.33	0.5	1	2	3.3	5	10	20	50	75	90	95	99
																P/%
0.05	1.191	1.158	1.147	1.138	1.131	1.118	1.104	1.093	1.083	1.064	1.042	1.000	0.966	0.936	0.919	0.886
0.10	1.393	1.323	1.300	1.282	1.267	1.240	1.211	1.187	1.167	1.129	1.084	0.998	0.932	0.873	0.838	0.771
0.15	1.607	1.496	1.459	1.431	1.407	1.365	1.320	1.284	1.253	1.194	1.125	0.996	0.897	0.811	0.760	0.666
0.20	1.830	1.676	1.624	1.585	1.553	1.494	1.432	1.382	1.340	1.260	1.166	0.993	0.861	0.749	0.682	0.570
0.25	2.070	1.862	1.796	1.744	1.703	1.627	1.546	1.482	1.428	1.326	1.207	0.990	0.826	0.687	0.607	0.465
0.30	2.310	2.060	1.973	1.909	1.858	1.763	1.663	1.584	1.518	1.393	1.247	0.985	0.790	0.626	0.533	0.364

C_v	0.01	0.1	0.2	0.33	0.5	1	2	3.3	5	10	20	50	75	90	95	99
0.35	2.570	2.260	2.160	2.080	2.020	1.903	1.783	1.688	1.608	1.460	1.280	0.980	0.754	0.566	0.461	0.269
0.40	2.840	2.470	2.350	2.250	2.180	2.050	1.904	1.794	1.700	1.527	1.326	0.973	0.719	0.507	0.388	0.183
0.45	3.120	2.680	2.540	2.440	2.350	2.190	2.030	1.901	1.793	1.594	1.365	0.966	0.682	0.449	0.320	0.103
0.50	3.410	2.910	2.740	2.620	2.520	2.340	2.160	2.010	1.887	1.661	1.404	0.958	0.645	0.392	0.254	0.033
0.55	3.710	3.140	2.950	2.810	2.700	2.500	2.280	2.120	1.982	1.729	1.442	0.950	0.607	0.336	0.188	-0.049
0.60	4.030	3.370	3.170	3.010	2.880	2.650	2.420	2.230	2.080	1.797	1.480	0.940	0.568	0.281	0.122	-0.140
0.65	4.350	3.620	3.390	3.210	3.060	2.810	2.550	2.340	2.170	1.865	1.517	0.930	0.531	0.226	0.062	-0.210
0.70	4.690	3.870	3.610	3.410	3.260	2.980	2.680	2.460	2.270	1.933	1.553	0.920	0.494	0.171	0.007	-0.268
0.75	5.040	4.130	3.850	3.630	3.450	3.140	2.820	2.580	2.370	2.000	1.589	0.907	0.456	0.119	-0.051	-0.325
0.80	5.400	4.400	4.080	3.850	3.650	3.310	2.960	2.690	2.470	2.070	1.625	0.894	0.418	0.069	-0.110	-0.378
0.85	5.78	4.67	4.32	4.07	3.85	3.49	3.10	2.81	2.57	2.14	1.659	0.880	0.381	0.019	-0.165	-0.431
0.90	6.15	4.95	4.57	4.29	4.06	3.66	3.25	2.93	2.67	2.21	1.691	0.867	0.343	-0.030	-0.217	-0.484
0.95	6.55	5.24	4.83	4.52	4.27	3.84	3.39	3.05	2.77	2.27	1.725	0.852	0.305	-0.079	-0.267	-0.539
1.00	6.95	5.53	5.09	4.75	4.48	4.02	3.54	3.18	2.88	2.34	1.757	0.836	0.268	-0.127	-0.314	-0.596
1.10	7.80	6.14	5.63	5.24	4.94	4.40	3.84	3.42	3.08	2.47	1.820	0.803	0.191	-0.215	-0.404	-0.665
1.20	8.70	6.77	6.19	5.74	5.39	4.78	4.15	3.60	3.29	2.61	1.880	0.766	0.119	-0.305	-0.490	-0.745
1.30	9.63	7.45	6.76	6.27	5.88	5.17	4.47	3.93	3.50	2.74	1.935	0.727	0.044	-0.386	-0.568	-0.797
1.40	10.60	8.13	7.36	6.81	6.35	5.58	4.79	4.10	3.71	2.87	1.988	0.684	-0.028	-0.458	-0.636	-0.841
1.50	11.63	8.85	8.01	7.37	6.87	6.00	5.11	4.46	3.93	3.00	2.04	0.640	-0.100	-0.529	-0.698	-0.887
1.60	12.70	9.56	8.64	7.94	7.38	6.42	5.45	4.72	4.14	3.12	2.08	0.592	-0.168	-0.589	-0.750	-0.914
1.70	13.84	10.36	9.32	8.53	7.92	6.86	5.79	4.99	4.35	3.25	2.12	0.545	-0.237	-0.648	-0.796	-0.936
1.80	14.99	11.15	10.00	9.14	8.48	7.30	6.13	5.26	4.57	3.37	2.16	0.495	-0.304	-0.702	-0.837	-0.959
1.90	16.20	11.97	10.70	9.77	9.03	7.75	6.47	5.53	4.78	3.49	2.19	0.442	-0.365	-0.750	-0.867	-0.971
2.00	17.41	12.81	11.44	10.41	9.59	8.21	6.82	5.80	4.99	3.61	2.22	0.386	-0.425	-0.788	-0.897	-0.980

附表 Ⅰ-2-2

$C_s = 2C_v$ 时，K_p 值表

P/%

C_v	0.01	0.1	0.2	0.33	0.5	1	2	3.3	5	10	20	50	75	90	95	99
0.02	1.076	1.063	1.058	1.055	1.052	1.047	1.041	1.037	1.033	1.026	1.017	1.000	0.986	0.974	0.967	0.954
0.04	1.156	1.128	1.119	1.112	1.106	1.095	1.084	1.075	1.067	1.052	1.034	0.999	0.973	0.949	0.935	0.909
0.06	1.239	1.196	1.181	1.170	1.161	1.145	1.127	1.113	1.101	1.078	1.050	0.999	0.959	0.924	0.903	0.866
0.08	1.325	1.266	1.246	1.231	1.218	1.195	1.170	1.152	1.135	1.104	1.067	0.998	0.945	0.899	0.872	0.823
0.10	1.415	1.338	1.312	1.293	1.276	1.247	1.216	1.191	1.170	1.130	1.083	0.997	0.931	0.874	0.841	0.782
0.12	1.509	1.412	1.380	1.356	1.336	1.300	1.262	1.231	1.205	1.157	1.099	0.995	0.917	0.850	0.811	0.742
0.14	1.606	1.489	1.451	1.421	1.397	1.354	1.308	1.272	1.241	1.183	1.116	0.994	0.902	0.825	0.781	0.703
0.16	1.707	1.568	1.523	1.488	1.460	1.409	1.355	1.313	1.277	1.210	1.132	0.992	0.888	0.801	0.752	0.666
0.18	1.811	1.649	1.597	1.557	1.524	1.466	1.403	1.355	1.313	1.237	1.147	0.989	0.874	0.777	0.723	0.629
0.20	1.919	1.733	1.673	1.627	1.590	1.523	1.452	1.397	1.350	1.263	1.163	0.987	0.859	0.754	0.694	0.594
0.22	20.3	1.820	1.750	1.699	1.657	1.582	1.502	1.440	1.387	1.290	1.179	0.984	0.845	0.730	0.667	0.560
0.24	2.15	1.909	1.830	1.773	1.726	1.641	1.552	1.483	1.425	1.317	1.194	0.981	0.830	0.707	0.640	0.527
0.26	2.27	2.00	1.912	1.848	1.796	1.702	1.603	1.527	1.462	1.344	1.210	0.977	0.815	0.685	0.614	0.496
0.28	2.39	2.09	1.997	1.925	1.866	1.764	1.655	1.571	1.501	1.371	1.225	0.974	0.799	0.663	0.586	0.465
0.30	2.51	2.19	2.08	2.00	1.94	1.827	1.708	1.616	1.539	1.399	1.240	0.970	0.785	0.640	0.563	0.436
0.32	2.64	2.28	2.17	2.08	2.01	1.890	1.761	1.661	1.578	1.426	1.255	0.966	0.769	0.619	0.537	0.408
0.34	2.78	2.38	2.26	2.17	2.09	1.955	1.815	1.707	1.617	1.453	1.269	0.962	0.754	0.596	0.515	0.381
0.36	2.91	2.49	2.35	2.25	2.17	2.02	1.870	1.753	1.656	1.480	1.284	0.957	0.739	0.575	0.492	0.355
0.38	3.06	2.59	2.45	2.34	2.24	2.09	1.925	1.800	1.696	1.507	1.298	0.952	0.724	0.555	0.468	0.331
0.40	3.20	2.70	2.54	2.42	2.32	2.16	1.981	1.847	1.736	1.535	1.312	0.947	0.709	0.534	0.445	0.307
0.42	3.35	2.81	2.64	2.51	2.41	2.23	2.04	1.894	1.776	1.562	1.326	0.941	0.694	0.514	0.423	0.250
0.44	3.50	2.92	2.73	2.60	2.49	2.30	2.10	1.942	1.816	1.589	1.339	0.936	0.679	0.495	0.402	0.264

C_v	0.01	0.1	0.2	0.33	0.5	1	2	3.3	5	10	20	50	75	90	95	99
												P/%				
0.46	3.66	3.03	2.83	2.69	2.57	2.37	2.15	1.99	1.857	1.616	1.352	0.930	0.664	0.475	0.381	0.244
0.48	3.81	3.15	2.94	2.78	2.66	2.44	2.21	2.04	1.894	1.643	1.366	0.924	0.649	0.455	0.362	0.224
0.50	3.98	3.27	3.04	2.88	2.74	2.51	2.27	2.09	1.938	1.670	1.379	0.918	0.634	0.436	0.342	0.206
0.52	4.14	3.39	3.15	2.97	2.83	2.59	2.33	2.14	1.98	1.697	1.392	0.912	0.619	0.418	0.324	0.189
0.54	4.32	3.51	3.26	3.07	2.92	2.66	2.39	2.19	2.02	1.724	1.404	0.905	0.603	0.401	0.307	0.173
0.56	4.49	3.63	3.37	3.17	3.02	2.74	2.45	2.24	2.06	1.750	1.416	0.898	0.588	0.383	0.289	0.158
0.58	4.67	3.76	3.48	3.27	3.10	2.81	2.51	2.29	2.10	1.777	1.428	0.891	0.574	0.365	0.272	0.144
0.60	4.85	3.89	3.59	3.37	3.20	2.89	2.58	2.34	2.15	1.804	1.440	0.883	0.559	0.348	0.254	0.130
0.62	5.03	4.02	3.71	3.47	3.29	2.97	2.64	2.39	2.19	1.831	1.451	0.875	0.545	0.331	0.239	0.118
0.64	5.22	4.16	3.82	3.58	3.39	3.05	2.70	2.44	2.23	1.857	1.462	0.867	0.529	0.315	0.223	0.107
0.66	5.41	4.29	3.94	3.69	3.49	3.13	2.77	2.49	2.27	1.883	1.473	0.859	0.514	0.300	0.209	0.096
0.68	5.60	4.43	4.06	3.80	3.58	3.21	2.83	2.54	2.31	1.910	1.484	0.851	0.500	0.285	0.195	0.086
0.70	5.80	4.57	4.19	3.91	3.68	3.29	2.89	2.60	2.36	1.936	1.494	0.842	0.486	0.271	0.182	0.077
0.72	6.00	4.71	4.31	4.02	3.78	3.37	2.96	2.65	2.40	1.962	1.504	0.834	0.472	0.257	0.169	0.069
0.74	6.21	4.85	4.44	4.13	3.88	3.46	3.02	2.70	2.44	1.987	1.513	0.825	0.457	0.242	0.157	0.062
0.76	6.42	5.00	4.57	4.24	3.98	3.54	3.09	2.76	2.48	2.01	1.522	0.816	0.443	0.229	0.145	0.055
0.78	6.63	5.14	4.69	4.36	4.09	3.62	3.16	2.81	2.53	2.04	1.531	0.806	0.430	0.217	0.135	0.048
0.80	6.85	5.30	4.82	4.47	4.19	3.71	3.22	2.86	2.57	2.06	1.540	0.797	0.425	0.205	0.125	0.043
0.82	7.07	5.44	4.95	4.59	4.30	3.80	3.29	2.91	2.61	2.09	1.549	0.787	0.402	0.194	0.116	0.037
0.84	7.30	5.60	5.09	4.70	4.40	3.88	3.36	2.97	2.65	2.11	1.558	0.777	0.388	0.182	0.106	0.033
0.86	7.53	5.76	5.23	4.82	4.52	3.97	3.43	3.02	2.70	2.14	1.565	0.768	0.375	0.170	0.097	0.029
0.88	7.76	5.91	5.36	4.95	4.63	4.06	3.49	3.08	2.74	2.16	1.571	0.758	0.361	0.159	0.089	0.025
0.90	7.99	6.08	5.50	5.07	4.73	4.15	3.56	3.13	2.78	2.19	1.579	0.747	0.349	0.150	0.082	0.022

C_v	0.01	0.1	0.2	0.33	0.5	1	2	3.3	5	10	20	50	75	90	95	99
											P/%					
0.92	8.23	6.23	5.63	5.19	4.85	4.24	3.63	3.18	2.83	2.21	1.585	0.737	0.336	0.139	0.075	0.019
0.94	8.48	6.40	5.78	5.32	4.96	4.33	3.70	3.24	2.87	2.23	1.592	0.726	0.323	0.130	0.069	0.016
0.96	8.72	6.57	5.92	5.45	5.07	4.42	3.77	3.29	2.91	2.26	1.598	0.716	0.311	0.121	0.064	0.014
0.98	8.96	6.74	6.07	5.57	5.18	4.51	3.84	3.35	2.95	2.28	1.604	0.704	0.299	0.114	0.057	0.012
1.00	9.21	6.91	6.21	5.70	5.30	4.61	3.91	3.40	3.00	2.30	1.609	0.693	0.288	0.105	0.051	0.010
1.05	9.85	7.34	6.59	6.03	5.59	4.84	4.09	3.54	3.10	2.36	1.621	0.665	0.259	0.087	0.040	0.007
1.10	10.51	7.79	6.97	6.36	5.89	5.08	4.27	3.67	3.21	2.41	1.631	0.637	0.232	0.071	0.030	0.004
1.15	11.20	8.24	7.36	6.71	6.19	5.32	4.45	3.81	3.31	2.46	1.639	0.608	0.207	0.058	0.023	0.003
1.20	11.90	8.71	7.75	7.05	6.50	5.56	4.60	3.95	3.41	2.51	1.644	0.579	0.183	0.046	0.017	0.002
1.25	12.62	9.19	8.16	7.41	6.81	5.81	4.81	4.08	3.52	2.56	1.648	0.550	0.161	0.037	0.012	0.001
1.30	13.37	9.67	8.57	7.77	7.13	6.06	4.99	4.22	3.62	2.61	1.649	0.521	0.141	0.029	0.009	0.001
1.35	14.13	10.17	9.00	8.14	7.46	6.31	5.18	4.36	3.75	2.65	1.647	0.492	0.123	0.022	0.006	0
1.40	14.91	10.68	9.43	8.51	7.79	6.56	5.36	4.49	3.81	2.69	1.644	0.463	0.106	0.017	0.004	0
1.45	15.71	11.20	0.99	8.89	8.12	6.81	5.54	4.62	3.91	2.73	1.638	0.435	0.091	0.013	0.003	0
1.50	16.53	11.30	10.31	9.27	8.45	7.08	5.73	4.76	4.01	2.77	1.631	0.407	0.078	0.010	0.002	0
1.55	17.37	12.28	10.78	9.65	8.79	7.34	5.91	4.89	4.10	2.80	1.622	0.378	0.066	0.007	0.001	0
1.60	18.23	12.80	11.20	10.04	9.16	7.60	6.09	5.05	4.19	2.83	1.610	0.353	0.055	0.005	0.001	0
1.65	19.10	13.38	11.67	10.44	9.51	7.86	6.28	5.15	4.28	2.87	1.596	0.326	0.046	0.004	0.001	0
1.70	19.99	13.93	12.16	10.85	9.83	8.12	6.46	5.28	4.36	2.89	1.581	0.302	0.038	0.003	0	0
1.75	20.90	14.49	12.62	11.28	10.18	8.39	6.65	5.40	4.45	2.92	1.562	0.280	0.031	0.002	0	0
1.80	21.83	15.11	13.09	11.67	10.56	8.66	6.83	5.53	4.53	2.94	1.543	0.255	0.026	0.001	0	0
1.85	22.78	15.70	13.62	12.12	10.89	8.93	7.01	5.65	4.61	2.96	1.525	0.234	0.021	0.001	0	0
1.90	23.74	16.25	14.11	12.53	11.29	9.32	7.19	5.77	4.69	2.97	1.501	0.213	0.017	0.001	0	0
1.95	24.72	16.87	14.61	12.95	11.64	9.47	7.37	5.89	4.77	2.99	1.477	0.193	0.013	0.001	0	0
2.00	25.71	17.50	15.13	13.38	12.00	9.73	7.55	6.01	4.84	3.00	1.452	0.175	0.011	0	0	0

附表 I-2-3

$C_s = 2.5C_v$ 时, K_p 值表

C_v	\ $P/\%$ 0.01	0.1	0.2	0.33	0.5	1	2	3.3	5	10	20	50	75	90	95	99
0.02	1.078	1.066	1.062	1.058	1.055	1.050	1.046	1.041	1.036	1.030	1.024	1.012	0.999	0.989	0.984	0.974
0.04	1.157	1.129	1.120	1.113	1.107	1.096	1.084	1.075	1.067	1.052	1.033	0.999	0.973	0.949	0.935	0.908
0.06	1.243	1.198	1.184	1.172	1.163	1.146	1.128	1.114	1.101	1.078	1.050	0.999	0.958	0.924	0.904	0.868
0.08	1.332	1.270	1.250	1.234	1.221	1.198	1.173	1.153	1.136	1.104	1.066	0.997	0.945	0.900	0.873	0.828
0.10	1.426	1.345	1.318	1.298	1.281	1.251	1.219	1.193	1.171	1.131	1.083	0.996	0.930	0.875	0.843	0.783
0.12	1.550	1.423	1.389	1.364	1.343	1.305	1.265	1.234	1.207	1.157	1.099	0.994	0.916	0.850	0.813	0.746
0.14	1.628	1.503	1.462	1.432	1.406	1.361	1.313	1.275	1.243	1.184	1.115	0.992	0.902	0.826	0.784	0.708
0.16	1.736	1.587	1.538	1.502	1.472	1.418	1.362	1.317	1.280	1.211	1.131	0.989	0.887	0.803	0.755	0.673
0.18	1.848	1.640	1.616	1.574	1.539	1.477	1.412	1.360	1.317	1.238	1.146	0.986	0.873	0.780	0.728	0.644
0.20	1.960	1.763	1.697	1.648	1.608	1.537	1.462	1.404	1.355	1.264	1.162	0.983	0.858	0.757	0.702	0.613
0.22	2.09	1.854	1.781	1.725	1.680	1.598	1.514	1.448	1.393	1.292	1.177	0.980	0.843	0.735	0.674	0.577
0.24	2.21	1.948	1.867	1.803	1.751	1.661	1.566	1.493	1.431	1.319	1.192	0.976	0.827	0.713	0.649	0.544
0.26	2.34	2.05	1.955	1.883	1.826	1.725	1.620	1.538	1.470	1.346	1.207	0.972	0.813	0.690	0.626	0.518
0.28	2.48	2.15	2.05	1.965	1.903	1.790	1.674	1.584	1.509	1.373	1.221	0.968	0.080	0.669	0.603	0.493
0.30	2.62	2.25	2.14	2.02	1.981	1.857	1.729	1.630	1.549	1.400	1.236	0.963	0.078	0.648	0.579	0.470
0.32	2.76	2.36	2.23	2.14	2.06	1.925	1.785	1.677	1.589	1.428	1.250	0.957	0.767	0.628	0.556	0.449
0.34	2.91	2.47	2.33	2.23	2.14	1.994	1.842	1.725	1.629	1.455	1.263	0.952	0.752	0.608	0.534	0.428
0.36	3.06	2.58	2.43	2.31	2.22	2.06	1.899	1.773	1.669	1.482	1.277	0.947	0.737	0.588	0.513	0.406
0.38	3.22	2.70	2.53	2.41	2.31	2.14	1.958	1.822	1.710	1.509	1.290	0.941	0.722	0.568	0.493	0.382
0.40	3.38	2.81	2.64	2.50	2.39	2.21	2.02	1.871	1.751	1.536	1.303	0.934	0.707	0.549	0.473	0.365
0.42	3.55	2.93	2.74	2.60	2.49	2.28	2.08	1.920	1.792	1.563	1.316	0.928	0.692	0.532	0.456	0.348
0.44	3.72	3.06	2.85	2.70	2.58	2.36	2.14	1.970	1.834	1.590	1.328	0.921	0.676	0.514	0.438	0.334
0.46	3.90	3.18	2.96	2.80	2.67	2.43	2.20	2.02	1.875	1.616	1.340	0.914	0.662	0.496	0.421	0.319

续表

C_v	P/%															
	0.01	0.1	0.2	0.33	0.5	1	2	3.3	5	10	20	50	75	90	95	99
0.48	4.08	3.31	3.08	2.90	2.76	2.51	2.26	2.07	1.917	1.643	1.352	0.906	0.648	0.478	0.404	0.302
0.50	4.26	3.44	3.19	3.00	2.85	2.59	2.32	2.12	1.958	1.670	1.363	0.899	0.633	0.461	0.388	0.290
0.52	4.45	3.58	3.30	3.11	2.95	2.67	2.39	2.17	2.00	1.696	1.373	0.891	0.617	0.446	0.373	0.281
0.54	4.64	3.71	3.42	3.22	3.04	2.75	2.45	2.23	2.04	1.723	1.385	0.882	0.603	0.431	0.359	0.272
0.56	4.84	3.85	3.55	3.33	3.14	2.83	2.52	2.28	2.09	1.749	1.395	0.874	0.589	0.417	0.346	0.264
0.58	5.04	4.00	3.67	3.44	3.24	2.91	2.58	2.33	2.13	1.775	1.405	0.865	0.574	0.402	0.333	0.254
0.60	5.25	4.14	6.80	3.55	3.35	3.00	2.65	2.38	2.17	1.800	1.414	0.856	0.560	0.388	0.321	0.245
0.62	5.46	4.28	3.93	3.66	3.45	3.08	2.71	2.44	2.21	1.825	1.423	0.847	0.546	0.376	0.310	0.240
0.64	5.68	4.43	4.06	3.78	3.55	3.17	2.78	2.49	2.26	1.850	1.432	0.837	0.533	0.364	0.300	0.234
0.66	5.91	4.59	4.19	3.89	3.66	3.25	2.85	2.54	2.30	1.876	1.441	0.828	0.519	0.352	0.290	0.230
0.68	6.13	4.74	4.33	4.01	3.77	3.34	2.91	2.60	2.34	1.901	1.449	0.818	0.505	0.341	0.281	0.225
0.70	6.36	4.90	4.46	4.13	3.88	3.43	2.98	2.65	2.38	1.925	1.456	0.808	0.492	0.330	0.273	0.220
0.72	6.59	5.06	4.60	4.26	3.99	3.52	3.05	2.70	2.43	1.949	1.463	0.798	1.479	0.319	0.265	0.216
0.74	6.84	5.22	4.74	4.38	4.10	3.61	3.12	2.76	2.47	1.973	1.470	0.788	0.466	0.309	0.259	0.214
0.76	7.08	5.39	4.88	4.51	4.21	3.70	3.19	2.81	2.51	1.997	1.476	0.777	0.454	0.300	0.253	0.212
0.78	7.32	5.56	5.03	4.63	4.32	3.79	3.26	2.87	2.55	2.02	1.482	0.766	0.442	0.292	0.247	0.209
0.80	7.56	5.73	5.18	4.76	4.44	3.88	3.33	2.92	2.60	2.04	1.487	0.755	0.430	0.285	0.241	0.208
0.82	7.82	5.89	5.31	4.89	4.56	3.98	3.40	2.97	2.64	2.07	1.493	0.744	0.418	0.277	0.236	0.206
0.84	8.00	6.07	5.46	5.02	4.68	4.07	3.47	3.03	2.68	2.09	1.497	0.732	0.407	0.270	0.232	0.205
0.86	8.34	6.25	5.62	5.16	4.80	4.17	3.54	3.08	2.72	2.11	1.502	0.721	0.396	0.263	0.228	0.204
0.88	8.61	6.43	5.78	5.29	4.92	4.26	3.61	3.14	2.76	2.13	1.505	0.710	0.386	0.257	0.224	0.204
0.90	8.88	6.61	5.93	5.43	5.03	4.36	3.68	3.19	2.81	2.15	1.508	0.698	0.376	0.251	0.221	0.203
0.92	9.15	6.79	6.08	5.57	5.15	4.45	3.76	3.25	2.85	2.17	1.511	0.686	0.366	0.246	0.218	0.202

C_v	|P/%|															
	0.01	0.1	0.2	0.33	0.5	1	2	3.3	5	10	20	50	75	90	95	99
0.94	9.44	6.98	6.25	5.70	5.28	4.55	3.83	3.30	2.89	2.19	1.514	0.675	0.356	0.242	0.216	0.202
0.96	9.72	7.17	6.41	5.84	5.40	4.65	3.90	3.36	2.93	2.21	1.516	0.663	0.346	0.237	0.213	0.201
0.98	10.01	7.35	6.56	5.99	5.52	4.75	3.97	3.41	2.97	2.23	1.517	0.651	0.337	0.233	0.212	0.201
1.00	10.30	7.55	6.73	6.13	5.65	4.85	4.05	3.47	3.01	2.25	1.518	0.640	0.329	0.229	0.210	0.201
1.05	11.04	8.03	7.15	6.48	5.97	5.10	4.23	3.60	3.11	2.30	1.518	0.611	0.309	0.222	0.207	0.200
1.10	11.81	8.53	7.58	6.87	6.30	5.35	4.41	3.74	3.21	2.34	1.516	0.582	0.291	0.215	0.204	0.200
1.15	12.61	9.05	8.00	7.23	6.63	5.60	4.60	3.87	3.31	2.38	1.512	0.553	0.276	0.211	0.203	0.200
1.20	13.42	9.58	8.45	7.62	6.96	5.86	4.78	4.01	3.40	2.42	1.504	0.525	0.262	0.208	0.202	0.200
1.25	14.30	10.10	8.91	8.00	7.30	6.12	4.97	4.14	3.50	2.45	1.496	0.497	0.250	0.205	0.201	0.200
1.30	15.10	10.70	9.35	8.39	7.67	6.38	5.15	4.27	3.59	2.48	1.482	0.471	0.240	0.203	0.201	0.200
1.35	16.00	11.20	9.84	8.80	8.02	6.65	5.33	4.40	3.67	2.51	1.468	0.447	0.232	0.202	0.200	0.200
1.40	16.90	11.80	10.30	9.22	8.34	6.91	5.52	4.52	3.76	2.54	1.450	0.422	0.225	0.201	0.200	0.200
1.45	17.90	12.40	10.80	9.62	8.72	7.18	5.70	4.65	3.84	2.55	1.431	0.399	0.219	0.201	0.200	0.200
1.50	18.80	13.00	11.30	10.10	9.08	7.45	5.88	4.77	3.92	2.57	1.410	0.378	0.215	0.201	0.200	0.200
1.55	19.80	13.60	11.80	10.50	9.44	7.72	6.06	4.89	4.00	2.59	1.386	0.358	0.211	0.200	0.200	0.200
1.60	20.80	14.20	12.30	10.90	9.81	7.99	6.24	5.01	4.07	2.60	1.362	0.340	0.208	0.200	0.200	0.200
1.65	21.80	14.80	12.80	11.30	10.20	8.26	6.41	5.12	4.14	2.61	1.334	0.323	0.206	0.200	0.200	0.200
1.70	22.80	15.50	13.30	11.80	10.50	8.53	6.59	5.23	4.21	2.62	1.308	0.307	0.205	0.200	0.200	0.200
1.75	23.90	16.10	13.80	12.20	10.90	8.80	6.76	5.34	4.27	2.62	1.279	0.293	0.203	0.200	0.200	0.200
1.80	24.90	16.80	14.40	12.70	11.30	9.07	6.94	5.45	4.34	2.62	1.247	0.280	0.202	0.200	0.200	0.200
1.85	26.00	17.40	14.90	13.10	11.70	9.34	7.11	5.55	4.39	2.62	1.216	0.269	0.202	0.200	0.200	0.200
1.90	27.10	18.10	15.40	13.50	12.00	9.61	7.28	5.65	4.45	2.61	1.182	0.259	0.201	0.200	0.200	0.200
1.95	28.30	18.80	16.00	14.00	12.40	9.88	7.44	5.75	4.50	2.60	1.149	0.250	0.201	0.200	0.200	0.200
2.00	29.40	19.40	16.60	14.40	12.80	10.20	7.60	5.84	4.55	2.59	1.116	0.242	0.201	0.200	0.200	0.200

附表 I - 2 - 4

$C_s = 3C_v$ 时，K_p 值表

C_v	\multicolumn{16}{c}{$P/\%$}
	0.01	0.1	0.2	0.33	0.5	1	2	3.3	5	10	20	50	75	90	95	99
0.02	1.078	1.065	1.061	1.058	1.054	1.050	1.045	1.040	1.036	1.029	1.022	1.009	0.996	0.985	0.980	0.969
0.04	1.159	1.129	1.120	1.113	1.107	1.095	1.083	1.074	1.066	1.050	1.030	0.999	0.999	0.943	0.929	0.900
0.06	1.246	1.201	1.186	1.174	1.165	1.147	1.129	1.114	1.102	1.078	1.050	0.998	0.959	0.925	0.904	0.870
0.08	1.390	1.275	1.254	1.237	1.224	1.220	1.174	1.154	1.137	1.104	1.066	0.997	0.944	0.900	0.874	0.830
0.10	1.437	0.352	1.324	1.303	1.286	1.254	1.221	1.195	1.173	1.131	1.082	0.995	0.930	0.875	0.844	0.788
0.12	1.541	0.433	1.398	1.371	1.349	1.310	1.269	1.236	1.209	1.158	1.098	0.993	0.916	0.851	0.815	0.751
0.14	1.650	1.518	1.474	1.442	1.415	1.368	1.318	1.279	1.246	1.185	1.114	0.990	0.901	0.828	0.787	0.717
0.16	0.765	1.606	1.553	1.515	1.484	1.427	1.368	1.322	1.283	1.211	1.130	0.987	0.887	0.805	0.760	0.688
0.18	0.884	1.697	1.636	1.591	1.554	1.488	1.420	1.366	1.321	1.238	1.145	0.984	0.872	0.782	0.733	0.656
0.20	2.010	1.790	1.723	1.669	1.626	1.551	1.472	1.410	1.359	1.266	1.160	0.980	0.856	0.760	0.707	0.620
0.22	2.140	1.889	1.811	1.749	1.701	1.615	1.525	1.456	1.398	1.293	1.175	0.976	0.841	0.738	0.684	0.594
0.24	2.280	1.991	1.902	1.832	1.778	1.681	1.580	1.502	1.437	1.320	1.189	0.972	0.826	0.717	0.661	0.570
0.26	2.420	2.100	1.995	1.919	1.857	0.748	1.635	1.549	1.477	1.347	1.204	0.966	0.811	0.696	0.638	0.548
0.28	2.570	2.210	2.090	2.010	1.937	1.817	1.692	1.596	1.517	1.374	1.217	0.961	0.796	0.676	0.615	0.526
0.30	2.720	2.320	2.190	2.100	2.020	1.887	1.749	1.644	1.558	1.402	1.230	0.956	0.781	0.670	0.594	0.505
0.32	2.880	2.430	2.290	2.190	2.100	1.959	1.808	1.693	1.598	1.429	1.244	0.950	0.766	0.637	0.575	0.481
0.34	3.040	2.550	2.400	2.280	2.190	2.030	1.867	1.742	1.639	1.456	1.257	0.943	0.751	0.618	0.556	0.462
0.36	3.21	2.67	2.51	2.38	2.28	2.11	1.93	1.79	1.68	1.48	1.27	0.937	0.735	0.601	0.538	0.450
0.38	3.39	2.80	2.62	2.48	2.37	2.18	1.99	1.84	1.72	1.51	1.28	0.930	0.721	0.583	0.520	0.435
0.40	3.57	2.92	2.73	2.58	2.46	2.26	2.05	1.89	1.76	1.54	1.29	0.92	0.706	0.565	0.503	0.418
0.42	3.75	3.06	2.84	2.69	2.56	2.34	2.11	1.94	1.81	1.56	1.30	0.914	0.691	0.549	0.487	0.407
0.44	3.94	3.19	2.96	2.79	5.65	2.42	2.18	2.00	1.85	1.59	1.32	0.906	0.676	0.533	0.472	0.398
0.46	4.13	3.33	3.08	2.90	2.75	2.50	2.24	2.05	1.89	1.62	1.33	0.898	0.662	0.519	0.459	0.389

C_v	P/%																	
	0.01	0.1	0.2	0.33	0.5	1	2	3.3	5	10	20	50	75	90	95	99
0.48	4.34	3.47	3.21	3.01	2.85	2.58	2.31	2.10	1.93	1.64	1.34	0.889	0.648	0.504	0.446	0.380
0.50	4.54	3.62	3.34	3.12	2.96	2.67	2.37	2.15	1.98	1.67	1.35	0.880	0.633	0.490	0.434	0.371
0.52	4.75	3.76	3.46	3.24	3.06	2.75	2.44	2.21	2.02	1.69	1.35	0.871	0.620	0.478	0.423	0.365
0.54	4.97	3.91	3.59	3.35	3.16	2.84	2.50	2.26	2.06	1.72	1.36	0.861	0.606	0.466	0.414	0.360
0.56	5.20	4.07	3.73	3.47	3.27	2.92	2.57	2.31	2.10	1.74	1.37	0.852	0.592	0.454	0.404	0.356
0.58	5.43	4.22	3.86	3.59	3.38	3.01	2.64	2.37	2.15	1.77	1.38	0.842	0.579	0.443	0.396	0.352
0.60	5.66	4.38	4.00	3.71	3.49	3.10	2.71	2.42	2.19	1.79	1.39	0.832	0.565	0.433	0.388	0.347
0.62	5.90	4.54	4.14	3.84	3.60	3.19	2.78	2.47	2.23	1.81	1.39	0.821	0.553	0.423	0.382	0.344
0.64	6.15	4.71	4.28	3.96	3.71	3.28	2.85	2.53	2.27	1.84	1.40	0.810	0.541	0.414	0.376	0.342
0.66	6.39	4.88	4.43	4.09	3.83	3.37	2.92	2.58	2.32	1.86	1.40	0.799	0.529	0.407	0.369	0.340
0.68	6.64	5.05	4.58	4.22	3.94	3.47	2.99	2.64	2.36	1.88	1.41	0.788	0.517	0.399	0.364	0.339
0.70	6.90	5.22	4.72	4.35	4.06	3.56	3.06	2.69	2.40	1.906	1.414	0.777	0.506	0.392	0.360	0.337
0.72	7.16	5.40	4.88	4.49	4.18	3.65	3.13	2.75	2.44	1.927	1.419	0.766	0.495	0.385	0.356	0.337
0.74	7.43	5.58	5.03	4.62	4.30	3.75	3.20	2.80	2.48	1.948	1.422	0.754	0.485	0.379	0.352	0.336
0.76	7.70	5.76	5.18	4.76	4.42	3.85	3.27	2.86	2.53	1.970	1.425	0.743	0.475	0.373	0.349	0.335
0.78	7.98	5.95	5.34	4.90	4.54	3.94	3.35	2.91	2.57	1.990	1.427	0.731	0.465	0.369	0.347	0.335
0.80	8.27	6.14	5.51	5.03	4.67	4.04	3.42	2.97	2.61	2.01	1.430	0.719	0.455	0.365	0.345	0.334
0.82	8.55	6.33	5.66	5.18	4.79	4.14	3.49	3.02	2.65	2.03	1.431	0.707	0.446	0.360	0.343	0.334
0.84	8.84	6.52	5.82	5.33	4.92	4.24	3.56	3.07	2.69	2.05	1.431	0.696	0.438	0.357	0.341	0.334
0.86	9.14	6.71	6.00	5.46	5.04	4.34	3.64	3.13	2.73	2.07	1.432	0.684	0.429	0.354	0.340	0.334
0.88	9.44	6.91	6.17	5.61	5.17	4.44	3.71	3.18	2.77	2.08	1.432	0.673	0.422	0.351	0.339	0.334
0.90	9.75	7.11	6.34	5.77	5.31	4.54	3.78	3.24	2.81	2.10	1.431	0.661	0.415	0.348	0.337	0.334
0.92	10.07	7.31	6.51	5.92	5.44	4.64	3.86	3.53	2.85	2.12	1.430	0.649	0.408	0.346	0.337	0.333

C_v	P/%															
	0.01	0.1	0.2	0.33	0.5	1	2	3.3	5	10	20	50	75	90	95	99
0.94	10.39	7.51	6.68	6.06	5.57	4.74	3.93	3.34	2.89	2.13	1.428	0.638	0.402	0.344	0.336	0.333
0.96	10.70	7.73	6.85	6.20	5.70	4.84	4.00	3.40	2.93	2.15	1.427	0.627	0.396	0.342	0.335	0.333
0.98	11.02	7.95	7.02	6.35	5.84	4.95	4.05	3.45	2.97	2.17	1.424	0.615	0.390	0.341	0.335	0.333
1.00	11.35	8.15	7.21	6.51	5.97	5.05	4.15	3.50	3.00	2.18	1.420	0.604	0.385	0.340	0.335	0.333
1.05	12.20	8.69	7.66	6.90	6.31	5.31	4.34	3.64	3.10	2.21	1.411	0.577	0.374	0.337	0.334	0.333
1.10	13.10	9.25	8.12	7.30	6.66	5.58	4.52	3.77	3.19	2.24	1.397	0.551	0.364	0.336	0.334	0.333
1.15	14.00	9.81	8.59	7.71	7.01	5.84	4.70	3.89	3.27	2.26	1.380	0.527	0.356	0.335	0.334	0.333
1.20	14.90	10.40	9.08	8.12	7.37	6.11	4.89	4.02	3.36	2.29	1.363	0.503	0.350	0.334	0.333	0.333
1.25	15.80	11.00	9.58	8.55	7.72	6.37	5.07	4.14	3.44	2.31	1.342	0.482	0.346	0.334	0.333	0.333
1.30	16.81	11.59	10.07	8.96	8.09	6.64	5.25	4.26	3.51	2.33	1.318	0.462	0.342	0.334	0.333	0.333
1.35	17.80	12.20	10.60	9.39	8.45	6.91	5.42	4.38	3.58	2.34	1.292	0.444	0.340	0.333	0.333	0.333
1.40	18.80	12.80	11.10	9.84	8.83	7.18	5.60	4.49	3.65	2.34	1.266	0.428	0.338	0.333	0.333	0.333
1.45	19.90	13.50	11.60	10.20	9.21	7.46	5.77	4.60	3.72	2.35	1.237	0.413	0.336	0.333	0.333	0.333
1.50	21.00	14.10	12.10	10.70	9.61	7.72	5.95	4.71	3.78	2.35	1.206	0.400	0.335	0.333	0.333	0.333
1.55	22.00	14.80	12.70	11.10	9.95	7.99	6.16	4.81	3.84	2.35	1.174	0.389	0.335	0.333	0.333	0.333
1.60	23.00	15.50	13.20	11.60	10.30	8.27	6.29	4.91	3.89	2.34	1.140	0.379	0.334	0.333	0.333	0.333
1.65	24.30	16.10	13.80	12.10	10.70	8.53	6.44	5.00	3.94	2.33	1.108	0.371	0.334	0.333	0.333	0.333
1.70	25.50	16.80	14.30	12.50	11.10	8.80	6.60	5.10	3.98	2.32	1.073	0.364	0.334	0.333	0.333	0.333
1.75	26.70	17.50	14.90	13.00	11.50	9.07	6.77	5.19	4.02	2.30	1.039	0.358	0.334	0.333	0.333	0.333
1.80	27.80	18.20	15.50	13.40	11.90	9.36	6.92	5.27	4.06	2.28	1.003	0.353	0.333	0.333	0.333	0.333
1.85	29.10	18.90	16.00	13.90	12.30	9.59	7.07	5.35	4.09	2.26	0.969	0.349	0.333	0.333	0.333	0.333
1.90	30.40	19.60	16.60	14.40	12.70	9.85	7.22	5.42	4.13	2.24	0.936	0.345	0.333	0.333	0.333	0.333
1.95	31.60	20.40	17.20	14.80	13.10	10.10	7.36	5.50	4.15	2.21	0.900	0.343	0.333	0.333	0.333	0.333
2.00	32.90	21.10	17.80	15.30	13.50	10.40	7.50	5.57	4.17	2.18	0.866	0.341	0.333	0.333	0.333	0.333

附表 I-2-5

$C_s = 3C_v$ 时，K_p 值表

C_v	P/%															
	0.01	0.1	0.2	0.33	0.5	1	2	3.3	5	10	20	50	75	90	95	99
0.02	1.078	1.065	1.061	1.057	1.054	1.049	1.044	1.039	1.035	1.028	1.021	1.006	0.993	0.982	0.976	0.965
0.04	1.161	1.132	1.122	1.114	1.108	1.097	1.085	1.076	1.067	1.052	1.033	0.999	0.973	0.949	0.936	0.911
0.06	1.250	1.204	1.188	1.176	1.166	1.149	1.130	1.115	1.102	1.078	1.050	0.998	0.958	0.925	0.905	0.871
0.08	1.346	1.279	1.258	1.241	1.227	1.202	1.176	1.155	1.138	1.105	1.066	0.996	0.944	0.900	0.875	0.830
0.10	1.499	1.360	1.330	1.308	1.290	1.258	1.224	1.197	1.174	1.131	1.082	0.994	0.930	0.876	0.846	0.791
0.12	1.557	1.443	1.406	1.379	1.356	1.316	1.273	1.239	1.211	1.158	1.098	0.992	0.915	0.853	0.818	0.758
0.14	1.672	1.532	1.486	1.452	1.425	1.375	1.323	1.282	1.248	1.185	1.113	0.989	0.901	0.830	0.791	0.728
0.16	1.793	1.623	1.570	1.529	1.495	1.436	1.374	1.326	1.286	1.212	1.129	0.985	0.885	0.807	0.764	0.693
0.18	1.921	1.719	1.657	1.608	1.568	1.500	1.427	1.371	1.325	1.239	1.143	0.981	0.870	0.785	0.739	0.662
0.20	2.050	1.820	1.746	1.690	1.654	1.565	1.481	1.417	1.364	1.267	1.158	0.977	0.856	0.763	0.715	0.639
0.22	2.200	1.925	1.839	1.776	1.723	1.632	1.537	1.464	1.403	1.294	1.172	0.972	0.840	0.743	0.693	0.615
0.24	2.340	2.030	1.935	1.863	1.803	1.700	1.593	1.511	1.443	1.321	1.186	0.967	0.825	0.723	0.670	0.594
0.26	2.490	2.150	2.030	1.952	1.886	1.771	1.651	1.559	1.484	1.348	1.199	0.961	0.811	0.703	0.649	0.573
0.28	2.650	2.260	2.140	2.040	1.971	1.843	1.709	1.608	1.525	1.375	1.213	0.955	0.795	0.683	0.630	0.550
0.30	2.820	2.380	2.240	2.140	2.060	1.916	1.769	1.657	1.566	1.402	1.226	0.948	0.780	0.665	0.610	0.534
0.32	2.990	2.500	2.350	2.240	2.150	1.992	1.830	1.707	1.607	1.429	1.238	0.942	0.765	0.648	0.594	0.520
0.34	3.170	2.630	2.470	2.340	2.240	2.070	1.892	1.758	1.649	1.456	1.250	0.934	0.750	0.629	0.577	0.503
0.36	3.36	2.76	2.58	2.45	2.34	2.15	1.954	1.809	1.691	1.482	1.261	0.927	0.735	0.613	0.561	0.492
0.38	3.55	2.9	2.7	2.55	2.43	2.23	2.02	1.86	1.733	1.509	1.272	0.918	0.72	0.598	0.546	0.482
0.40	3.75	3.04	2.82	2.66	2.53	2.31	2.08	1.912	1.775	1.535	1.282	0.91	0.706	0.584	0.533	0.473
0.42	3.95	3.18	2.95	2.77	2.63	2.39	2.15	1.965	1.817	1.560	1.292	0.901	0.692	0.569	0.52	0.464
0.44	4.16	3.33	3.07	2.89	2.73	2.48	2.21	2.02	1.86	1.586	1.301	0.892	0.678	0.556	0.509	0.457
0.46	4.37	3.47	3.2	3	2.84	2.56	2.28	2.07	1.903	1.611	1.31	0.882	0.664	0.544	0.499	0.452

P/%

C_v	0.01	0.1	0.2	0.33	0.5	1	2	3.3	5	10	20	50	75	90	95	99
0.48	4.6	3.63	3.34	3.12	2.95	2.65	2.35	2.12	1.946	1.636	1.319	0.873	0.65	0.532	0.489	0.448
0.50	4.83	3.79	3.47	3.24	3.05	2.74	2.42	2.18	1.988	1.661	1.326	0.863	0.637	0.521	0.481	0.444
0.52	5.06	3.94	3.61	3.36	3.17	2.83	2.48	2.23	2.03	1.684	1.332	0.853	0.624	0.511	0.472	0.439
0.54	5.31	4.11	3.75	3.49	3.28	2.92	2.55	2.29	2.07	1.709	1.339	0.842	0.612	0.501	0.467	0.437
0.56	5.55	4.28	3.9	3.61	3.39	3.01	2.62	2.34	2.12	1.731	1.345	0.831	0.6	0.493	0.461	0.435
0.58	5.8	4.45	4.04	3.74	3.51	3.1	2.69	2.4	2.16	1.754	1.35	0.82	0.588	0.486	0.456	0.433
0.60	6.06	4.62	4.19	3.87	3.62	3.19	2.77	2.45	2.2	1.776	1.355	0.809	0.576	0.479	0.51	0.432
0.62	6.32	4.8	4.35	4.01	3.75	3.29	2.84	2.5	2.24	1.798	1.359	0.797	0.566	0.472	0.447	0.432
0.64	6.59	4.98	4.5	4.15	3.87	3.38	2.91	2.56	2.28	1.819	1.363	0.786	0.555	0.466	0.444	0.431
0.66	6.86	5.16	4.65	4.28	3.98	3.48	2.98	2.61	2.33	1.840	1.365	0.774	0.546	0.461	0.441	0.43
0.68	7.15	5.35	4.82	4.41	4.11	3.58	3.05	2.67	2.37	1.860	1.368	0.762	0.536	0.456	0.439	0.43
0.70	7.430	5.540	4.970	4.560	4.230	3.680	3.120	2.720	2.410	1.879	1.369	0.751	0.527	0.452	0.437	0.429
0.72	7.720	5.730	5.130	4.710	4.360	3.780	3.200	2.780	2.450	1.898	1.369	0.739	0.518	0.449	0.435	0.429
0.74	8.020	5.920	5.310	4.840	4.480	3.880	3.270	2.830	2.490	1.916	1.370	0.728	0.510	0.446	0.434	0.221
0.76	8.330	6.130	5.480	5.000	4.620	3.980	3.340	2.890	2.530	1.934	1.370	0.716	0.503	0.443	0.433	0.429
0.78	8.640	6.330	5.650	5.150	4.750	4.080	3.420	2.940	2.570	1.952	1.369	0.705	0.496	0.440	0.432	0.429
0.80	8.950	6.530	5.820	5.290	4.880	4.180	3.490	2.990	2.610	1.968	1.368	0.694	0.489	0.438	0.431	0.429
0.82	9.270	6.740	5.990	5.440	5.010	4.280	3.560	3.050	2.650	1.980	1.366	0.682	0.483	0.437	0.430	0.429
0.84	9.590	6.950	6.160	5.590	5.150	4.380	3.640	3.100	2.680	1.999	1.363	0.670	0.477	0.435	0.430	0.429
0.86	9.910	7.160	6.340	5.750	5.280	4.490	3.710	3.150	2.720	2.010	1.360	0.659	0.472	0.434	0.430	0.429
0.88	10.260	7.380	6.530	5.900	5.410	4.590	3.790	3.210	2.760	2.030	1.357	0.648	0.467	0.433	0.429	0.429
0.90	10.610	7.590	6.700	6.050	5.560	4.700	3.860	3.260	2.800	2.040	1.352	0.638	0.463	0.432	0.429	0.429
0.92	10.950	7.810	6.880	6.210	5.700	4.800	3.930	3.310	2.830	2.050	1.347	0.627	0.459	0.431	0.429	0.429

C_v	$P/\%$															
	0.01	0.1	0.2	0.33	0.5	1	2	3.3	5	10	20	50	75	90	95	99
0.94	11.280	8.040	7.070	6.370	5.840	4.910	4.010	3.360	2.870	2.060	1.341	0.617	0.455	0.431	0.429	0.429
0.96	11.640	8.260	7.270	6.540	5.980	5.010	4.080	3.420	2.900	2.080	1.335	0.607	0.452	0.430	0.429	0.429
0.98	12.000	8.480	7.460	6.700	6.120	5.120	4.150	3.470	2.940	2.090	1.329	0.597	0.449	0.430	0.429	0.429
1.00	12.370	8.720	7.650	6.870	6.250	5.220	4.230	3.530	2.970	2.100	1.322	0.587	0.446	0.430	0.429	0.429
1.05	13.300	9.320	8.140	7.290	6.600	5.490	4.410	3.640	3.050	2.120	1.303	0.565	0.441	0.429	0.429	0.429
1.10	14.300	9.890	8.630	7.710	6.980	5.760	4.590	3.760	3.130	2.130	1.28	0.544	0.437	0.429	0.429	0.429
1.15	15.200	10.500	9.150	8.130	7.340	6.030	4.770	3.880	3.200	2.150	1.255	0.526	0.434	0.429	0.429	0.429
1.20	16.300	11.100	9.640	8.570	7.710	6.300	4.940	3.990	3.270	2.150	1.228	0.509	0.432	0.429	0.429	0.429
1.25	17.300	11.800	10.100	8.990	8.090	6.570	5.120	4.100	3.340	2.160	1.199	0.494	0.431	0.429	0.429	0.429
1.30	18.400	12.400	10.700	9.450	8.480	6.840	5.290	4.210	3.400	2.160	1.167	0.483	0.43	0.429	0.429	0.429
1.35	19.500	13.100	11.200	9.900	8.850	7.110	5.460	4.310	3.460	2.150	1.135	0.472	0.429	0.429	0.429	0.429
1.40	20.700	13.800	11.800	10.300	9.230	7.380	5.620	4.410	3.510	2.140	1.102	0.463	0.429	0.429	0.429	0.429
1.45	21.800	14.500	12.300	10.800	9.620	7.650	5.780	4.500	3.550	2.130	1.067	0.455	0.429	0.429	0.429	0.429
1.50	23.000	15.100	12.900	11.300	10.000	7.920	5.940	4.590	3.590	2.110	1.033	0.450	0.429	0.429	0.429	0.429
1.55	24.200	15.800	13.500	11.700	10.400	8.180	6.100	4.670	3.630	2.100	0.998	0.445	0.429	0.429	0.429	0.429
1.60	25.500	16.600	14.000	12.200	10.800	8.440	6.240	4.750	3.660	2.070	0.964	0.441	0.429	0.429	0.429	0.429
1.65	26.700	17.300	14.600	12.700	11.200	8.700	6.390	4.830	3.690	2.050	0.929	0.438	0.429	0.429	0.429	0.429
1.70	28.000	18.000	15.200	13.100	11.600	8.960	6.530	4.890	3.710	2.020	0.896	0.435	0.429	0.429	0.429	0.429
1.75	29.300	18.800	15.800	13.600	11.900	9.220	6.670	4.960	3.730	1.990	0.862	0.433	0.429	0.429	0.429	0.429
1.80	30.600	19.600	16.400	14.100	12.300	9.470	6.810	5.020	3.740	1.950	0.831	0.432	0.429	0.429	0.429	0.429
1.85	32.000	20.300	17.000	14.600	12.800	9.720	6.930	5.070	3.750	1.920	0.798	0.431	0.429	0.429	0.429	0.429
1.90	33.400	21.100	17.600	15.000	13.200	9.970	7.060	5.120	3.760	1.880	0.769	0.430	0.429	0.429	0.429	0.429
1.95	34.800	21.900	18.100	15.500	13.600	10.200	7.180	5.170	3.760	1.840	0.739	0.430	0.429	0.429	0.429	0.429
2.00	36.200	22.600	18.800	16.000	13.900	10.500	7.290	5.210	3.750	1.800	0.711	0.429	0.429	0.429	0.429	0.429

附表 I-2-6

$C_s=4C_v$ 时，K_p 值表

C_v	\multicolumn{16}{c}{P/%}
	0.01	0.1	0.2	0.33	0.5	1	2	3.3	5	10	20	50	75	90	95	99
0.02	1.078	1.064	1.060	1.056	1.053	1.048	1.042	1.037	1.033	1.026	1.017	1.000	0.986	0.975	0.968	0.955
0.04	1.163	1.133	1.123	1.115	1.109	1.098	1.086	1.076	1.068	1.052	1.033	0.999	0.972	0.949	0.936	0.912
0.06	1.254	1.206	1.190	1.178	1.168	1.150	1.131	1.116	1.103	1.078	1.050	0.998	0.958	0.925	0.905	0.872
0.08	1.353	1.284	1.261	1.244	1.230	1.205	1.178	1.156	1.138	1.105	1.066	0.996	0.944	0.901	0.876	0.833
0.10	1.460	1.367	1.337	1.316	1.295	1.262	1.226	1.198	1.175	1.132	1.082	0.993	0.929	0.877	0.848	0.797
0.12	1.573	1.454	1.415	1.386	1.363	1.321	1.276	1.241	1.212	1.159	1.097	0.990	0.915	0.854	0.820	0.766
0.14	1.694	1.545	1.499	1.463	1.433	1.382	1.328	1.285	1.250	1.186	1.112	0.987	0.900	0.831	0.793	0.731
0.16	1.822	1.642	1.586	1.542	1.507	1.445	1.381	1.330	1.289	1.213	1.127	0.983	0.885	0.809	0.768	0.701
0.18	1.957	1.744	1.677	1.624	1.584	1.511	1.435	1.376	1.328	1.240	1.142	0.979	0.870	0.788	0.746	0.677
0.20	2.10	1.849	1.770	1.711	1.662	1.578	1.491	1.423	1.368	1.267	1.156	0.974	0.855	0.767	0.722	0.653
0.22	2.25	1.960	1.867	1.799	1.744	1.648	1.548	1.471	1.408	1.294	1.170	0.968	0.840	0.747	0.701	0.634
0.24	2.41	2.07	1.970	1.890	1.828	1.719	1.606	1.520	1.449	1.321	1.183	0.962	0.824	0.728	0.681	0.611
0.26	2.57	2.19	2.08	1.986	1.916	1.793	1.665	1.569	1.490	1.348	1.196	0.956	0.809	0.709	0.662	0.593
0.28	2.74	2.32	2.19	2.09	2.01	1.868	1.726	1.619	1.531	1.375	1.208	0.949	0.794	0.692	0.645	0.580
0.30	2.92	2.44	2.30	2.19	2.10	1.945	1.788	1.669	1.573	1.402	1.220	0.941	0.780	0.674	0.627	0.565
0.32	3.11	2.58	2.41	2.29	2.19	2.02	1.851	1.720	1.615	1.428	1.231	0.934	0.765	0.657	0.612	0.553
0.34	3.30	2.71	2.53	2.40	2.29	2.10	1.915	1.772	1.657	1.455	1.242	0.925	0.750	0.643	0.598	0.544
0.36	3.50	2.85	2.65	2.51	2.39	2.19	1.980	1.825	1.700	1.481	1.252	0.917	0.736	0.628	0.585	0.535
0.38	3.71	3.00	2.78	2.62	2.49	2.27	2.05	1.878	1.742	1.506	1.261	0.908	0.722	0.615	0.573	0.526
0.40	3.93	3.15	2.91	2.74	2.60	2.36	2.11	1.930	1.785	1.532	1.270	0.898	0.708	0.602	0.563	0.521
0.42	4.15	3.30	3.05	2.85	2.70	2.44	2.18	1.984	1.827	1.557	1.279	0.889	0.694	0.591	0.553	0.517
0.44	4.38	3.46	3.18	2.97	2.81	2.53	2.25	2.04	1.870	1.581	1.286	0.879	0.681	0.580	0.544	0.512
0.46	4.62	3.62	3.32	3.10	2.93	2.62	2.32	2.09	1.913	1.605	1.292	0.869	0.668	0.569	0.537	0.509
0.48	4.86	3.78	3.46	3.22	3.04	2.71	2.39	2.15	1.955	1.629	1.299	0.858	0.656	0.560	0.532	0.507

C_v	\multicolumn{16}{c}{$P/\%$}
	0.01	0.1	0.2	0.33	0.5	1	2	3.3	5	10	20	50	75	90	95	99
0.50	5.10	3.95	3.61	3.35	3.15	2.80	2.46	2.20	1.998	1.651	1.305	0.847	0.644	0.553	0.526	0.505
0.52	5.36	4.12	3.75	3.48	3.27	2.90	2.53	2.25	2.04	1.674	1.310	0.836	0.632	0.546	0.521	0.503
0.54	5.62	4.30	3.91	3.62	3.39	2.99	2.60	2.31	2.08	1.695	1.314	0.824	0.621	0.539	0.517	0.503
0.56	5.89	4.48	4.06	3.75	3.51	3.09	2.67	2.36	2.12	1.716	1.317	0.813	0.611	0.533	0.513	0.502
0.58	6.17	4.67	4.21	3.89	3.63	3.18	2.74	2.42	2.17	1.737	1.320	0.801	0.601	0.528	0.511	0.501
0.60	6.45	4.86	4.38	4.02	3.75	3.28	2.81	2.47	2.21	1.757	1.323	0.789	0.591	0.523	0.509	0.501
0.62	6.74	5.04	4.54	4.17	3.87	3.38	2.89	2.53	2.25	1.777	1.323	0.778	0.583	0.519	0.507	0.501
0.64	7.03	5.23	4.71	4.31	4.00	3.48	2.96	2.58	2.29	1.795	1.324	0.766	0.574	0.516	0.505	0.500
0.66	7.33	5.43	4.88	4.46	4.13	3.58	3.03	2.64	2.33	1.813	1.324	0.755	0.567	0.513	0.504	0.500
0.68	7.64	5.64	5.04	4.61	4.27	3.68	3.11	2.69	2.37	1.831	1.324	0.743	0.560	0.510	0.503	0.500
0.70	7.96	5.83	5.22	4.76	4.39	3.78	3.18	2.74	2.41	1.847	1.322	0.731	0.553	0.509	0.502	0.500
0.72	8.27	6.05	5.39	4.90	4.53	3.88	3.25	2.80	2.45	1.863	1.320	0.720	0.547	0.507	0.502	0.500
0.74	8.59	6.26	5.56	5.06	4.66	3.99	3.33	2.85	2.48	1.878	1.317	0.709	0.541	0.505	0.501	0.500
0.76	8.93	6.48	5.74	5.21	4.80	4.09	3.40	2.90	2.52	1.892	1.314	0.697	0.536	0.504	0.501	0.500
0.78	9.28	6.69	5.93	5.36	4.93	4.20	3.47	2.96	2.56	1.906	1.310	0.687	0.532	0.503	0.501	0.500
0.80	9.61	6.91	6.11	5.53	5.07	4.30	3.55	3.01	2.59	1.918	1.305	0.676	0.527	0.502	0.501	0.500
0.82	9.95	7.13	6.29	5.68	5.22	4.40	3.62	3.06	2.63	1.930	1.299	0.666	0.524	0.502	0.501	0.500
0.84	10.31	7.35	6.49	5.84	5.36	4.51	3.70	3.11	2.66	1.941	1.294	0.656	0.521	0.502	0.500	0.500
0.86	10.67	7.57	6.68	6.01	5.50	4.62	3.77	3.16	2.70	1.952	1.287	0.646	0.518	0.501	0.500	0.500
0.88	11.04	7.80	6.86	6.18	5.63	4.72	3.84	3.21	2.73	1.962	1.279	0.637	0.515	0.501	0.500	0.500
0.90	11.42	8.06	7.04	6.34	5.78	4.83	3.91	3.26	2.77	1.969	1.272	0.627	0.513	0.501	0.500	0.500
0.92	11.79	8.29	7.26	6.52	5.91	4.94	3.99	3.31	2.80	1.977	1.264	0.619	0.511	0.500	0.500	0.500
0.94	12.18	8.51	7.46	6.68	6.07	5.40	4.06	3.36	2.83	1.983	1.255	0.610	0.509	0.501	0.500	0.500
0.96	12.57	8.75	7.65	6.85	6.22	5.15	4.13	3.41	2.86	1.990	1.245	0.602	0.508	0.500	0.500	0.500
0.98	12.95	9.00	7.86	7.02	6.36	5.26	4.20	3.46	2.89	1.996	1.236	0.595	0.506	0.500	0.500	0.500
1.00	13.36	9.25	8.05	7.18	6.50	5.37	4.27	3.50	2.92	2.000	1.226	0.587	0.505	0.500	0.500	0.500

附表 Ⅰ-2-7 $C_s=5C_v$ 时，K_p 值表

C_v	\multicolumn{16}{c}{P/%}														
	99	95	90	75	50	20	10	5	3.3	2	1	0.5	0.33	0.2	0.1	0.01
0.05	0.893	0.921	0.937	0.965	0.998	1.041	1.065	1.086	1.096	1.109	1.125	1.141	1.149	1.159	1.172	1.213
0.10	0.807	0.851	0.878	0.929	0.992	1.081	1.132	1.177	1.202	1.231	1.269	1.304	1.324	1.348	1.382	1.482
0.15	0.735	0.789	0.824	0.891	0.981	1.118	1.200	1.274	1.315	1.364	1.429	1.490	1.526	1.569	1.626	1.809
0.20	0.681	0.737	0.775	0.854	0.967	1.152	1.268	1.375	1.435	1.508	1.604	1.697	1.750	1.819	1.906	2.19
0.25	0.646	0.694	0.731	0.816	0.949	1.182	1.335	1.479	1.561	1.662	1.795	1.927	2.00	2.09	2.22	2.63
0.30	0.623	0.660	0.694	0.780	0.928	1.207	1.400	1.585	1.691	1.823	1.999	2.17	2.27	2.40	2.57	3.13
0.35	0.610	0.636	0.665	0.746	0.904	1.228	1.462	1.692	1.825	1.991	2.22	2.44	2.57	2.73	2.95	3.68
0.40	0.604	0.621	0.642	0.715	0.877	1.244	1.521	1.789	1.960	2.16	2.44	2.72	2.88	3.09	3.36	4.28
0.45	0.601	0.610	0.626	0.688	0.849	1.253	1.575	1.903	2.10	2.34	2.68	3.02	3.22	3.46	3.80	4.94
0.50	0.600	0.605	0.615	0.664	0.820	1.259	1.625	2.01	2.23	2.52	2.92	3.32	3.57	3.86	4.27	5.65
0.55	0.600	0.602	0.608	0.646	0.791	1.258	1.670	2.11	2.37	2.71	3.17	3.65	3.93	4.29	4.77	6.41
0.60	0.600	0.601	0.604	0.631	0.762	1.253	1.708	2.20	2.50	2.89	3.43	3.99	4.31	4.72	5.29	7.21
0.65	0.600	0.600	0.602	0.620	0.736	1.241	1.740	2.29	2.63	3.07	3.69	4.33	4.70	5.17	5.83	8.06
0.70	0.600	0.600	0.601	0.612	0.711	1.225	1.768	2.38	2.76	3.26	3.96	4.67	5.11	5.65	6.39	8.69
0.75	0.600	0.600	0.602	0.607	0.689	1.205	1.786	2.46	2.88	3.44	4.22	5.03	5.53	6.15	6.99	9.90

附表 Ⅰ-2-8 $C_s=6C_v$ 时，K_p 值表

C_v	\multicolumn{16}{c}{P/%}														
	99	95	90	75	50	20	10	5	3.3	2	1	0.5	0.33	0.2	0.1	0.01
0.05	0.894	0.922	0.938	0.965	0.998	1.041	1.065	1.086	1.097	1.111	1.127	1.143	1.151	1.162	1.176	1.219
0.10	0.810	0.854	0.880	0.928	0.990	1.080	1.133	1.180	1.205	1.236	1.275	1.313	1.335	1.361	1.395	1.505
0.15	0.753	0.797	0.828	0.891	0.978	1.115	1.201	1.279	1.322	1.375	1.444	1.510	1.548	1.595	1.659	1.859
0.20	0.709	0.752	0.782	0.853	0.961	1.147	1.268	1.382	1.446	1.525	1.630	1.732	1.790	1.865	1.963	2.28

C_v	P/%															
	99	95	90	75	50	20	10	5	3.3	2	1	0.5	0.33	0.2	0.1	0.01
0.25	0.686	0.717	0.745	0.817	0.940	1.173	1.333	1.488	1.58	1.69	1.83	1.98	2.06	2.10	2.31	2.77
0.30	0.673	0.694	0.716	0.783	0.916	1.193	1.395	1.595	1.71	1.85	2.05	2.25	2.36	2.50	2.69	3.33
0.35	0.669	0.680	0.696	0.753	0.889	1.207	1.453	1.701	1.85	2.03	2.28	2.53	2.68	2.86	3.11	3.95
0.40	0.667	0.672	0.682	0.728	0.859	1.215	1.505	1.805	1.98	2.21	2.52	2.84	3.02	3.26	3.57	4.64
0.45	0.667	0.669	0.674	0.708	0.831	1.216	1.551	1.906	2.12	2.39	2.70	3.16	3.38	3.67	4.06	5.38
0.50	0.667	0.667	0.670	0.693	0.802	1.210	1.590	2.00	2.25	2.58	3.03	3.49	3.76	4.10	4.58	6.17
0.55	0.667	0.667	0.668	0.682	0.775	1.199	1.622	2.09	2.38	2.76	3.29	3.84	4.15	4.56	5.13	7.03
0.60	0.667	0.667	0.667	0.675	0.752	1.181	1.646	2.18	2.51	2.94	3.55	4.19	4.56	5.03	5.70	7.95
0.65	0.667	0.667	0.667	0.671	0.731	1.159	1.663	2.26	2.63	3.12	3.82	4.55	4.98	5.54	6.29	8.69
0.70	0.667	0.667	0.667	0.669	0.714	1.133	1.672	2.33	2.75	3.30	4.09	4.91	5.42	6.04	6.91	9.92
0.75	0.667	0.667	0.667	0.668	0.700	1.103	1.675	2.39	2.85	3.47	4.36	5.30	5.86	6.57	7.57	10.97

附表 I-3　瞬时单位线 $S(t)$ 曲线表

t/k	n																				
	1.0	1.1	1.2	1.3	1.4	1.5	1.6	1.7	1.8	1.9	2.0	2.1	2.2	2.3	2.4	2.5	2.6	2.7	2.8	2.9	3.0
0.0	0.000	0.000	0.000	0.000	0.000	0.000	0.000	0.000	0.000	0.000	0.000	0.000	0.000	0.000	0.000	0.000	0.000	0.000	0.000	0.000	0.000
0.1	0.095	0.072	0.054	0.041	0.030	0.022	0.017	0.012	0.009	0.006	0.005	0.003	0.002	0.002	0.001	0.001	0.001	0.000	0.000	0.000	0.000
0.2	0.181	0.147	0.118	0.095	0.075	0.060	0.047	0.037	0.029	0.023	0.018	0.014	0.010	0.008	0.006	0.005	0.004	0.003	0.002	0.002	0.001
0.3	0.259	0.218	0.182	0.152	0.126	0.104	0.085	0.069	0.056	0.046	0.037	0.030	0.024	0.019	0.015	0.012	0.009	0.007	0.006	0.005	0.004
0.4	0.330	0.285	0.245	0.209	0.178	0.151	0.127	0.107	0.089	0.074	0.062	0.051	0.042	0.034	0.028	0.023	0.019	0.015	0.012	0.010	0.008
0.5	0.393	0.347	0.304	0.265	0.230	0.199	0.171	0.147	0.125	0.106	0.090	0.076	0.064	0.054	0.045	0.037	0.031	0.026	0.021	0.018	0.014

t/k	1.0	1.1	1.2	1.3	1.4	1.5	1.6	1.7	1.8	1.9	2.0	2.1	2.2	2.3	2.4	2.5	2.6	2.7	2.8	2.9	3.0
0.6	0.451	0.404	0.359	0.319	0.281	0.247	0.216	0.188	0.164	0.141	0.122	0.105	0.090	0.076	0.065	0.055	0.047	0.039	0.033	0.028	0.023
0.7	0.503	0.456	0.412	0.370	0.331	0.294	0.261	0.231	0.203	0.178	0.156	0.136	0.118	0.102	0.088	0.076	0.065	0.056	0.047	0.040	0.034
0.8	0.551	0.505	0.460	0.418	0.378	0.341	0.306	0.273	0.243	0.216	0.191	0.169	0.148	0.130	0.113	0.099	0.086	0.074	0.064	0.055	0.047
0.9	0.593	0.549	0.505	0.463	0.423	0.385	0.349	0.315	0.284	0.255	0.228	0.203	0.180	0.159	0.141	0.124	0.109	0.095	0.083	0.072	0.063
1.0	0.632	0.589	0.547	0.506	0.466	0.428	0.391	0.356	0.324	0.293	0.264	0.238	0.213	0.190	0.170	0.151	0.134	0.118	0.104	0.092	0.080
1.1	0.667	0.626	0.585	0.545	0.506	0.468	0.431	0.396	0.363	0.331	0.301	0.273	0.247	0.222	0.200	0.179	0.160	0.143	0.127	0.113	0.100
1.2	0.699	0.660	0.621	0.582	0.544	0.506	0.470	0.435	0.401	0.368	0.337	0.308	0.281	0.255	0.231	0.209	0.188	0.169	0.151	0.135	0.121
1.3	0.727	0.691	0.654	0.616	0.579	0.543	0.507	0.471	0.437	0.405	0.373	0.343	0.352	0.288	0.262	0.239	0.216	0.196	0.177	0.159	0.143
1.4	0.753	0.719	0.684	0.648	0.612	0.577	0.541	0.507	0.473	0.440	0.408	0.378	0.348	0.321	0.294	0.269	0.246	0.224	0.203	0.184	0.167
1.5	0.777	0.744	0.711	0.677	0.643	0.608	0.574	0.540	0.507	0.474	0.442	0.411	0.382	0.353	0.326	0.300	0.275	0.252	0.231	0.210	0.191
1.6	0.798	0.768	0.736	0.740	0.671	0.638	0.605	0.572	0.539	0.507	0.475	0.444	0.414	0.385	0.357	0.331	0.305	0.281	0.258	0.237	0.217
1.7	0.817	0.789	0.759	0.729	0.698	0.666	0.634	0.602	0.570	0.538	0.507	0.476	0.446	0.417	0.389	0.361	0.335	0.310	0.287	0.264	0.243
1.8	0.835	0.808	0.781	0.752	0.722	0.692	0.661	0.630	0.599	0.568	0.537	0.507	0.477	0.045	0.419	0.392	0.365	0.340	0.315	0.292	0.269
1.9	0.850	0.826	0.800	0.773	0.745	0.716	0.687	0.657	0.627	0.596	0.566	0.536	0.507	0.478	0.449	0.421	0.395	0.368	0.343	0.319	0.296
2.0	0.865	0.842	0.818	0.792	0.766	0.739	0.710	0.682	0.653	0.623	0.594	0.565	0.536	0.507	0.478	0.451	0.423	0.397	0.372	0.347	0.323
2.1	0.878	0.856	0.834	0.810	0.785	0.759	0.733	0.705	0.677	0.649	0.620	0.592	0.563	0.535	0.507	0.479	0.452	0.425	0.400	0.375	0.350
2.2	0.889	0.870	0.849	0.826	0.803	0.779	0.753	0.727	0.700	0.673	0.645	0.618	0.590	0.562	0.534	0.507	0.480	0.456	0.427	0.402	0.377
2.3	0.900	0.882	0.862	0.841	0.819	0.796	0.772	0.748	0.722	0.696	0.669	0.642	0.615	0.588	0.560	0.533	0.507	0.480	0.454	0.429	0.404
2.4	0.909	0.893	0.875	0.855	0.835	0.813	0.790	0.767	0.742	0.717	0.692	0.665	0.639	0.613	0.586	0.559	0.533	0.807	0.481	0.455	0.430
2.5	0.918	0.902	0.886	0.868	0.849	0.828	0.807	0.784	0.761	0.737	0.713	0.688	0.662	0.636	0.610	0.584	0.558	0.532	0.506	0.481	0.456
2.6	0.926	0.912	0.896	0.879	0.861	0.842	0.822	0.801	0.779	0.756	0.733	0.708	0.684	0.659	0.634	0.608	0.582	0.557	0.532	0.506	0.482
2.7	0.933	0.920	0.905	0.890	0.873	0.855	0.836	0.816	0.796	0.774	0.751	0.728	0.705	0.680	0.656	0.631	0.606	0.581	0.556	0.531	0.506
2.8	0.939	0.927	0.914	0.899	0.884	0.867	0.849	0.831	0.811	0.790	0.769	0.747	0.724	0.701	0.677	0.653	0.629	0.604	0.579	0.555	0.531

t/k	n																				
	1.0	1.1	1.2	1.3	1.4	1.5	1.6	1.7	1.8	1.9	2.0	2.1	2.2	2.3	2.4	2.5	2.6	2.7	2.8	2.9	3.0
2.9	0.945	0.934	0.922	0.908	0.894	0.878	0.862	0.844	0.825	0.806	0.785	0.764	0.742	0.720	0.697	0.674	0.650	0.626	0.602	0.578	0.554
3.0	0.950	0.940	0.929	0.916	0.903	0.888	0.873	0.856	0.839	0.820	0.801	0.781	0.760	0.738	0.716	0.694	0.671	0.648	0.624	0.600	0.577
3.1	0.955	0.946	0.935	0.924	0.911	0.898	0.883	0.868	0.851	0.834	0.815	0.796	0.776	0.756	0.734	0.713	0.691	0.668	0.645	0.622	0.599
3.2	0.959	0.951	0.941	0.930	0.919	0.906	0.893	0.878	0.863	0.846	0.829	0.811	0.792	0.772	0.752	0.731	0.709	0.688	0.665	0.643	0.620
3.3	0.963	0.955	0.946	0.937	0.926	0.914	0.902	0.888	0.873	0.858	0.841	0.824	0.806	0.787	0.768	0.748	0.727	0.706	0.685	0.663	0.641
3.4	0.967	0.959	0.951	0.942	0.932	0.921	0.910	0.897	0.883	0.869	0.853	0.837	0.820	0.802	0.783	0.764	0.744	0.724	0.703	0.682	0.660
3.5	0.970	0.963	0.956	0.947	0.938	0.928	0.917	0.905	0.892	0.879	0.864	0.849	0.832	0.815	0.798	0.779	0.760	0.741	0.721	0.700	0.679
3.6	0.973	0.967	0.960	0.952	0.944	0.934	0.924	0.913	0.901	0.888	0.874	0.860	0.844	0.828	0.811	0.794	0.776	0.757	0.737	0.718	0.697
3.7	0.975	0.970	0.963	0.956	0.948	0.940	0.930	0.920	0.909	0.897	0.884	0.870	0.856	0.840	0.824	0.807	0.790	0.772	0.753	0.734	0.715
3.8	0.978	0.973	0.967	0.960	0.953	0.945	0.936	0.926	0.916	0.905	0.893	0.880	0.866	0.851	0.836	0.820	0.804	0.786	0.768	0.750	0.731
3.9	0.980	0.975	0.970	0.964	0.957	0.950	0.941	0.932	0.923	0.912	0.901	0.889	0.876	0.862	0.848	0.832	0.817	0.800	0.783	0.765	0.747
4.0	0.982	0.977	0.973	0.967	0.961	0.954	0.946	0.938	0.929	0.919	0.908	0.897	0.885	0.872	0.858	0.844	0.829	0.813	0.796	0.779	0.762
4.1	0.983	0.980	0.975	0.970	0.964	0.958	0.951	0.943	0.935	0.925	0.915	0.905	0.893	0.881	0.868	0.854	0.840	0.825	0.809	0.793	0.776
4.2	0.985	0.981	0.977	0.973	0.967	0.962	0.955	0.948	0.940	0.931	0.922	0.912	0.901	0.890	0.877	0.864	0.851	0.837	0.822	0.806	0.790
4.3	0.986	0.983	0.979	0.975	0.970	0.965	0.959	0.952	0.945	0.937	0.928	0.919	0.909	0.898	0.886	0.874	0.861	0.847	0.833	0.818	0.803
4.4	0.988	0.985	0.981	0.977	0.973	0.968	0.962	0.956	0.949	0.942	0.934	0.925	0.915	0.905	0.894	0.883	0.870	0.857	0.844	0.830	0.815
4.5	0.989	0.986	0.983	0.979	0.975	0.971	0.966	0.960	0.953	0.947	0.939	0.931	0.922	0.912	0.902	0.891	0.879	0.867	0.854	0.841	0.826
4.6	0.990	0.987	0.985	0.981	0.978	0.973	0.968	0.963	0.957	0.951	0.944	0.936	0.928	0.919	0.909	0.899	0.888	0.876	0.864	0.851	0.837
4.7	0.990	0.989	0.986	0.983	0.980	0.976	0.971	0.966	0.961	0.955	0.948	0.941	0.933	0.925	0.916	0.906	0.895	0.884	0.873	0.861	0.848
4.8	0.994	0.990	0.987	0.985	0.981	0.978	0.974	0.969	0.964	0.958	0.952	0.946	0.938	0.930	0.922	0.913	0.903	0.892	0.881	0.870	0.857
4.9	0.992	0.991	0.988	0.986	0.983	0.980	0.976	0.972	0.967	0.962	0.956	0.950	0.943	0.936	0.928	0.919	0.910	0.900	0.889	0.878	0.867
5.0	0.993	0.992	0.990	0.987	0.984	0.981	0.978	0.974	0.970	0.965	0.960	0.954	0.947	0.940	0.933	0.925	0.916	0.907	0.897	0.886	0.875
5.1	0.994	0.992	0.990	0.988	0.986	0.983	0.980	0.976	0.972	0.968	0.963	0.957	0.951	0.945	0.938	0.930	0.922	0.913	0.904	0.894	0.884

t/k	n																				
	1.0	1.1	1.2	1.3	1.4	1.5	1.6	1.7	1.8	1.9	2.0	2.1	2.2	2.3	2.4	2.5	2.6	2.7	2.8	2.9	3.0
5.2	0.994	0.993	0.991	0.989	0.987	0.985	0.982	0.978	0.975	0.970	0.966	0.961	0.955	0.949	0.942	0.935	0.928	0.919	0.911	0.901	0.891
5.3	0.995	0.994	0.992	0.990	0.988	0.986	0.983	0.980	0.977	0.973	0.969	0.964	0.959	0.953	0.947	0.940	0.933	0.925	0.917	0.908	0.898
5.4	0.995	0.994	0.993	0.991	0.989	0.987	0.985	0.982	0.979	0.975	0.971	0.967	0.962	0.957	0.951	0.945	0.938	0.930	0.923	0.914	0.905
5.5	0.996	0.995	0.994	0.992	0.990	0.988	0.986	0.983	0.980	0.977	0.973	0.969	0.965	0.960	0.955	0.949	0.942	0.935	0.928	0.920	0.912
5.6	0.996	0.995	0.994	0.993	0.991	0.989	0.987	0.985	0.982	0.979	0.976	0.972	0.968	0.963	0.958	0.952	0.946	0.940	0.933	0.926	0.918
5.7	0.997	0.996	0.995	0.993	0.992	0.990	0.988	0.986	0.984	0.981	0.978	0.974	0.970	0.966	0.961	0.956	0.950	0.944	0.938	0.931	0.923
5.8	0.997	0.996	0.995	0.994	0.993	0.991	0.989	0.987	0.985	0.983	0.979	0.976	0.973	0.969	0.964	0.959	0.954	0.948	0.942	0.936	0.928
5.9	0.997	0.997	0.996	0.995	0.993	0.992	0.990	0.988	0.986	0.984	0.981	0.978	0.975	0.971	0.967	0.962	0.957	0.952	0.946	0.940	0.933
6.0	0.998	0.997	0.996	0.995	0.994	0.993	0.991	0.989	0.987	0.985	0.983	0.980	0.977	0.973	0.969	0.965	0.961	0.956	0.950	0.944	0.938
6.1	0.998	0.997	0.996	0.996	0.994	0.993	0.992	0.990	0.988	0.986	0.984	0.981	0.979	0.975	0.972	0.968	0.964	0.959	0.954	0.948	0.942
6.2	0.998	0.997	0.997	0.996	0.995	0.994	0.993	0.991	0.989	0.988	0.985	0.983	0.980	0.977	0.974	0.970	0.966	0.962	0.957	0.952	0.946
6.3	0.998	0.998	0.997	0.996	0.995	0.994	0.993	0.992	0.990	0.989	0.987	0.984	0.982	0.979	0.976	0.973	0.969	0.965	0.960	0.955	0.950
6.4	0.998	0.998	0.997	0.997	0.996	0.995	0.994	0.993	0.991	0.990	0.988	0.986	0.983	0.981	0.978	0.975	0.971	0.967	0.963	0.959	0.954
6.5	0.998	0.998	0.998	0.997	0.996	0.995	0.994	0.993	0.992	0.990	0.989	0.987	0.985	0.982	0.980	0.977	0.973	0.970	0.966	0.962	0.957
6.6	0.998	0.998	0.998	0.997	0.997	0.996	0.995	0.994	0.993	0.991	0.990	0.988	0.986	0.984	0.981	0.978	0.975	0.972	0.968	0.964	0.960
6.7	0.999	0.998	0.998	0.997	0.997	0.996	0.995	0.994	0.993	0.992	0.991	0.989	0.987	0.985	0.983	0.980	0.977	0.974	0.971	0.967	0.963
6.8	0.999	0.998	0.998	0.998	0.997	0.996	0.996	0.995	0.994	0.993	0.991	0.990	0.988	0.986	0.984	0.982	0.979	0.976	0.973	0.969	0.966
6.9	0.999	0.999	0.998	0.998	0.997	0.997	0.996	0.995	0.994	0.993	0.992	0.991	0.989	0.987	0.985	0.983	0.981	0.978	0.975	0.972	0.968
7.0	0.999	0.999	0.998	0.998	0.998	0.997	0.996	0.996	0.995	0.994	0.993	0.991	0.990	0.988	0.986	0.984	0.982	0.980	0.977	0.974	0.970
7.1	0.999	0.999	0.999	0.998	0.998	0.997	0.997	0.996	0.995	0.994	0.993	0.992	0.991	0.989	0.988	0.986	0.983	0.981	0.979	0.976	0.973
7.2	0.999	0.999	0.999	0.998	0.998	0.998	0.997	0.996	0.996	0.995	0.994	0.993	0.992	0.990	0.989	0.987	0.985	0.983	0.980	0.977	0.975
7.3	0.999	0.999	0.999	0.998	0.998	0.998	0.997	0.997	0.996	0.995	0.994	0.993	0.992	0.991	0.989	0.988	0.986	0.984	0.982	0.979	0.976
7.4	0.999	0.999	0.999	0.999	0.998	0.998	0.998	0.997	0.996	0.996	0.995	0.994	0.993	0.992	0.990	0.989	0.987	0.985	0.983	0.981	0.978

t/k	1.0	1.1	1.2	1.3	1.4	1.5	1.6	1.7	1.8	1.9	2.0	2.1	2.2	2.3	2.4	2.5	2.6	2.7	2.8	2.9	3.0
7.5	0.999	0.999	0.999	0.999	0.999	0.998	0.998	0.997	0.997	0.996	0.995	0.994	0.993	0.992	0.991	0.990	0.988	0.986	0.984	0.982	0.980
7.6	0.999	0.999	0.999	0.999	0.999	0.998	0.998	0.998	0.997	0.996	0.996	0.995	0.994	0.993	0.992	0.990	0.989	0.987	0.986	0.983	0.981
7.7	1.000	0.999	0.999	0.999	0.999	0.998	0.998	0.998	0.997	0.996	0.996	0.995	0.994	0.994	0.992	0.991	0.990	0.988	0.987	0.985	0.983
7.8	1.000	0.999	0.999	0.999	0.999	0.999	0.998	0.998	0.997	0.997	0.996	0.996	0.995	0.994	0.993	0.992	0.991	0.989	0.988	0.986	0.984
7.9	1.000	0.999	0.999	0.999	0.999	0.999	0.998	0.998	0.998	0.997	0.997	0.996	0.995	0.995	0.994	0.993	0.991	0.990	0.989	0.987	0.985
8.0	1.000	1.000	0.999	0.999	0.999	0.999	0.999	0.998	0.998	0.997	0.997	0.996	0.996	0.995	0.994	0.993	0.992	0.991	0.989	0.988	0.986
8.1	1.000	1.000	0.999	0.999	0.999	0.999	0.999	0.998	0.998	0.998	0.997	0.997	0.996	0.995	0.995	0.994	0.993	0.992	0.990	0.989	0.987
8.2	1.000	1.000	0.999	0.999	0.999	0.999	0.999	0.999	0.998	0.998	0.997	0.997	0.996	0.996	0.995	0.994	0.993	0.992	0.991	0.990	0.988
8.3	1.000	1.000	1.000	0.999	0.999	0.999	0.999	0.999	0.998	0.998	0.998	0.997	0.997	0.996	0.995	0.995	0.994	0.993	0.992	0.990	0.989
8.4	1.000	1.000	1.000	1.000	0.999	0.999	0.999	0.999	0.999	0.998	0.998	0.997	0.997	0.996	0.996	0.995	0.994	0.993	0.992	0.991	0.990
8.5	1.000	1.000	1.000	1.000	0.999	0.999	0.999	0.999	0.999	0.998	0.998	0.998	0.997	0.997	0.996	0.995	0.995	0.994	0.993	0.992	0.991
8.6	1.000	1.000	1.000	1.000	0.999	0.999	0.999	0.999	0.999	0.999	0.998	0.998	0.997	0.997	0.996	0.996	0.995	0.994	0.994	0.993	0.991
8.7	1.000	1.000	1.000	1.000	1.000	0.999	0.999	0.999	0.999	0.999	0.998	0.998	0.998	0.997	0.997	0.996	0.996	0.995	0.994	0.993	0.992
8.8	1.000	1.000	1.000	1.000	1.000	0.999	0.999	0.999	0.999	0.999	0.999	0.998	0.998	0.997	0.997	0.997	0.996	0.995	0.994	0.994	0.993
8.9	1.000	1.000	1.000	1.000	1.000	1.000	0.999	0.999	0.999	0.999	0.999	0.998	0.998	0.998	0.997	0.997	0.996	0.996	0.995	0.994	0.993
9.0	1.000	1.000	1.000	1.000	1.000	1.000	1.000	0.999	0.999	0.999	0.999	0.999	0.998	0.998	0.997	0.997	0.997	0.996	0.995	0.995	0.994
9.1	1.000	1.000	1.000	1.000	1.000	1.000	1.000	0.999	0.999	0.999	0.999	0.999	0.998	0.998	0.998	0.997	0.997	0.996	0.995	0.995	0.994
9.2	1.000	1.000	1.000	1.000	1.000	1.000	1.000	0.999	0.999	0.999	0.999	0.999	0.999	0.998	0.998	0.998	0.997	0.997	0.996	0.995	0.995
9.3	1.000	1.000	1.000	1.000	1.000	1.000	1.000	0.999	0.999	0.999	0.999	0.999	0.999	0.998	0.998	0.998	0.997	0.997	0.996	0.996	0.995
9.4	1.000	1.000	1.000	1.000	1.000	1.000	1.000	1.000	0.999	0.999	0.999	0.999	0.999	0.999	0.998	0.998	0.998	0.997	0.996	0.996	0.995
9.5	1.000	1.000	1.000	1.000	1.000	1.000	1.000	1.000	0.999	0.999	0.999	0.999	0.999	0.999	0.998	0.998	0.998	0.997	0.997	0.996	0.996
9.6	1.000	1.000	1.000	1.000	1.000	1.000	1.000	1.000	1.000	0.999	0.999	0.999	0.999	0.999	0.999	0.998	0.998	0.998	0.997	0.997	0.996
9.7	1.000	1.000	1.000	1.000	1.000	1.000	1.000	1.000	1.000	0.999	0.999	0.999	0.999	0.999	0.999	0.998	0.998	0.998	0.997	0.997	0.996

n

n

t/k	1.0	1.1	1.2	1.3	1.4	1.5	1.6	1.7	1.8	1.9	2.0	2.1	2.2	2.3	2.4	2.5	2.6	2.7	2.8	2.9	3.0
9.8	1.000	1.000	1.000	1.000	1.000	1.000	1.000	1.000	1.000	1.000	0.999	0.999	0.999	0.999	0.999	0.999	0.998	0.998	0.998	0.997	0.997
9.9	1.000	1.000	1.000	1.000	1.000	1.000	1.000	1.000	1.000	1.000	0.999	0.999	0.999	0.999	0.999	0.999	0.998	0.998	0.998	0.997	0.997
10.0	1.000	1.000	1.000	1.000	1.000	1.000	1.000	1.000	1.000	1.000	1.000	0.999	0.999	0.999	0.999	0.999	0.999	0.998	0.998	0.998	0.997
12.0	1.000	1.000	1.000	1.000	1.000	1.000	1.000	1.000	1.000	1.000	1.000	1.000	1.000	1.000	1.000	1.000	1.000	1.000	1.000	1.000	0.999
14.0	1.000	1.000	1.000	1.000	1.000	1.000	1.000	1.000	1.000	1.000	1.000	1.000	1.000	1.000	1.000	1.000	1.000	1.000	1.000	1.000	1.000

n

t/k	3.0	3.1	3.2	3.3	3.4	3.5	3.6	3.7	3.8	3.9	4.0	4.1	4.2	4.3	4.4	4.5	4.6	4.7	4.8	4.9	5.0
0	0	0	0	0	0	0	0	0	0	0	0	0	0	0	0	0	0	0	0	0	0
0.5	0.014	0.012	0.010	0.008	0.006	0.005	0.004	0.003	0.003	0.002	0.002	0.001	0.001	0.001	0.001	0.001	0	0	0	0	0
1.0	0.080	0.070	0.061	0.053	0.046	0.040	0.035	0.030	0.026	0.022	0.019	0.016	0.014	0.012	0.010	0.009	0.007	0.006	0.006	0.004	0.004
1.1	0.100	0.088	0.077	0.068	0.060	0.052	0.045	0.040	0.034	0.030	0.026	0.022	0.019	0.016	0.014	0.012	0.010	0.009	0.008	0.006	0.005
1.2	0.121	0.107	0.095	0.084	0.074	0.066	0.058	0.051	0.044	0.039	0.034	0.029	0.026	0.022	0.019	0.017	0.014	0.012	0.011	0.009	0.008
1.3	0.143	0.128	0.114	0.102	0.091	0.081	0.071	0.063	0.056	0.049	0.043	0.038	0.033	0.029	0.025	0.022	0.019	0.017	0.014	0.012	0.011
1.4	0.167	0.150	0.135	0.121	0.109	0.097	0.087	0.077	0.069	0.061	0.054	0.047	0.042	0.037	0.032	0.028	0.025	0.022	0.019	0.016	0.014
1.5	0.191	0.173	0.157	0.142	0.128	0.115	0.103	0.092	0.083	0.074	0.066	0.058	0.052	0.046	0.040	0.036	0.031	0.028	0.024	0.021	0.019
1.6	0.217	0.198	0.180	0.164	0.148	0.134	0.121	0.109	0.098	0.088	0.079	0.070	0.063	0.056	0.050	0.044	0.039	0.035	0.031	0.027	0.024
1.7	0.243	0.223	0.204	0.186	0.170	0.154	0.140	0.127	0.115	0.103	0.093	0.084	0.075	0.067	0.060	0.054	0.048	0.043	0.038	0.033	0.030
1.8	0.269	0.248	0.228	0.210	0.192	0.175	0.160	0.146	0.132	0.120	0.109	0.098	0.089	0.080	0.072	0.064	0.058	0.051	0.046	0.041	0.036
1.9	0.296	0.274	0.253	0.234	0.215	0.197	0.181	0.166	0.151	0.138	0.125	0.114	0.103	0.093	0.084	0.076	0.068	0.061	0.055	0.049	0.044
2.0	0.323	0.301	0.279	0.258	0.239	0.220	0.203	0.186	0.171	0.156	0.143	0.130	0.119	0.108	0.098	0.089	0.080	0.072	0.065	0.059	0.053
2.1	0.350	0.327	0.305	0.283	0.263	0.244	0.225	0.208	0.191	0.176	0.161	0.148	0.135	0.123	0.112	0.102	0.093	0.084	0.076	0.069	0.062
2.2	0.377	0.354	0.331	0.309	0.287	0.267	0.248	0.230	0.212	0.196	0.181	0.166	0.153	0.140	0.128	0.117	0.107	0.097	0.088	0.080	0.072
2.3	0.404	0.380	0.356	0.334	0.312	0.291	0.271	0.252	0.234	0.217	0.201	0.185	0.171	0.157	0.144	0.132	0.121	0.111	0.101	0.092	0.084

t/k	n																				
	3.0	3.1	3.2	3.3	3.4	3.5	3.6	3.7	3.8	3.9	4.0	4.1	4.2	4.3	4.4	4.5	4.6	4.7	4.8	4.9	5.0
2.4	0.430	0.406	0.382	0.359	0.337	0.316	0.295	0.275	0.256	0.238	0.221	0.205	0.190	0.175	0.161	0.149	0.137	0.125	0.115	0.105	0.096
2.5	0.456	0.432	0.408	0.385	0.362	0.340	0.319	0.299	0.279	0.260	0.242	0.225	0.209	0.194	0.179	0.166	0.153	0.141	0.129	0.119	0.109
2.6	0.482	0.457	0.433	0.41	0.387	0.364	0.343	0.322	0.302	0.283	0.264	0.246	0.229	0.213	0.198	0.183	0.170	0.157	0.145	0.133	0.123
2.7	0.506	0.482	0.458	0.434	0.411	0.389	0.367	0.346	0.325	0.305	0.286	0.268	0.250	0.233	0.217	0.202	0.187	0.174	0.161	0.149	0.137
2.8	0.531	0.506	0.482	0.459	0.436	0.413	0.391	0.369	0.348	0.328	0.308	0.289	0.271	0.253	0.237	0.221	0.206	0.191	0.178	0.165	0.152
2.9	0.554	0.530	0.506	0.483	0.460	0.437	0.414	0.392	0.371	0.350	0.330	0.311	0.292	0.274	0.257	0.240	0.224	0.209	0.195	0.181	0.168
3.0	0.577	0.553	0.530	0.506	0.483	0.460	0.438	0.416	0.394	0.373	0.353	0.333	0.314	0.295	0.277	0.260	0.244	0.228	0.213	0.198	0.185
3.1	0.599	0.576	0.552	0.529	0.506	0.483	0.461	0.439	0.417	0.396	0.375	0.355	0.335	0.316	0.298	0.280	0.263	0.247	0.231	0.216	0.202
3.2	0.620	0.597	0.574	0.552	0.529	0.506	0.484	0.462	0.440	0.418	0.397	0.377	0.357	0.338	0.319	0.301	0.283	0.266	0.250	0.234	0.219
3.3	0.641	0.618	0.596	0.573	0.551	0.528	0.506	0.484	0.462	0.441	0.420	0.399	0.379	0.359	0.340	0.321	0.303	0.286	0.269	0.253	0.237
3.4	0.660	0.638	0.616	0.594	0.572	0.550	0.528	0.506	0.484	0.463	0.442	0.421	0.400	0.380	0.361	0.342	0.324	0.306	0.289	0.272	0.256
3.5	0.679	0.658	0.636	0.615	0.593	0.571	0.549	0.528	0.506	0.485	0.463	0.442	0.422	0.402	0.382	0.363	0.344	0.326	0.308	0.291	0.275
3.6	0.697	0.677	0.656	0.634	0.613	0.592	0.570	0.549	0.527	0.506	0.485	0.464	0.443	0.423	0.403	0.384	0.365	0.346	0.328	0.311	0.294
3.7	0.715	0.695	0.674	0.653	0.633	0.612	0.590	0.569	0.548	0.527	0.506	0.485	0.464	0.444	0.424	0.404	0.385	0.366	0.348	0.330	0.313
3.8	0.731	0.712	0.692	0.672	0.651	0.631	0.610	0.589	0.568	0.547	0.527	0.506	0.485	0.465	0.445	0.425	0.406	0.387	0.368	0.350	0.332
3.9	0.747	0.728	0.709	0.689	0.670	0.649	0.629	0.609	0.588	0.567	0.547	0.526	0.506	0.485	0.465	0.446	0.426	0.407	0.388	0.370	0.352
4.0	0.762	0.744	0.725	0.706	0.687	0.667	0.648	0.627	0.607	0.587	0.567	0.546	0.526	0.506	0.486	0.466	0.446	0.427	0.408	0.389	0.371
4.2	0.790	0.773	0.756	0.738	0.720	0.701	0.682	0.663	0.644	0.624	0.605	0.585	0.565	0.545	0.525	0.506	0.486	0.467	0.448	0.429	0.410
4.4	0.815	0.799	0.783	0.767	0.750	0.733	0.715	0.697	0.678	0.660	0.641	0.621	0.602	0.583	0.563	0.544	0.525	0.506	0.486	0.468	0.449
4.6	0.837	0.823	0.809	0.793	0.778	0.761	0.745	0.728	0.710	0.692	0.674	0.656	0.637	0.619	0.600	0.581	0.562	0.543	0.524	0.506	0.487
4.8	0.857	0.844	0.831	0.817	0.803	0.788	0.772	0.756	0.740	0.723	0.706	0.688	0.671	0.653	0.634	0.616	0.598	0.579	0.561	0.542	0.524
5.0	0.875	0.864	0.851	0.839	0.825	0.811	0.797	0.782	0.767	0.751	0.735	0.718	0.702	0.685	0.667	0.650	0.632	0.614	0.596	0.578	0.560
5.2	0.891	0.881	0.870	0.858	0.846	0.833	0.820	0.806	0.792	0.777	0.762	0.746	0.731	0.714	0.698	0.681	0.664	0.647	0.629	0.612	0.594

续表

Table 1 (n from 3.0 to 5.0)

t/k	3.0	3.1	3.2	3.3	3.4	3.5	3.6	3.7	3.8	3.9	4.0	4.1	4.2	4.3	4.4	4.5	4.6	4.7	4.8	4.9	5.0
5.4	0.905	0.896	0.886	0.875	0.864	0.852	0.840	0.828	0.814	0.801	0.787	0.772	0.757	0.742	0.726	0.710	0.694	0.678	0.661	0.664	0.627
5.6	0.918	0.909	0.900	0.891	0.880	0.870	0.859	0.847	0.835	0.822	0.809	0.796	0.782	0.768	0.753	0.738	0.722	0.707	0.691	0.674	0.658
5.8	0.928	0.921	0.913	0.904	0.895	0.885	0.875	0.865	0.854	0.842	0.830	0.818	0.805	0.791	0.777	0.763	0.749	0.734	0.719	0.703	0.687
6.0	0.938	0.931	0.924	0.916	0.908	0.899	0.890	0.881	0.870	0.860	0.849	0.837	0.825	0.813	0.800	0.787	0.773	0.759	0.745	0.730	0.715
6.5	0.957	0.952	0.947	0.941	0.935	0.928	0.921	0.913	0.905	0.897	0.888	0.879	0.869	0.859	0.848	0.837	0.826	0.814	0.802	0.789	0.776
7.0	0.970	0.967	0.963	0.958	0.954	0.949	0.943	0.938	0.932	0.925	0.918	0.911	0.903	0.895	0.887	0.878	0.868	0.859	0.848	0.838	0.827
7.5	0.980	0.977	0.974	0.971	0.968	0.964	0.960	0.956	0.951	0.946	0.941	0.935	0.929	0.923	0.916	0.909	0.902	0.894	0.886	0.877	0.868
8.0	0.986	0.984	0.982	0.980	0.978	0.975	0.972	0.969	0.965	0.962	0.958	0.953	0.949	0.944	0.939	0.933	0.927	0.921	0.915	0.908	0.900
9.0	0.994	0.993	0.992	0.991	0.989	0.988	0.986	0.985	0.983	0.981	0.979	0.976	0.974	0.971	0.968	0.965	0.961	0.958	0.954	0.950	0.945
10.0	0.997	0.997	0.996	0.996	0.995	0.994	0.994	0.993	0.992	0.991	0.990	0.988	0.987	0.986	0.984	0.982	0.980	0.978	0.976	0.973	0.971
11.0	0.999	0.999	0.998	0.998	0.998	0.997	0.997	0.997	0.996	0.996	0.995	0.994	0.994	0.993	0.992	0.991	0.990	0.989	0.988	0.986	0.985
12.0	0.999	0.999	0.999	0.999	0.999	0.999	0.999	0.998	0.998	0.998	0.998	0.997	0.997	0.997	0.996	0.996	0.995	0.995	0.994	0.993	0.992
14.0	1.000	1.000	1.000	1.000	1.000	1.000	1.000	1.000	1.000	1.000	1.000	0.999	0.999	0.999	0.999	0.999	0.999	0.999	0.999	0.998	0.998
16.0	1.000	1.000	1.000	1.000	1.000	1.000	1.000	1.000	1.000	1.000	1.000	1.000	1.000	1.000	1.000	1.000	1.000	1.000	1.000	1.000	1.000

Table 2 (n from 5.0 to 7.0)

t/k	5.0	5.1	5.2	5.3	5.4	5.5	5.6	5.7	5.8	5.9	6.0	6.1	6.2	6.3	6.4	6.5	6.6	6.7	6.8	6.9	7.0
0.0	0.000	0.000	0.000	0.000	0.000	0.000	0.000	0.000	0.000	0.000	0.000	0.000	0.000	0.000	0.000	0.000	0.000	0.000	0.000	0.000	0.000
0.5	0.000	0.000	0.000	0.000	0.000	0.000	0.000	0.000	0.000	0.000	0.000	0.000	0.000	0.000	0.000	0.000	0.000	0.000	0.000	0.000	0.000
1.0	0.004	0.003	0.003	0.002	0.002	0.002	0.001	0.001	0.001	0.001	0.001	0.000	0.000	0.000	0.000	0.000	0.000	0.000	0.000	0.000	0.000
1.5	0.019	0.016	0.014	0.012	0.011	0.009	0.008	0.007	0.006	0.005	0.004	0.004	0.003	0.003	0.002	0.002	0.002	0.002	0.001	0.001	0.001
2.0	0.053	0.047	0.042	0.038	0.034	0.030	0.027	0.024	0.021	0.019	0.017	0.015	0.013	0.011	0.010	0.009	0.008	0.007	0.006	0.005	0.005
2.5	0.109	0.100	0.091	0.083	0.076	0.069	0.063	0.057	0.051	0.047	0.042	0.038	0.034	0.031	0.028	0.025	0.022	0.020	0.018	0.016	0.014
3.0	0.185	0.172	0.160	0.148	0.137	0.127	0.117	0.108	0.099	0.091	0.084	0.077	0.071	0.065	0.059	0.054	0.049	0.045	0.041	0.037	0.034

t/k	\(n \)																				
	5.0	5.1	5.2	5.3	5.4	5.5	5.6	5.7	5.8	5.9	6.0	6.1	6.2	6.3	6.4	6.5	6.6	6.7	6.8	6.9	7.0
3.2	0.219	0.205	0.192	0.179	0.166	0.155	0.144	0.133	0.123	0.114	0.105	0.097	0.090	0.082	0.076	0.070	0.064	0.058	0.053	0.049	0.045
3.4	0.256	0.240	0.226	0.211	0.198	0.185	0.173	161.000	0.150	0.139	0.129	0.120	0.111	0.103	0.095	0.088	0.081	0.075	0.069	0.063	0.058
3.6	0.294	0.277	0.261	0.246	0.231	0.217	0.204	0.191	0.179	0.167	0.156	0.145	0.135	0.126	0.117	0.108	0.100	0.093	0.086	0.079	0.073
3.8	0.332	0.315	0.298	0.287	0.266	0.251	0.237	0.223	0.210	0.197	0.184	0.173	0.162	0.151	0.141	0.131	0.122	0.114	0.106	0.098	0.091
4.0	0.371	0.353	0.336	0.319	0.303	0.287	0.271	0.256	0.242	0.228	0.215	0.202	0.190	0.178	0.167	0.156	0.145	0.137	0.128	0.119	0.111
4.1	0.391	0.373	0.355	0.338	0.321	0.305	0.289	0.274	0.259	0.244	0.231	0.217	0.205	0.193	0.181	0.170	0.159	0.149	0.139	0.130	0.121
4.2	0.410	0.392	0.374	0.357	0.340	0.323	0.307	0.291	0.276	0.261	0.247	0.233	0.220	0.207	0.195	0.183	0.172	0.162	0.151	0.142	0.133
4.3	0.430	0.411	0.393	0.750	0.358	0.341	0.325	0.309	0.293	0.278	0.263	0.249	0.236	0.222	0.210	0.198	0.186	0.175	0.164	0.154	0.144
4.4	0.449	0.430	0.412	0.394	0.377	0.360	0.343	0.327	0.311	0.295	0.280	0.266	0.251	0.238	0.225	0.212	0.200	0.188	0.177	0.167	0.156
4.5	0.468	0.449	0.431	0.413	0.395	0.378	0.361	0.344	0.328	0.312	0.297	0.282	0.268	0.254	0.240	0.227	0.214	0.202	0.191	0.180	0.169
4.6	0.487	0.468	0.450	0.432	0.414	0.397	0.379	0.363	0.346	0.330	0.314	0.299	0.284	0.270	0.256	0.242	0.229	0.217	0.205	0.193	0.182
4.7	0.505	0.487	0.469	0.451	0.433	0.415	0.398	0.381	0.364	0.348	0.332	0.316	0.301	0.286	0.272	0.258	0.244	0.232	0.219	0.207	0.195
4.8	0.524	0.505	0.487	0.469	0.451	0.433	0.416	0.399	0.382	0.365	0.349	0.333	0.318	0.303	0.288	0.274	0.260	0.247	0.234	0.221	0.209
4.9	0.542	0.524	0.505	0.487	0.469	0.452	0.434	0.417	0.400	0.383	0.366	0.350	0.335	0.319	0.304	0.290	0.276	0.262	0.249	0.236	0.223
5.0	0.560	0.541	0.523	0.505	0.487	0.470	0.452	0.435	0.418	0.401	0.384	0.368	0.352	0.336	0.321	0.306	0.292	0.278	0.640	0.251	0.238
5.1	0.577	0.559	0.541	0.523	0.505	0.488	0.470	0.453	0.435	0.418	0.402	0.385	0.369	0.353	0.338	0.322	0.308	0.293	0.279	0.266	0.253
5.2	0.594	0.576	0.558	0.541	0.523	0.505	0.488	0.470	0.453	0.436	0.419	0.402	0.386	0.370	0.354	0.339	0.324	0.309	0.295	0.281	0.268
5.3	0.610	0.593	0.575	0.558	0.540	0.523	0.505	0.488	0.471	0.453	0.437	0.420	0.403	0.387	0.371	0.356	0.340	0.326	0.311	0.297	0.283
5.4	0.627	0.609	0.592	0.575	0.557	0.540	0.522	0.505	0.488	0.471	0.454	0.437	0.421	0.404	0.388	0.372	0.357	0.342	0.327	0.312	0.298
5.5	0.642	0.626	0.608	0.591	0.574	0.557	0.539	0.522	0.505	0.488	0.471	0.454	0.438	0.421	0.405	0.389	0.374	0.358	0.343	0.329	0.314
5.6	0.658	0.641	0.624	0.607	0.590	0.573	0.556	0.539	0.522	0.505	0.488	0.471	0.455	0.438	0.422	0.406	0.390	0.375	0.359	0.344	0.330
5.7	0.673	0.656	0.640	0.623	0.606	0.590	0.573	0.556	0.539	0.522	0.505	0.488	0.472	0.455	0.439	0.423	0.407	0.391	0.376	0.360	0.346
5.8	0.687	0.671	0.655	0.639	0.622	0.606	0.589	0.572	0.555	0.538	0.522	0.505	0.488	0.472	0.456	0.439	0.423	0.408	0.392	0.377	0.362

n

t/k	5.0	5.1	5.2	5.3	5.4	5.5	5.6	5.7	5.8	5.9	6.0	6.1	6.2	6.3	6.4	6.5	6.6	6.7	6.8	6.9	7.0
5.9	0.701	0.686	0.670	0.654	0.638	0.621	0.605	0.588	0.571	0.555	0.538	0.522	0.505	0.488	0.472	0.456	0.440	0.424	0.408	0.393	0.378
6.0	0.715	0.700	0.684	0.668	0.652	0.636	0.620	0.604	0.587	0.571	0.554	0.538	0.521	0.505	0.489	0.472	0.456	0.440	0.425	0.409	0.394
6.2	0.741	0.726	0.712	0.696	0.681	0.666	0.650	0.634	0.618	0.602	0.586	0.570	0.553	0.537	0.521	0.505	0.489	0.473	0.457	0.441	0.426
6.4	0.765	0.751	0.737	0.723	0.708	0.693	0.678	0.663	0.648	0.632	0.616	0.600	0.585	0.569	0.553	0.537	0.521	0.505	0.489	0.473	0.458
6.6	0.787	0.774	0.761	0.748	0.734	0.720	0.705	0.690	0.676	0.661	0.645	0.630	0.614	0.599	0.583	0.568	0.552	0.536	0.520	0.505	0.489
6.8	0.808	0.796	0.783	0.771	0.758	0.744	0.730	0.716	0.702	0.688	0.673	0.658	0.643	0.628	0.613	0.597	0.582	0.567	0.551	0.536	0.520
7.0	0.827	0.816	0.804	0.792	0.780	0.767	0.754	0.741	0.727	0.713	0.699	0.685	0.671	0.656	0.641	0.626	0.611	0.596	0.581	0.566	0.550
7.2	0.844	0.834	0.823	0.812	0.800	0.788	0.776	0.764	0.751	0.738	0.724	0.710	0.697	0.682	0.668	0.654	0.639	0.624	0.610	0.595	0.580
7.4	0.860	0.851	0.841	0.830	0.819	0.808	0.797	0.785	0.773	0.760	0.747	0.734	0.721	0.708	0.694	0.680	0.666	0.652	0.637	0.623	0.608
7.6	0.875	0.866	0.857	0.847	0.837	0.826	0.816	0.805	0.793	0.781	0.769	0.757	0.744	0.731	0.718	0.705	0.691	0.678	0.664	0.650	0.635
7.8	0.888	0.880	0.871	0.862	0.853	0.843	0.833	0.823	0.812	0.801	0.749	0.778	0.766	0.754	0.741	0.729	0.716	0.702	0.689	0.675	0.662
8.0	0.900	0.893	0.885	0.877	0.868	0.859	0.850	0.840	0.830	0.819	0.809	0.798	0.786	0.775	0.763	0.751	0.738	0.726	0.713	0.700	0.687
8.5	0.926	0.920	0.913	0.907	0.899	0.892	0.884	0.876	0.868	0.859	0.850	0.841	0.831	0.821	0.811	0.801	0.790	0.779	0.767	0.756	0.744
9.0	0.945	0.940	0.935	0.930	0.924	0.918	0.912	0.906	0.899	0.892	0.884	0.877	0.869	0.860	0.851	0.842	0.833	0.824	0.814	0.804	0.793
9.5	0.960	0.956	0.952	0.948	0.944	0.939	0.934	0.929	0.923	0.918	0.911	0.905	0.899	0.892	0.884	0.877	0.869	0.861	0.853	0.844	0.835
10.0	0.971	0.968	0.965	0.962	0.958	0.955	0.951	0.947	0.942	0.938	0.933	0.928	0.922	0.917	0.911	0.905	0.898	0.892	0.885	0.877	0.870
11.0	0.985	0.983	0.982	0.980	0.978	0.976	0.973	0.971	0.968	0.965	0.962	0.959	0.956	0.952	0.949	0.945	0.940	0.936	0.931	0.926	0.921
12.0	0.992	0.992	0.991	0.990	0.988	0.987	0.986	0.985	0.983	0.981	0.980	0.978	0.976	0.974	0.971	0.969	0.966	0.964	0.961	0.957	0.954
13.0	0.996	0.996	0.995	0.995	0.994	0.994	0.993	0.992	0.991	0.990	0.989	0.988	0.987	0.986	0.984	0.983	0.981	0.980	0.978	0.976	0.974
14.0	0.998	0.998	0.998	0.997	0.997	0.997	0.996	0.996	0.996	0.995	0.994	0.994	0.993	0.993	0.992	0.991	0.990	0.989	0.988	0.987	0.986
15.0	0.999	0.999	0.999	0.999	0.999	0.998	0.998	0.998	0.998	0.997	0.997	0.997	0.997	0.996	0.996	0.995	0.995	0.994	0.994	0.993	0.992
16.0	1.000	1.000	0.999	0.999	0.999	0.999	0.999	0.999	0.999	0.999	0.999	0.998	0.998	0.998	0.998	0.998	0.997	0.997	0.997	0.996	0.996
18.0	1.000	1.000	1.000	1.000	1.000	1.000	1.000	1.000	1.000	1.000	1.000	1.000	1.000	1.000	0.999	0.999	0.999	0.999	0.999	0.999	0.999
20.0	1.000	1.000	1.000	1.000	1.000	1.000	1.000	1.000	1.000	1.000	1.000	1.000	1.000	1.000	1.000	1.000	1.000	1.000	1.000	1.000	1.000

附录Ⅱ 水面线计算软件介绍

1. MIKE 软件

（1）MIKE 软件简介。MIKE 软件是丹麦水资源及水环境研究所（Danish Hydraulic Institute，DHI）的产品。DHI 是非政府的国际化组织，基金会组织结构形式，主要致力于水资源及水环境方面的研究，拥有世界上最完善的软件、领先的技术，被指派为 WHO（The World Health Organization）水质评估和联合国环境计划水质监测和评价合作中心之一。DHI 的专业软件是目前世界上领先，经过实际工程验证最多的，被水资源研究人员广泛认同的优秀软件。MIKE 软件融入 GIS 技术，方便了数据的采集和处理，并包含先进的数据前、后处理和图形专用工具，重要计算区域变剖分网格加密计算处理技术。先进的图形工具使数据进行可视化的输入、编辑、分析和多形式输出结果的表达。动态、三维高度可视化的结果表达方式、时间序列图等输出方式也使得用户使用起来更加方便。其具体产品有如下分类。

水资源、海洋模型软件有 MIKE 11、MIKE 21、MIKEBASIN、MIKESHE。

城市水问题模型软件有 MIKEMOUSE、MIKENET。

（2）MIKE 11 软件。MIKE 11 软件是我们比较常用，也是山洪灾害评价中使用较多的一款软件，其主要用于河口、河流、灌溉系统和其他内陆水域的水文学、水力学、水质和泥沙传输模拟，在防汛洪水预报、水资源水量水质管理、水利工程规划设计论证均可得到广泛应用。MIKE 11 包含如下基本模块。

水动力学模块（HD）：采用有限差分格式对圣维南方程组进行数值求解，模拟水文特征值（水位和流量）。

降雨径流模块（RR）：对降雨产流和汇流进行模拟。包括 NAM、UHM、URBAN、SMAP 模型。

对流扩散模块（AD）：模拟污染物质在水体中的对流扩散过程。

水质模块（WQ）：对各种水质生化指标进行物理的、生化的过程进行模拟。可进行富营养化过程、细菌及微生物、重金属物质迁移等模拟。

泥沙输运模块（ST）：对泥沙在水中的输移现象进行模拟，研究河道冲淤状况。

MIKE 11 除上述基本模块外，还有各种附件模块如洪水预报（FF）模块、GIS 模块、溃坝分析模块（DB）、水工结构分析（SO）模块、富营养化模块（EU）、重金属分析模块（WQHM）等。

另外，MIKE 11 模拟的垮坝（溃堤）洪水淹没过程以及 MIKE 11 模拟的泥沙输移规律在工程实际中也是使用较多的。

1）MIKE 11 软件原理。

a. 控制方程组

MIKE 11 主要适用于河口、河流、灌溉渠道以及其他水体的模拟一维水动力、水质和泥沙运输。MIKE 11 是基于垂向积分的物质和动量守恒方程，即一维非恒定流圣维南方程组来模拟河流或河口的水流状态。软件计算为非恒定流计算，计算时同时输入整个洪水过程、水面线成果提取最高水位，即对应的最大流量水面线为计算成果。

无旁侧入流方程组的具体形式如下：

$$B\frac{\partial h}{\partial t}+\frac{\partial Q}{\partial x}=0 \tag{1}$$

$$\frac{\partial Q}{\partial t}+\frac{\partial}{\partial x}\left(\frac{\partial Q^2}{A}\right)+gA\frac{\partial h}{\partial x}+\frac{gQ|Q|}{C^2AR}=0 \tag{2}$$

式中　x、t——空间坐标和时间坐标；

　　Q、h——断面流量和水位；

　　A、R——断面过流面积和水力半径；

　　B——河宽；

　　C——谢才系数；

　　g——重力加速度。

方程（1）为连续性方程，反映了河道中的水量平衡。方程（2）为运动方程，其中第一项反映某固定点的局部加速度，第二项反映由于流速的空间不均匀引起的对流加速度，前两场合称为惯性项；第三项反映了水深的影响，为压力项；第四项反映了摩阻和底坡的影响。

b. 方程的基本假定

圣维南方程组的基本假定为：流速沿整个过水断面均匀分布，可用平均值代替。不考虑水流垂直方向的交换和垂直加速度，从而可假设水压力为静水压力分布，即与水深成正比；河床比降小，其倾角的正切与正弦值近似相等；水流为渐变流动，每一小段水面曲线近似水平。

c. 方程离散方法

采用 Abbott-Ionescu 六点隐式差分格式求解。该格式在每一个网格点不同时按顺序交替计算水位或流量，分别称为 h 点和 Q 点，如附图Ⅱ-1所示。

在连续性方程（1）中，Q 仅对 x 求偏导，以水位点 h 为中心，而动量方程（2）则以流量点 Q 为中心。

2）MIKE11 软件应用。MIKE11 软件包括水动力学模块（HD）、降雨径流模块（RR）、对流扩散模块（AD）、水质模块（WQ）、泥沙输运模块（ST）等。在山洪灾害分析中，我们使用水动力学模块（HD）。

a. MIKE 11 HD 建模所需信息

（a）流域描述：①河网形状，可以是 GIS 数值地图或流域纸图；②水工建筑物和水文测站的位置。

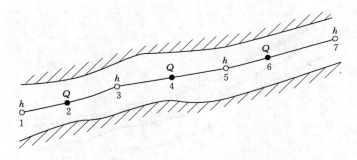

附图Ⅱ-1　网格点水位点和流量点布置

（b）河道和滩区地形：①河床断面，断面间距根据研究目标有所不同，但原则上应能反映沿程断面的变化；②滩区地形资料（如果要模拟滩区行洪的话有滩区的水位－蓄水量关系曲线也行）。

（c）模型边界处水文测量数据：

边界最好设在有实测水文测量数据处，如果没有就必须估算边界条件。

（d）实测水文数据（用于率定验证）：

率定验证的数据越多，模型就越可靠，但工作量也会越大。

（e）水工建筑物设计参数及调度运行规则。

b. MIKE 11 HD 结构

MIKE 11 HD 包含的数据文件有河网文件（.nwk11）、断面数据（.xns11）、边界条件（.bnd11）、模型参数文件（.hd11）、时间序列文件（.dfs0）。

MIKE 11 HD 的模型结构如附图Ⅱ-2。

c. MIKE 11 HD 计算

河道水面线计算结果正确与否直接影响河道整治的规模、堤线布置、工程量和投资等，是河道治理中最为重要的计算内

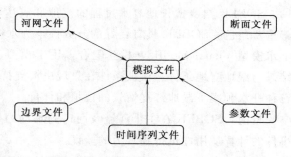

附图Ⅱ-2　MIKE 11 HD 的模型结构

容，而生态河道的纵横断面多变也给河道水面线的计算带来困难，采用基于圣维南方程的MIKE11 软件，不但成果准确还可以动态显示水位上升过程，可为同类工程提供借鉴。根据设计水面计算结果得到河道水面线的特点：小流量时河床边界突变对水面线影响较大，深槽起点部位水面跌落明显，逆向坡部位水面比降变缓，设计流量时河道边界突变对水面线的影响较小，水面线基本平行于河滩。设计水面线计算成果如附图Ⅱ-3所示。

2. SOBEK 软件

（1）SOBEK 软件简介。SOBEK 是荷兰 Delft 水力研究所研发的水文水环境软件，用来模拟和管理各种水环境问题。SOBEK 具有基于 GIS 的用户图形界面，一维流、二维坡面漫流、降雨径流及一维地貌、一维水质和实时控制模拟等模型。水动力一维、二维、三维模拟引擎是其计算内核，SOBEK 是一个具备开放过程库和开放式模型公共接口

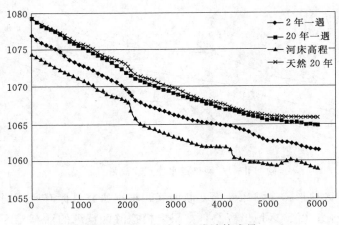

附图Ⅱ-3 设计水面线计算成果

（OpenMI）的、采用一体化软件环境的开放式系统（SOBEK Online Help）。目前已经广泛应用于荷兰、澳大利亚以及我国的水文模拟。Daniel、王洪梅、谷晓伟等借助 SOBEK 软件分别建立了松花江水动力模型、利津以下黄河水动力模型、珠江口 1D、2D、3D 水动力模型，SOBEK 模型在中国河流的适用性得到验证口。平原河流大部分是复式河道，钟娜对 SOBEK 模型进行了改进，使其更加适合复式断面河道的过流能力计算以及洪水位的确定。

SOBEK 自身擅长地表水过程的模拟和表达，在北方干旱地区地下水在水循环中表演着重要角色。SOBEK 具有良好的开放性，为水循环其他主流模型提供接口。SOBEK 和地下水模型 Visual Modflow 相互配合，用于模拟黄河三角洲湿地的水文过程，将水文模拟结果与湿地立地条件、植被条件在景观决策支持模型 LEDESS 框架下进行集成，支持完成三种补水预案下湿地修复情景的模拟和评价。

目前，SOBEK 在主干河流及河口的水动力建模应用上日臻成熟，在突发性水质污染事件的计算适用性也得到有力的验证。

根据 Sobek 河网模型计算结果，采用控制变量法进行情景分析。首先将情景设计分为河面率不变的情景和其中的自变量和河面率变化的情景，再根据河网结构参数变化是否改变河面率，将入汇角度、支流位置、弯曲度、支流数目、干流河面宽分别作为研究变量，其余作为控制变量进行河网结构—调蓄能力的情景分析。采用一体化方法提供的软件环境，可以模拟河道河口地区、灌溉排水系统以及排污、排雨系统的各种管理问题。针对不同管理对象，软件分为 3 个相似体系的水资源管理产品。

1）SOBEK -河流（SOBEK - River）：可以进行单一或复杂河流和河口的设计，模拟水流、水质、河流形态变化，河口和其他类型冲淤网状（分叉的或环状）水道，由水流、水质、沉积物运移、形态学和盐的侵蚀 5 个单元所组成。

2）SOBEK -乡村（SOBEK - Rural）：专门应用于地区水域管理的工具，在作物经济灌溉定额确定、沟渠自动控制、水库运转和水质控制中有广泛应用。

3）SOBEK -城市（SOBEK - Urban）：可以提供解决排水堵塞、街道漫流和排水管道溢出污水等问题的有效措施，由水流、降雨径流和时间控制 3 个单元组成。

这 3 个产品各有特定的用户界面，每个产品都是由模拟水系特定方面的模块所组成，可以独立或综合地对这些模块进行管理，模块间的数据自动（逐序）或同时传递以推动物质间的相互作用，如附图Ⅱ-4 所示。在山洪灾害评价中，使用 SOBEK - Rural。

Module \ Product line	SOBEK-Rural	SOBEK-Urban	SOBEK-River
Water Flow (FLOW)	✓	✓	✓
Rainfall Run-off (RR)	✓	✓	
Water Quality (WQ)	✓		✓
Real-Time Control (RTC)	✓	✓	
Sediment Transport (ST)			✓
Morphology (MOR)			✓
Salt Intrusion (SI)			✓

附图Ⅱ-4　不同体系所包含的模块

（2）SOBEK - Rural 软件。SOBEK - Rural 包括水动力、水文、水质和实时监控 4 个模块，模拟简单或复杂的河流、河口以及岔状与环状的冲积河网的水量和水质。水动力模块包括一维流和二维地表漫流两个模型，在此应用一维流模型进行研究。一维渐变非恒定水流用动量方程和连续性方程两个方程描述，即圣维南（Saint - Venant）方程组。水质模块包括一维水质模型，基本方程是一维移流离散方程。

采用有限差分数值解法，通过对时空的离散化处理，运用质量守恒原理求解。数值离散是改进的通量修正格式，结合了迎风格式正定性和中心格式精确性的特点，在不损失精确度的前提下避免产生数值振荡。

1）SOBEK - Rural 软件原理。河道洪水波，是一维缓变不稳定浅水波。模型在无支流交汇河段采用完全圣维南方程组的动力波演算法方法，支流汇入点采用虚设单元河段法进行动力波演算，演算结果作为情景分析的依据。河网结构的情景设置基于控制变量法，下游出水口附近的两个监测点的监测数据作为模型运算结果。两个监测点数据可相互对照，避免系统不稳定性带来的输出结果失真。

根据平面二维水流的基本运动方程，耦合输入的上述水文参数资料，模型即可进行追赶计算。在河网每个计算节点上，模型自动记录计算时段内时间步长节点的水位值，因此这些值是时间和空间上离散的。等水位值稳定或者计算到所需时刻时，在监测点统计研究时段内的洪峰过程线，用于对比分析。

2）SOBEK - Rural 软件应用。软件系统包含导入河网、设置、气象数据、系统、模拟、结果输出等任务模块，一维流、二维坡面漫流、降雨径流及一维地貌、一维水质和实时控制模拟等模型，模拟结果能够以示意图、数据表和曲线图方式输出。

在软件界面上的 8 个模块分别是 ImportNetwork（输入概化图模块）、Settings（设置模块）、Meteorological Data（气象资料模块）、Schematization（系统化模块）、Simulation（模拟模块）、Results inMaps（地图结果模块）、Results in Charts（图表结果模块）、Results in Tables（表格结果模块）。这 8 个模块共同工作，全面观察水系的情况。软件系统应用步骤是根据具体的研究方案来确定研究目标和约束条件。输入相应控制文件和参数，逐步运行上述 8 大模块。从建立模型、剖分网格、数据输入、数值模拟至结果输出，整个过程都系统化、规范化。SOBEK 软件的完整框架把河流、水渠和排水管道系统联合起来，建立了一套总体管理方案，通过地图、曲线图直观地表现计算结果。

采用 SOBEK 模型集中的 Rural 模型构建平原河网水力模型，分别在 8 个模块中进行河网模型概化，逐步实现河流动态模拟。

a. 模型求解

模型求解过程分为两步：①据水动力方程，求解水流速度、流量、水位参数；②以水动力学方程计算出的流速和流量值代入水质浓度扩散方程，求得各网格点的水质浓度。

b. 操作流程

（a）ArcGIS 平台上河网概化。ArcGIS 具有强大的空间分析功能，先将目标河流用 ArcGIS 工具进行概化。同时定义概化河流的投影坐标系和地理坐标系，使其工作空间便于距离量算。再用空间分析的缓冲区分析工具生成河流的两边 500m 的缓冲区，用此缓冲区作为流域面积，如附图Ⅱ-5 所示。流域面积仅参与统计计算，不参与模型计算。

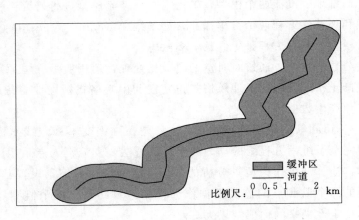

附图Ⅱ-5　研究流域河道简图

（b）SOBEK 平台上河网概化。以河流参数的平均值为河网输入参数。模型在各个设计的计算节点均可输出洪峰水位过程线或流量过程线，以输入的上游洪峰水位在通过不同结构河网后的降低值作为判断的依据。主要参数为：①河道断面参数，对于干道，包括河道参数和初始水流参数，对于支流，曼宁系数为 0.035，区别与干道的曼宁系数；②边界参数，对于上边界条件为输入洪峰水位过程线（$Q-t$），峰值水位，对于下边界条件为出水断面信息；③计算参数，模拟时长 12h（为一个半日潮），计算时间步长为 5min，计算距离步长 50m；④输出参数，在下游距出水口 500m、1000m 处设置监测点 1 和监测点 2，如附图Ⅱ-6 所示，在监测点处分别输出洪峰过程线。

（c）参数冲突检验。所有参数设置后，模型对参数的格式、形式检测和监视，并生成报告。反复检测和调整参数，对参数间的不合理性进行自我检测，最终通过模型检测，如

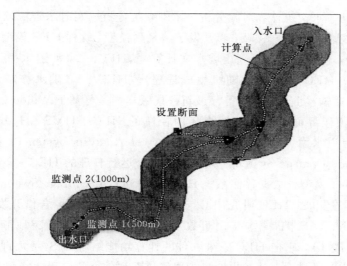

附图Ⅱ-6　概化模型

附图Ⅱ-7所示。

　　(d) 河网数值模型输出。Sobek水力模型有多样化友好的输出界面。根据研究需要在任何一个计算点处均可输出需要时间段的洪峰过程数据。Sobek河网模型建立后，能输出任意两断面间河道的动态洪水演变过程。

　　SOBEK软件在洪水预报、航海、最优排水系统、控制灌溉系统、水库运作、排水管道溢流设计、地下水水位控制、河流形态调节和水质控制方面有着重要的应用。但软件是在荷兰本国河流特点的基础上开发的，包括水文特征、河道几何形态、含沙量等河流特性与黄河均不相同。对软件及部分模型参数针对黄河的特性进行修正是必需的。模型参数的选择要根据河道的实测水文资料通过率定的方式来确定，还需要不同时间序列的实测水文资料

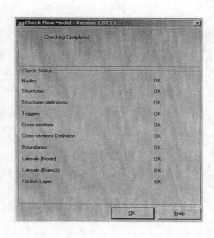

附图Ⅱ-7　河网模型参数
冲突检验报告

来验证。因此，模型的率定和验证与研究河道的以往实测水文资料的丰富程度密切相关。通过针对性的修正，在适用性与模拟精度得到提高以后，SOBEK软件的使用可以得到令人满意的结果。

　　3. HEC模型

　　(1) HEC模型简介。水文工程中心（hydrologic engineering center，HEC）成立于1964年，隶属于美国陆军工程兵团（The United States Army Corps of Engineers）水资源机构，专门从事工程水文水力研究。现已经开发了几十种工程软件，并形成了完善的开发、培训体系。软件结果经过大量工程验证，已成为国际上最为有名的水文水利工程软件之一，而且大部分软件都可以从它的网站上免费下载。其涉及的研究领域包括地表水文、河

道水力、泥沙运动、水文统计和风险分析、水库系统分析、实时水资源控制和管理，以及其他相关技术研究。针对不同领域，其开发了一系列模型，统称 HEC 模型。早期的模型都是基于 DOS 平台，包括 HEC－1（流域水文计算）、HEC－2（河道水力计算）、HEC－3（水库系统分析）、HEC－4（流速随机生成程序）、HEC－5（洪水控制及守恒模拟）和 HEC－6（一维河道输沙演算模型）等。最新一代版本则是可基于 Windows 或其他平台下，具有更好的用户操作界面：有用于计算降雨径流的 HEC－HMS（Hydrologic Modeling System）模型、河道水力分析的 HEC－RAS（River Analysis System）、洪水破坏分析的 HEC－FDA（Flood Damage System）模型、水库群运行管理的 HEC－ResSim（Reservoir System Simulation）模型、数据存储系统 HEC－DSS（Data Storage System）等。随着地理信息系统（GIS）的发展，HEC 研究中心与美国环研所（ESRI）合作开发了 HEC－Geo-HMS 和 HEC－GeoRAS 扩展模块，用于数字高程模型 DEM 和数字地形模型 DTM 的处理，生成地理空间数据。它把 HEC 系列软件的计算功能结合 GIS 强大的数据处理功能以及它的可视性、实时性结合起来，进一步扩展了该系列软件的应用功能和范围。

（2）HEC－RAS 模型。

1）HEC－RAS 软件原理。HEC－RAS 软件可以完成一维恒定流和一维非恒定流的河道水力计算。其计算原理如下：

a. 一维恒定流水面线计算

HEC－RAS 软件能够对急流（$Fr>1$）、缓流（$Fr<1$）和临界流（$Fr=1$）3 种流态进行水面线计算。计算原理基于一维能量方程，逐断面采用直接步进法推求。

一维恒定流水面线可通过求解能量方程来获得，具体表达式如下：

$$Z_2+Y_2+\frac{\alpha_2 v_2^2}{2g}=Z_1+Y_1+\frac{\alpha_1 v_1^2}{2g}+h_e \tag{3}$$

式中　Z_1、Z_2——河道底高程；

　　　Y_1、Y_2——断面水深；

　　　v_1、v_2——断面平均流速；

　　　α_1、α_2——动能修正系数；

　　　g——重力加速度；

　　　h_e——水头损失。

两个断面间的水头损失包括沿程水头损失和局部水头损失，水头损失表达式如下：

$$H_e=LS_f+C\left(\frac{\alpha_2 v_2^2}{2g}-\frac{\alpha_2 v_2^2}{2g}\right) \tag{4}$$

式中　L——断面平均距离；

　　　S_f——两断面间沿程水头损失坡度；

　　　C——收缩或扩散损失系数。

根据不同糙率分界点划分滩地，利用曼宁公式计算每个分区的流量，表达式如下：

$$Q=KS_f^{1/2} \tag{5}$$

$$K=\frac{1}{n}AR^{2/3} \tag{6}$$

式中　K——流量模数；

　　　n——曼宁糙率系数；

　　　A——分区面积；

　　　R——水力半径。

b. 一维非恒定流水面线计算

其计算原理基于连续性方程和动量方程。

连续方程：

$$\frac{\partial \rho_w}{\partial t} + \frac{\partial(\rho u_i)}{\partial x_i} = 0 \tag{7}$$

动量方程：

$$\frac{\partial u_i}{\partial t} + u_j \frac{\partial u_i}{\partial x_j} = f_i - \frac{\partial p}{\partial x_i} + \nu \frac{\partial^2 u_i}{\partial x_j \partial x_i} \tag{8}$$

式中　ρ_w——水的密度；

　　　u_i——流速；

　x_i、x_j——距离；

　　　f_i——质量力；

　　　p——压力；

　　　ν——流体运动黏性系数。

其具体分析较为复杂，这里不做讨论。

2）HEC-RAS 模型应用。

a. 模型功能

HEC-RAS 模型适用于河道稳定和非稳定流一维水面线计算，其功能强大，可进行各种涉水建筑物（如桥梁、涵洞、防洪堤、堰、水库、块状阻水建筑物等）的水面线分析计算，同时可生成横断面形态图、水位流量过程曲线、复式河道三维断面图等各种分析图表，使用起来十分方便简捷，如附图Ⅱ-8～附图Ⅱ-10所示。

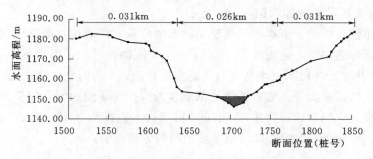

附图Ⅱ-8　横断面形态图

河道水面线的计算是从某个控制断面的已知水位开始，根据相关水文和地形等资料，运用水面曲线基本方程式，逐河段推算其他断面水位的一种水力计算方法。利用 HEC-RAS 软件计算水面线，可以针对单个河段、树枝状河网系统或者环状河网系统进行模拟。当前版本充分考虑了诸如池塘、泵站、桥梁、涵洞、堰、闸门等建筑物的影响，甚至可以

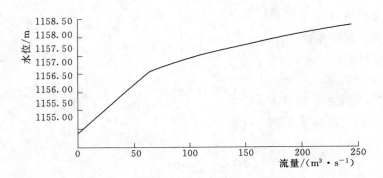

附图Ⅱ-9 水位流量过程曲线

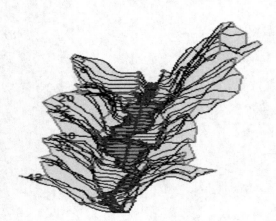

附图Ⅱ-10 河道三维断面图

模拟结冰影响，对于河道水力模拟的适用性和可靠性的提高具有显著的效果。

HEC 软件的结果经过大量工程验证，现已成为国际上最为有名的水文水利工程软件之一，它是一个针对一维恒定流及一维非恒定流的水力模型，主要用于明渠河道流动分析和洪泛平原区域的确定。模型所得结果可以用于洪水区域管理以及洪水安全研究分析，用以评价洪水淹没区域的范围及为危害程度。如在进行河道整治以及新建桥梁等工程的时候，就要分析考虑河道壅水高度、流速变化、桥涵冲刷等这些因素对河流输水，城市防洪的影响。

b. 过桥水流模拟

（a）断面布设。为了准确计算水流通过桥梁建筑物的能量损失，一般在桥梁附近布设 4 个断面，断面布设示意图如附图Ⅱ-11 所示。

断面①应布设在桥梁下游水流不受桥梁影响的位置，扩散比主要受建筑物结构、河道糙率以及河底比降的影响，附表Ⅱ-1 给出了不同工况的扩散比，以供参考。

附表Ⅱ-1 中 b/B 为桥下过水宽度与河道宽度比值；S 为河底比降；n_{ab}/n_c 为阻水建筑物断面糙率与主槽糙率比值。表中扩散比只能作为模拟计算的初值，需要根据计算所得的弗劳德数进行修正，当河道宽度接近 305m，桥下过水宽度为 $30.5\sim152.5$m，流量为 $142\sim851$m³/s 时，桥下游扩散段长度可用下面的回归方程求解：

$$L_e = -298 + 257\left(\frac{F_{c2}}{F_{c1}}\right) + 0.918L_{abc} + 0.00479Q \tag{9}$$

式中　L_e——桥下游扩散段长度，ft；

F_{c2}、F_{c1}——断面②处和断面①处主槽弗劳德数；

L_{abs}——所有阻水建筑物长度的一半，ft；

Q——流量，cfs。

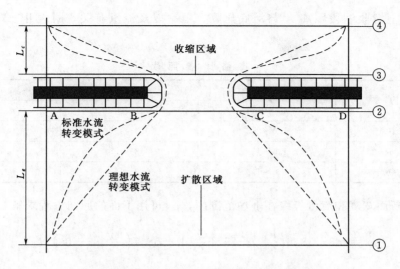

附图Ⅱ-11 桥梁附近断面布设示意图

附表Ⅱ-1 扩 散 比 参 照 表

项 目	比降	糙 率		
		$n_{ab}/n_c=1$	$n_{ab}/n_c=2$	$n_{ab}/n_c=4$
	0.00019	1.4～3.6	1.3～3.0	1.2～2.1
$b/B=0.1$	0.000948	1.0～2.5	0.8～2.0	0.8～2.0
	0.001896	1.0～2.2	0.8～2.0	0.8～2.0
	0.00019	1.6～3.0	1.4～2.5	1.2～2.0
$b/B=0.25$	0.000948	1.5～2.5	1.3～2.0	1.3～2.0
	0.001896	1.5～2.0	1.3～2.0	1.3～2.0
	0.00019	1.4～2.6	1.3～1.9	1.2～1.4
$b/B=0.5$	0.000948	1.3～2.1	1.2～1.6	1.0～1.4
	0.001896	1.3～2.0	1.2～1.5	1.0～1.4

如果河道宽度和流量都小于上述范围，L_e 可用下式进行计算：

$$\frac{L_e}{L_{abc}}=0.421+0.485\left(\frac{F_{c2}}{F_{c1}}\right)+0.000018Q \tag{10}$$

如果河道宽度和流量大于上述范围，L_e 可用下式进行计算：

$$\frac{L_e}{L_{abc}}=0.489+0.608\left(\frac{F_{c2}}{F_{c1}}\right) \tag{11}$$

扩散系数范围最大不超过 4：1，最小不能小于 0.5：1。如果扩散系数大于 3：1，则需要在断面①和断面②之间加一个断面，以便准确计算能量损失。

断面②和断面③分别位于桥下游和桥上游距离桥梁较近的位置上，断面②应布设在水流经过桥梁后突然扩散的断面上，而断面③应布设在水流突然收缩的断面上。

断面④应布设在桥梁上游水流流线平行的断面，一般来讲，桥上游收缩段长度 L_c 要小

于 L_e。桥梁上游收缩段距离 L_e 与河底比降、糙率以及流量有关，附表Ⅱ-2是收缩比参照表。

比　降	糙　率		
	$n_{ab}/n_c=1$	$n_{ab}/n_c=2$	$n_{ab}/n_c=4$
0.00019	1.0～2.3	0.8～1.7	0.7～1.3
0.000948	1.0～1.9	0.8～1.5	0.7～1.2
0.001896	1.0～1.9	0.8～1.4	0.7～1.2

当过水断面宽度和流量等级在上述范围内，L_c 可用下面的回归方程求解。

$$L_e=263+38.8\left(\frac{F_{c2}}{F_{c1}}\right)+257\left(\frac{Q_{ab}}{Q}\right)^2-58.7\left(\frac{n_{ab}}{n_e}\right)^{0.5}+0.16L_{abc} \tag{12}$$

（b）扩散系数和收缩系数。扩散系数和收缩系数是用来描述断面形状发生变化而产生的能量损失，一般情况下，扩散系数要大于收缩系数，附表Ⅱ-3是扩散系数和收缩系数的参照表。

附表Ⅱ-3　　　　　　　　　　　　收缩和扩散系数参照表

工　况	收缩系数	扩散系数
断面形状未发生变化	0	0
渐变断面	0.1	0.3
典型桥梁断面	0.3	0.5
突然变化断面	0.6	0.8

为了准确描述能量损失，需要对两个系数进一步细化。扩散系数表达式如下：

$$C_3=-0.09+0.57\left(\frac{D_{ab}}{D_e}\right)+0.075\left(\frac{F_{c2}}{F_{c1}}\right) \tag{13}$$

式中　D_{ab}——断面①处滩地水力半径；

　　　D_e——断面①处主槽水力半径。

使用时可先参照表3选择初始值，通过计算后可得到 C_e 的计算值，如果初始值和计算值相差不大，则 C_e 值满足要求，如果相差过大，则重新调整该值，直至二者误差满足要求为止。

收缩系数没有自身的回归方程，但可通过建筑物的结构进行选取，附表Ⅱ-4为推荐的收缩系数取值表。

附表Ⅱ-4　　　　　　　　　　　　收缩系数推荐表

压缩比	推荐的收缩系数	压缩比	推荐的收缩系数
$0<b/B<0.25$	0.3～0.5	$0.5\leqslant b/B<1$	0.1
$0.25\leqslant b/B<0.5$	0.1～0.3		

（c）死水区域划分。由于引桥阻水，使得桥前桥后有部分死水区域，在计算过程中需要将其划分出去。断面③死水区域划分方法，一般是将对应桥梁过流断面两侧分别加上断面③与桥梁之间的距离，此范围之外的都为死水区域。断面②死水区域的划分方法与断面③类似。死水区域划分的高程与桥梁发生堰流高程相关，对于断面②，开始时刻是不知道堰流发生的高程阈值，需要估计一个高程，这个高程一般介于桥底板高程与桥面最低点高程之间。断面③死水区域高程可设为桥面最低点高程。

（d）过桥水流一维数值模拟。桥梁附近计算断面位置如附图Ⅱ-12所示。断面②与断面3之间的水流流态十分复杂，能量方程不能准确计算能量损失，动量方程是较好的选择。动量方程的运用分三步：

第一步，在断面②和断面⑧⑩之间建立动量方程。

第二步，在断面⑧⑩与断面⑧⑪之间建立动量平衡方程。

第三步，在断面⑧⑪和断面③之间建立动量方程。

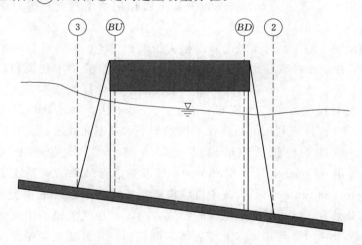

附图Ⅱ-12　桥梁附近计算断面位置

在上诉计算过程中要用到桥墩阻力系数，见附表Ⅱ-5。

附表Ⅱ-5　　　　　　　　　　　阻 力 系 数 参 照 表

桥 墩 形 状	阻力系数	桥 墩 形 状	阻力系数
圆形桥墩	1.2	正方形桥墩	2
加长半圆形桥墩	1.33	夹角为30°的三角形桥墩	1
长宽比为2∶1的椭圆形桥墩	0.6	夹角为60°的三角形桥墩	1.39
长宽比为4∶1的椭圆形桥墩	0.32	夹角为90°的三角形桥墩	1.6
长宽比为8∶1的椭圆形桥墩	0.29	夹角为120°的三角形桥墩	1.72

c. 勾勒洪泛区

HEC-RAS模型配合适当的水文与测量基本资料，从而计算所得河道行洪水位，加上地形地貌判断洪水可能到达的区域后，便可勾勒不同洪水频率的洪泛区域，是实施洪灾保险不可或缺的一环。

（3）HEC 其他模块模型介绍。在工程实际应用中，除了 RAS 模型外，运用范围比较广泛的还有 HMS 模型及 GeoRAS 和 GeoHMS 模块，故在此作简单介绍。

1）HEC－HMS 模型。HEC－HMS 是流域洪水预报模型，主要用于树状流域降雨——径流过程的模拟。它可以直接或与其他模型结合应用于洪水预报、城市管网排水研究、水库调度、减灾分析等实际工作中。从模型操作上看，它属于集总式水文模型（Lumped Hydrologic Modeling），基本构建思路是：根据 DEM 将流域划分成若干网格单元或自然子流域，计算每一个单元（子流域）的产流量，汇流包括坡面汇流和河道汇流，最后演算至流域出口断面。模型充分考虑了流域下垫面和气候因素的时空变异性，对于洪水模拟精度的提高具有显著效果。

HEC－HMS 模拟的流域洪水过程包括两部分，即子流域产流、坡面汇流部分和河道汇流部分。前者控制着每个子流域内净雨的形成及汇集到各出口断面的流量过程；后者决定水流从河网向流域出口的运动过程。此外，模型还考虑在实际流域中起调蓄作用的水库、小水源（如泉水）、洼地（如池塘）以及起分流作用的水利工程等对洪水汇流过程的影响。

在使用该模型时，还需要对流域的降雨损失、坡面汇流、基流计算和河道演算所采用的方法进行确定，并给出参数的初始值。该模型对降雨损失提供了初损和稳渗法、SCS 曲线法、格网 SMA 法以及 Green ＆ Ampt 法。在坡面汇流计算的基本方法有两种：运动波法和单位线法。模型提供的单位线有 Clark 法、Snyder 法、SCS 法以及 User－Specified 单位水文曲线法。基流计算利用的是线性水库和地下水消退曲线法。

HEC－HMS 软件系统包括流域模型（Basin Model）、气象模型（Meteorological Model）和控制设定（Control Specifications），如果要进行结果的调整还应考虑参数最优化过程（Parameters optimization）。其中流域模型是实际物理系统的模型概化，包括该流域的子流域的划分情况，以及各个子流域的汇流方向等。在气象模型中则要输入该流域中相关雨量站的坐标及雨量、河道流量和蒸发等观测资料，并且建立雨量站同各个子流域的关系，为整个流域的降雨径流计算做好准备。控制设定部分时对各场洪水的起止时间，以及计算时间步长作出说明限制，便于读取和计算每场洪水的降雨资料和流量资料。

2）GeoHMS 和 GeoRAS 模块。最近 30 年来的信息技术革命已经从根本上改变了水科学和水利技术中传统的规划、模拟和决策的方法论。工程涉及的因素越来越多，处理的信息量也越来越大，纯粹的 HEC 软件也只能作为对某一简单的问题进行计算，不能满足工程的需求。基于此，HEC 中心开发了 GeoRAS 和 GeoHMS 模块，与 GIS 软件（ArcView，ArcInfo）结合，进行功能的扩展。

a. HEC－GeoHMS 模块

地理空间水文模型扩展模块（HEC－GeoHMS）是一基于 GIS 的 ArcView 或 ArcInfo 的软件包。模块作为 HEC－HMS 的数据接口，对输入的数字高程模型 DEM 进行地形处理，通过分析数字地形信息，HEC－GeoHMS 把雨水排水路径和流域边界转化成水文数据结构（该数据结构表示流域与降雨之间的响应关系）。除了水文数据结构，HEC－GeoHMS 还有如下功能：处理基于网格的线性准分布式径流运动的数据（ModClark 法）、

HEC－HMS 集流模型、物理流域和河流特性（如子流域面积、河道比降等），以及背景地图文件。生成 HEC－HMS 接受的格式文件后，把 HEC－GeoHMS 的水文结果导入到 HEC－HMS 中，以进一步进行水文过程的模拟，处理过程主要包括地形处理和工程处理两个部分。

此外，它提供了一个综合式的工作环境，包括数据管理和自定义化的工具包。这些功能包括有菜单，工具，按钮的图像用户界面，另外的交互式功能允许用户在河道测站、水工建筑物和其他控制点上建立流域的水文示意图，进行可视化的操作。

b. HEC－GeoRAS 模块

地理空间河道水力分析模块 GeoRAS 充当的角色更多的是作为 HEC－RAS 和 GIS 之间的数据转换的媒介，进行不同类型数据之间的处理。在创建和评估水力模型的时候，比如进行洪泛平原区地图生成、洪水破坏计算、生态修复、洪水预报响应分析的时候，需要数字地形数据，此时可通过从 HEC－RAS 模拟中导出的水面线和流速数据需要通过 GeoRAS 媒介导入到 GIS 中进行处理。

运行操作过程：在 ArcView 导入 HEC－GeoRAS 模块后，会出现 PreRAS、GeoRAS＿Util、PostRAS 三个菜单。GeoRAS 主要功能模式及运行过程：在 ArcView 的 PreRAS 菜单中导入所研究区域的 TIN（Triangular Irregular Network—三角形不规则格网）文件，绘出地形等高线，然后在其上建立河道中心线、中泓线、岸线、横断面切割线等，结合 GeoRAS＿Util 菜单里面的，从地形使用的 shapefile 文件里创建曼宁系数值 n 的分布表格，生成 RAS 输出文件，在 HEC－RAS 中导入前一步生成的 RAS 输出文件，进行河道水力的模拟后生成第 2 个 RAS 输出文件，接着在 ArcView 的 PostRAS 菜单下导入该第 2 个 RAS 输出文件，进行洪泛平原区的勾勒以及河流速度，水深的图面效果显示。

（4）HEC 模型工程应用与发展。现阶段 HEC 系列软件在我国已经开始应用，文献等对工程应用进行了介绍，在浙江省"万里清水河道工程"的河道整治中也得到了应用。

随着 GIS 技术发展以及国外应用的经验，基于地图信息的水文学水力学的融合分析，数据信息库的建立是当前水利工程的应用方向。HEC 系列的每个子软件包都有很强的针对性（对于一些软件包，它们的功能也不是完全独立的）。通过扩展模块，前处理软件（如 HEC－Prepro、CRWRPrepro 等）和数据转换软件（HEC－DSS）能够实现各子软件之间甚至和其他软件（ArcView、ArcInfo 等）之间的数据传递处理，进一步扩展了 HEC 软件在水利工程中的应用范围。如附图Ⅱ-6 的例子，表明了各个 HEC 系列子软件包之间和外部软件之间存在良好的互动性。

通过以上的图例，也可发现对基于地图信息的水文学水力学的融合分析，最终得到一可视化的、三维的结果，而不是一系列繁杂的数据。这能使人们能够形象明确地了解洪水影响的区域范围，对河道周围环境的影响幅度等，从而及时采取有效的措施进行防范。

由于人类频繁活动的影响，集雨面积、地形特征、河道特性都会经常改变，并且庞大的数据量已经使研究者面临着从基础数据获取水文模型概念的挑战，而通过和其他大量专题数据的结合，快速准确地转换模拟结果是面临的另一个重大挑战。因此在进行城市规划、水利建设的时候，建立一组连续有效的、可用于不同模拟研究的、可实时更新的数据就十分有利。

　　通过引入基于数据库和 GIS 相结合的水文水利管理系统，最终建立决策支持系统 DSS（Decision Support System），用来管理所研究区域的洪水灾害、水资源管理等。该类系统能够很好地体现地形数据提取、水力水文分析、政府政策、自然条件变化、水资源利用等过程以及相互之间信息的反馈。这是目前工程研究的一个热点。

　　目前，HEC 系列软件在国外的应用已经较成熟，在实践中也不断地完善和发展，并相继开发了许多扩展模块，极大地丰富了 HEC 的使用范围和内涵。它在我国的应用还处于起步阶段，但主要停留在简单的单独的水力水文计算层面上，不能有效地整合这些软件资源（特别是结合 GIS 相关软件）。在数据处理和结果输出上，也不能充分发挥 HEC 软件的功能。随着 GIS 技术在水利行业不断的发展成熟，HEC 软件在工程的不断应用探索，必然会获得越来越多的应用，应用效果也必将越来越好。

　　HEC 系列软件适用面广且在率定、模型构建、参数优化等方面，提供了建议最优值、目标函数值以及参数的选择范围，方便了使用者，减少了工作量，这些是 HEC 模型最突出的优点，与此同时该系列减少了研究者在计算方法、编程、前后处理等方面投入的重复、低效的劳动，将更多的精力和时间投入到考虑问题的物理本质、优化算法选用、参数设定，因而提高了工作效率。

参　考　文　献

［1］　刘光文.水文分析与计算［M］.北京：水利电力出版社，1989.

［2］　叶守泽.水文水利计算［M］.北京：水利电力出版社，1992.

［3］　梁忠民，等.水文水利计算［M］.2版.北京：中国水利水电出版社，2008.

［4］　詹道江，叶守泽.工程水文学［M］.北京：中国水利水电出版社，2007.

［5］　丁晶，邓育仁.随机水文学［M］.成都：成都科技大学出版社，1988.

［6］　赵人俊.流域水文模拟——新安江模型与陕北模型［M］.北京：水利电力出版社，1984.

［7］　曹叔尤，刘兴年，王文圣.山洪灾害及减灾技术［M］.成都：四川科学技术出版社，2013.

［8］　山西省水利厅.山西省水文计算手册［M］.郑州：黄河水利出版社，2011.

［9］　杨致强，等.山西省暴雨洪水规律研究［M］.太原：山西人民出版社，1996.

［10］　能源部，水利部，水利水电规划设计总院.水利水电工程设计洪水技术手册［M］.北京：中国水利水电出版社，2001.

［11］　于玲.水文预报［M］.郑州：黄河水利出版社，2011.

［12］　梁学田.水文学原理［M］.北京：水利电力出版社，1992.

［13］　王锡荃.水文学［M］.北京：高等教育出版社，1993.

［14］　邓绶林.普通水文学［M］.北京：高等教育出版社，1979.

［15］　沈自力，尹会珍.工程地质与水文地质［M］.郑州：黄河水利出版社，2010.